U0566074

集成电路
工程技术设计

JICHENG DIANLU
GONGCHENG JISHU SHEJI

主审◎张　波
主编◎王毅勃　唐　鹤　任　敏　杨　沐

电子科技大学出版社
University of Electronic Science and Technology of China Press

·成都·

图书在版编目（CIP）数据

集成电路工程技术设计 / 王毅勃等主编. -- 2版.

成都 : 成都电子科大出版社，2025. 1. -- ISBN 978-7

-5770-1438-8

Ⅰ. TN402

中国国家版本馆CIP数据核字第2025E3E143号

集成电路工程技术设计

王毅勃　唐　鹤　任　敏　杨　沐　主编

策划编辑　杨仪玮
责任编辑　罗国良
责任校对　梁　硕
责任印制　段晓静

出版发行　电子科技大学出版社
　　　　　成都市一环路东一段159号电子信息产业大厦九楼　邮编　610051
主　　页　www.uestcp.com.cn
服务电话　028-83203399
邮购电话　028-83201495

印　　刷　成都久之印刷有限公司
成品尺寸　185 mm×260 mm
印　　张　23.25
字　　数　470千字
版　　次　2025年1月第2版
印　　次　2025年1月第1次印刷
书　　号　ISBN 978-7-5770-1438-8
定　　价　98.00元

版权所有，侵权必究

《集成电路工程技术设计》
编 委 会

主　编：王毅勃　　唐　鹤　　任　敏　　杨　沐

编　委：欧阳东　　李锡伟　　程建中　　李　骥　　张家红

　　　　肖劲戈　　朱冬林　　江元升　　谢志雯　　陆　崎

　　　　夏双兵　　张海峰　　彭析竹　　黄　维　　龚桂林

　　　　缪克旭　　席　宁　　肖丽凡　　刘　树　　赵之贵

　　　　张继君　　廖金华　　肖岚曦　　谢　晗　　程光球

序 一

半个多世纪前，集成电路取代了晶体管，开创了电子技术历史的新纪元。现在，集成电路已成为现代信息社会的基础以及电子系统的核心，在经济建设、社会发展和国家安全领域占据至关重要的战略地位，具有不可替代的关键作用。"在信息行业，信息论是方向盘，集成电路是引擎。"基于国内的集成电路发展现状，这部由电子科技大学与十一科技联合编撰的《集成电路工程技术设计》，里程碑式地回答和解决了一个地方如何发展集成电路产业，一个企业如何策划设计和建设完成集成电路工程，一个集成电路设计工程师需要了解和掌握的技术等一系列问题。

编撰这本书，是我向电子科技大学捐赠我所著的系列著作《管理随笔》时，与校长曾勇博士共同决定的。曾勇博士是国际欧亚科学院院士、电子科技大学校长，也是我尊敬的博士导师。他对学科具有前瞻性，在管理学科有着深厚的造诣。

电子科技大学是国内最重要的电子专业高等学府之一，而十一科技则是国内最重要的集成电路专业设计院之一，联袂编撰本书，充分发挥了双方的优势。电子科技大学在集成电路理论研究方面的优势在这本书里得到充分的展示，而十一科技则将多年来在集成电路工程中所积累的宝贵经验奉献给大家。这本书实现了理论与实践、技术和应用的完美结合，反映的是我国集成电路产业兴旺发展的历史与过程，是目前我国集成电路工程技术设计的一个标志性成果。

本书论述了集成电路产业发展及现状，集成电路设计的流程与工艺路线，集成电路工程总体设计、工艺设计、土建设计、暖通与净化设计、动力系统工程设计、电气系统工程设计、纯废水设计、空间管理等重要的问题，既是一部国内外集成电路发展的简史，也是国内首部完整论述集成电路工程设计的书籍，充分兼顾了集成电路技术与工程设计的需求，将理论与现实应用进行了有效的融合。这是一本难得而珍贵的集成电路读本，也可作为集成电路从业人员的综合性参考用书，对于推动当前我国蓬勃发展的集成电路产业无疑具有重要的意义。

当前，我国的集成电路产业正处在蓬勃发展的新时期，挑战与机遇并存，新的时代赋予了集成电路行业更大的责任，本书的出版正是契合了新的行业使命和时代精神。而党的二十大的胜利召开，为未来五年的发展指明了方向，作为高科技核心的集成电路则是未来国内高端产业发展的重点，我们任重而道远。应对任何"卡脖子"的技术，需要的不仅仅是解决技术和产品生产问题，而是构建起中国高科技产业全局性的基础设施问题。希望这本书能够为大家开阔集成电路产业发展的视野，普及集成电路技术与工程的知识起到一个很好的推动作用。

在此，我向关心支持本书编辑出版的曾勇校长表示崇高的敬意，向本书主编王毅勃大师、唐鹤教授、任敏副教授、杨沐高工与全体编写人员的辛勤付出表示衷心的感谢，向电子科技大学出版社的支持表示衷心的感谢，期待我们进一步携手，为推动我国集成电路产业的发展做出更大的贡献。

中国信息产业商会副会长，十一科技董事长、党委书记，管理学博士

2022 年 12 月

序 二

《集成电路工程技术设计》一书经过十一科技和电子科技大学编者们的共同努力，即将面世。

十一科技是国内外享有盛誉的高科技工程公司，在国内集成电路工程的设计和施工方面有着骄人的业绩。十一科技参与并见证了中国集成电路从小到大的发展历程，他们的经验是工程界的宝贵财富。十一科技董事长赵振元曾在电子科技大学经济与管理学院攻读博士学位，与我相识已20多年。他对事业充满了旺盛精力，对产业发展付出了大量心血。十一科技在他的领导下快速发展，不断壮大。他提议双方合著一本汇集彼此经验和成果的行业参考书，《集成电路工程技术设计》由此应运而生。

这本书反映了国内集成电路工程领域的发展和现状，是目前国内第一本集成电路理论与工程应用实践相结合的著作，对于推动我国集成电路产业的发展有着重要的意义。本书的出版也填补了这个领域的相关空白，在此，我热烈祝贺本书的出版。

电子科技大学是国内最重要的集成电路专业院校之一，在这方面具有明显的理论研究优势。电子科技大学在1956年建校之初就设立了半导体物理与器件专业，多年来为国家培养了大批专业人才，取得了多项具有国际水平的创新成果，成长为国内电子信息领域高新技术的源头、创新人才的基地。为国家集成电路产业的发展壮大添砖加瓦，是电子科大一贯的发展目标和家国情怀。

集成电路被喻为国家的"工业粮食"，是信息行业的基石，是工业、信息等产业健康发展的基础。集成电路已经渗透进了我们生活的方方面面，上至国家信息安全、经济安全、国防安全，下至娱乐、出行和办公等。

国内集成电路经过半个多世纪的发展历程，进入21世纪后，在国家的大力扶持以及行业奋发努力下，整个产业的发展进入了一个新的赛道。集成电路产业的技术水平不断提升、产品种类不断增多、生产规模不断扩大，对集成电路工程的要求也日益提高。作为国内集成电路工程领军企业的十一科技在这方面积累了大量的设计经验及技术成果，并在本书中进行了大量的分享，这也体现了十一科技反哺行业、回馈社会的社会责任。

本书概述了集成电路的发展过程，详细介绍了集成电路的设计流程、制造工艺，集成电路工程所涉及的总体规划、土建、暖通、动力、电气，以及对生产环境起关键作用的净化、纯废水、气体化学品和空间管理等。图书内容深入浅出、丰富翔实，是一本不可多得的行业参考用书。

本书的编者及出版社经过多轮讨论，确定提纲，分工编写，逐篇审查，在此对他们的辛勤工作表示衷心的感谢，希望大家一起努力，为推动国内集成电路产业发展做出自己的贡献；对赵振元董事长为推动该书出版而倾力支持表示由衷的敬意。

电子科技大学校长，管理学博士，教授，博士生导师

2022 年 12 月

目　录

1

集成电路产业发展及现状

1.1 世界集成电路产业发展及现状

集成电路诞生在美国。早在1958年，德州仪器（TI）对锗材料进行研究后制造出了首个集成电路概念样品。次年，仙童公司采用硅材料，提出了世界上著名的"半导体器件—连线结构"，并获专利，该专利在业内被认定为集成电路诞生的标志。

集成电路广泛应用于计算机、通信、汽车电子、消费类电子和工业电子等领域，是当今社会电子信息产业发展的基石，关系着国家信息安全以及设备积极的健康有序发展，是战略性、基础性产业，也是整个半导体产业的重要组成。

一、产业概况

半导体产业是一个综合型、复合型产业，从产品技术划分，主要由集成电路、光电子分立器件和传感器组成。全球半导体产业销售额从2001年的1 390亿美元增长到2021年的约5 559亿美元，年复合增长率约为7%。据WSTS世界半导体贸易统计组织预测，2022年全球半导体行业销售额将达到6 000亿美元，其中集成电路占比84.23%，光电子器件占比7.41%，分立器件占比5.10%，传感器占比3.26%，如图1.1.1所示。

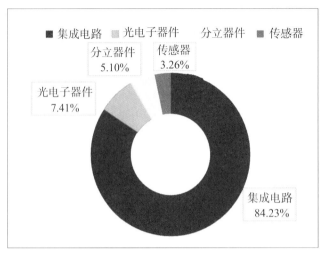

图1.1.1 预测2022年全球半导体行业主要产品结构

进入21世纪以来，5G、人工智能、自动驾驶等新应用的兴起，对半导体产业提出了更高的要求，同时也推动了半导体制造工艺和新材料的不断创新。

1. 从原辅材料角度看半导体产业

半导体技术涉及的材料种类繁多，包括硅片、电子特气、掩模版、光刻胶、电子化学品、研磨液、靶材等。据SEMI数据显示，硅片为半导体材料领域规模最大的种类，市场份额占比约30%；其次为气体，占比约20%；掩模版排名第三，约占10%。此外，研磨液、光刻胶等化学品和靶材等耗材合计占比约40%。

2. 从地缘角度看半导体产业

20世纪80年代初，美国半导体产业占据了全球销售额的一半以上。到90年代初，由于低价策略的影响、产业规律的周期性衰退以及日本公司的激烈竞争，美国半导体产业总共失去了约20%的市场份额，并让出了领先地位。进入21世纪，美国半导体销售额呈现稳步增长，总部位于美国的半导体公司销售额从2001年的约700亿美元增长到2021年的约2 500亿美元，重新占据全球市场的一半，而日本下降到约10%，韩国则强势上涨到约20%，中国约占10%，剩下欧洲约占10%。

3. 从产业参与者角度看半导体产业

目前，美国一直处于主导地位，并诞生了一大批具有影响力的芯片企业，譬如高通、英特尔、AMD、德州仪器等。2021年，IC Insight公布的全球十大半导体企业排名看，前十名中美国企业占据七席。表1.1.1为1993、2000、2008、2019及2021年全球前十大半导体企业排名。

表1.1.1 1993、2000、2008、2019及2021年全球前十大半导体企业排名（未包含纯代工企业）

排名	1993			2000			2008			2019			2021		
	公司	销售额（10亿美元）	市场份额	公司	销售额（10亿美元）	市场份额	公司	销售额（10亿美元）	市场份额	公司	销售额（10亿美元）	市场份额	公司	销售额（10亿美元）	市场份额
1	英特尔	7.6	9.2%	英特尔	29.7	13.6%	英特尔	34.5	13.0%	英特尔	70.8	15.9%	三星	82	13.3%
2	NEC	7.1	8.6%	东芝	11.0	5.0%	三星	20.3	7.6%	三星	55.7	12.5%	英特尔	76.7	12.5%
3	东芝	6.3	7.6%	NEC	10.9	5.0%	德州仪器	11.6	4.4%	SK海力士	23.2	5.2%	SK海力士	37.4	6.1%
4	摩托罗拉	5.8	7.0%	三星	10.6	4.8%	东芝	10.4	3.9%	美光	20.2	4.6%	美光	30	4.9%
5	日立	5.2	6.3%	德州仪器	9.6	4.4%	意法半导体	10.3	3.9%	博通	17.2	3.9%	高通	29.3	4.8%
6	德州仪器	4.0	4.8%	摩托罗拉	7.9	3.6%	瑞萨	7.0	2.6%	高通	14.4	3.2%	英伟达	23.2	3.8%
7	三星	3.1	3.8%	意法半导体	7.9	3.6%	高通	6.5	2.4%	德州仪器	13.7	3.1%	博通	21	3.4%
8	三菱	3.0	3.6%	日立	7.4	3.4%	索尼	6.4	2.4%	英飞凌	11.3	2.5%	联发科	17.7	2.9%
9	富士	2.9	3.5%	英飞凌	6.8	3.1%	海力士	6.2	2.3%	英伟达	10.8	2.4%	德州仪器	17.3	2.8%
10	松下	2.3	2.8%	飞利浦	6.3	2.9%	英飞凌	5.9	2.2%	意法半导体	9.5	2.1%	AMD	16.4	2.7%
前10名计总		47.2	57.2%		108.1	49.4%		119.1	44.9%		246.9	55.5%		351.2	57.1%
整体市场		82.6	100.0%		219.0	100.0%		265.2	100.0%		444.5	100.0%		614.6	100.0%

2021年排名第一的三星电子是韩国最大的电子工业企业，同时也是三星集团旗下最大的子公司，于1983年开始进军半导体行业。1992年率先开发成功64M DRAM，此后在1994年和1996年连续开发成功256M和1G DRAM，确定了在半导体存储器领域的统治地位，多年来存储器领域的占有率超过30%。同时，该公司在集成电路代工领域也具有雄厚的实力，技术水平和规模紧追代工领域排名第一的台积电。

排名第二的美国英特尔（Intel）是半导体行业和计算创新领域的全球领先厂商，创始于1968年。1971年英特尔就推出全球上第一款商用微处理器4004，1981年推出的8088处理器成就了世界上第一台个人计算设备，此后推出的一系列电脑处理器芯片为数字世界奠定坚实基础，公司营收多年位居全球半导体第一。该公司近期在技术上积极追赶台积电和三星，在移动和笔记本电脑、人工智能和高端计算领域不断推出新品。

韩国SK海力士（Hynixl）位于第三位。海力士半导体原为韩国现代集团旗下，于1983年成立，1999年收购LG半导体，2001年公司名称改为海力士半导体并从现代集团分离出来。2012年2月，韩国SK集团宣布收购海力士21.05%的股份从而入主这家内存大厂。该公司超过三分之二的收入来自NAND存储器，其余部分则来自DRAM、固态NAND闪存和CMOS传感器。

位于第四位的美国美光（Micron）是全球最大的半导体储存及影像产品制造商之一，成立于1978年，1981年拥有自己的晶圆制造厂。该公司产品包括DRAM、NAND闪存和CMOS影像传感器等。

排名第五的美国高通（Qualcomm）成立于1985年，该公司初期主要为无线通信业提供项目研究、开发服务，同时还涉足有限的产品制造。1999年，高通分别出售了手机业务和系统设备业务，专注于技术的研发、半导体芯片的研究以及软件的进步等，引领了3G、4G及5G技术的推进。其智能移动平台涵盖应用处理器、射频前端、快速充电、Wi-Fi、音频、指纹识别等各领域的先进技术。

美国英伟达（NVIDIA）成立于1993年，是全球图形处理技术引领者，其图形和通信处理器拥有广泛的市场，已被多种计算平台采用，包括个人数字媒体PC、商用PC、专业工作站、数字内容创建系统、笔记本电脑、军用导航系统和视频游戏控制台等。

美国博通（BROADCOM）成立于20世纪60年代，50多年来通过不断收购，其技术植根于AT&T/贝尔实验室、朗讯和惠普/安捷伦等的丰厚基础，目前已成为全球半导体及基础设施技术领导者。该公司涉足数据中心网络和存储、自动化、大型机软件、智能手机组件、电信和工厂自动化等。

中国台湾的联发科（联发科技股份有限公司MTK）成立于1997年，该公司专注于无线通信及数字多媒体等技术领域，提供的芯片整合系统解决方案，为5G、智能手机、智能电视、Chromebook笔记本电脑、平板电脑、智能音箱、无线耳机、可穿戴设备与车用电子等产品提供高性能低功耗的移动计算技术、先进的通信技术、AI解决方案以及多媒体功能。

美国的德州仪器公司（TI）于1947年成立，以开发、制造、销售半导体和计算机技术闻名于世，主要从事创新型数字信号处理与模拟电路方面的研究、制造和销售。除半导体业务外，该公司还提供包括传感与控制、教育产品和数字光源处理解决方案，是世界第一大数字信号处理器和模拟电路元件制造商，其模拟和数字信号处理技术在全球具有统治地位。

美国超威半导体公司（AMD）成立于1969年。公司创办初期的主要业务是为Intel公司重新设计产品，提高其速度和效率，并以"第二供应商"的方式向市场提供这些产品。公司多年来一直致力于为计算机、通信和消费电子行业设计和制造各种创新的微处理器及闪存和低功率处理器解决方案。近年来，该公司进军游戏和高端计算等领域的成绩亮眼。

美国在半导体市场主要区域保持市场份额领先地位。到2021年，大约80%的半导体晶圆制造能力由总部设在美国的公司承接。总部位于亚太地区的半导体公司占美国产能余额的10%。

二、集成电路产业技术经济特点

1. 集成电路行业对于投资的要求非常高，尤其表现在集成电路晶圆加工制造环节，其对资金的需求远高于前端的集成电路设计以及后端的封装测试环节。主要在工艺设备价格昂贵，这是由设备的研发投入，设备自动化程度、精密度要求、稳定性要求以及运输安装调试的成本等决定的。

2. 核心工艺的关键参数以及工艺制程大多都与核心设备的软件系统高度融合，这些关键设备又处于高度垄断的状态。对于低特征尺寸（线宽）高架构层数（光刻次数）的逻辑或者存储芯片的制造工艺而言，整个工艺流程约上千步骤，每一步都是理论与实践、软件加硬件在大量的试错中堆叠凝练而成，一个工艺参数的试验成功，大多会申请技术专利，形成知识产权保护。

3. 从产业链角度看，集成电路的产业链较长且对于技术的要求高，无论是设计、制造，还是封装、测试各个环节的材料都需要多门类、多学科高度融合，特别是物理学、化学和数学等基础学科。就12英寸集成电路生产线而言，其需要的关键材料就有上百种，每种材料的品质、纯度、理化性质都有非常严格的要求，并有高度专业的技术措施来保障。

4. 集成电路产业除了高端制造业固有的短期高投入的特点外，在运营期，为保持行业地位还需对技术创新、人才培养和设备迭代持续投入资金，因此集成电路产业的投资回收期普遍较长。通过经济模型测算，大多在10年左右。

1.2 我国集成电路产业发展及现状

中国是全球最大的半导体市场，占比约 1/3。随着中国经济的快速发展，在手机、PC、可穿戴设备等消费电子，以及新能源、物联网、大数据等新兴领域的快速推动下，中国半导体市场快速增长。据 WSTS 数据显示，2021 年全球半导体销售达到 5 559 亿美元，中国仍然为全球最大的半导体市场，2021 年销售额为 1 925 亿美元，占比 34.6%。从 2015 年的 986 亿美元增长至 2021 年的 1 925 亿美元，中国半导体市场销售年均复合增速为 11.8%，带动半导体设备行业也随之发展。据 SEMI 数据，中国大陆半导体设备市场规模从 2011 年的 36.5 亿美元上升至 2021 年的 296.2 亿美元，期间年均复合增速为 23.3%。

近年来，中国进出口半导体金额总体呈现上升趋势。截至 2021 年，总进口金额达到 4 623 亿美元，同比增长 23.78%。

作为半导体产业的重要组成，集成电路产业近年发展非常迅速，但目前集成电路自给率仍然较低，严重依赖进口。自 2013 年起，集成电路产品超过原油成为我国第一大进口商品。

但是，我国集成电路在产业发展之初，与国际先进水平的差距并不算大。

一、20世纪60年代

1956 年后，中国科学院应用物理研究所首次研发出锗合金晶体管。1958 年北京电子管厂首次研发出了硅合金晶体管。同年，美国的德州仪器和仙童等率先在半导体领域中研发出了单块集成电路。1963 年，中国科学院半导体研究所研制平面管成功，之后 1965 年集成电路相继被我国诸多研究所研发出来。

为了推动集成电路产业快速发展，我国政府规划建设了一批集成电路专业工厂。

其中，北京的 878 厂于 1968 年筹建，1970 年投产，至 1978 年建成第一条 2 英寸生产线。

同时，上海无线电十九厂在上海漕河泾建成。在政策和行业趋势引导下，北京、上海相继成立了一批集成电路工厂，如北京市半导体器件二厂、三厂、五厂，上海无线电七厂、十四厂等。除了北京和上海外，在沿海和内地也涌现了一批专业化工厂，如常州半导体厂，苏州半导体厂，天津半导体器件一厂，贵州873和4433厂，甘肃749和871厂，锦州777厂，以及中科院的109厂，一机部的自动化所，五机部的214所，七机部的691厂等。

全国建厂热潮的不断涌现。据不完全统计，当时国内有33个单位，引进3英寸生产线共24条。然而由于我国早期的技术水平相对较低，加上同质化严重，因此正式投产的生产线数量大约在6条至7条。

在这一波浪潮带动下，国内集成电路工业初步成型，保障了当时科工院所以及国防工业的需求。

二、20世纪80年代

改革开放后，集成电路产业在国内的发展逐渐由自建转向技术引进。

无锡742厂是我国首个开展引进项目的企业，1978年在国家相关部委统一协调下，从日本东芝引进了一条3英寸5微米双极型模拟电路，封装测试工艺为DIP型塑料封装线。至1984年，该厂月产能达到1万片。

20世纪80年代后期，742厂更名为华晶公司，又相继从德国和日本等国引进了CMOS数字电路4英寸和5英寸的芯片生产线，每月合计产能10 000片以上，封装测试技术包括DIP型、QFN、SOP和PLCC等。

随着改革开放政策的不断深入，上海在国内率先开创了中外合资模式，上无14厂初建时期和比利时企业合作成立了上海贝岭。随后，上海贝岭于1988年建成国内第一条4英寸芯片生产线，技术为2~3微米的MOS电路工艺。后又引进1.2微米CMOS电路工艺，也是国内首家上市的微电子制造企业。

上海元件五厂、上无七厂、上无十九厂等企业和飞利浦合作，创建了上海飞利浦半导体公司。1992年，我国首条5英寸芯片生产线正式建成，技术为3微米双极型模拟电路工艺。该公司主要为飞利浦公司提供代工服务，其生产线属于国内首条代工线，后该公司更名为上海先进半导体公司。

北京首钢为了实现业务上的多元化，与日本NEC合资创建了首钢日电电子有限公司。1994年下半年，我国首个6英寸芯片生产线正式建成，1995年年初投入生产，采用1.2微米的CMOS工艺。

中国华晶电子集团公司正式创建时间为1989年，主要由电子部24所无锡分所与无锡742厂合并后形成的。发展至1990年年初，1微米的集成电路项目进入可行性论证阶段，同年8月正式立项，被命名为"908工程"，由华晶公司建设，1997年正式竣工。

随后，华晶公司与美国朗讯公司合作，引进了6英寸芯片生产线，采用0.9微米的CMOS工艺。该生产线是继上海飞利浦和首钢日电后的第三条6英寸芯片生产线。

鉴于全国集成电路产业的发展状况，在国家统一协调下，原电子部、上海市与日本NEC公司合资成立华虹NEC公司，在上海浦东建设我国首条8英寸集成电路芯片生产线，即"909工程"，工艺线宽0.5微米，总投资约100亿元人民币。至2000年年底，月产能达到2万片，具备国际规模生产水平。

三、2000年至今

为了提升集成电路在国内的发展速度，实现产业的良性循环发展，2000年6月，国家正式下发了《国务院关于印发鼓励软件产业和集成电路产业发展若干政策的通知》（国发〔2000〕18号）。受到国家政策支持，上海率先创建了两家集成电路制造企业，即宏力和中芯国际。中芯国际在较短的时间内在浦东张江建设了三条8英寸芯片生产线，而后，宏力公司也投产了8英寸的生产线。两家公司的注册均在海外，目的是为了获得融资和海外资金，所采取的经营模式均为代加工。

中芯国际自2000年成立以来，已发展成为世界领先的集成电路晶圆代工企业之一，也是中国大陆集成电路制造业领导者，拥有先进的工艺制造技术、服务配套及产能优势，向全球客户提供0.35微米到14纳米的不同技术节点的晶圆代工与技术服务。中芯国际在上海、北京、天津、深圳建有8英寸和12英寸集成电路晶圆厂，同时也在多地积极新建12英寸集成电路晶圆厂。

华虹集团在"909工程"的基础上，已发展成为国内拥有先进芯片制造主流工艺技术的8+12英寸芯片制造企业。集团旗下业务包括集成电路研发制造、电子元器件分销、智能化系统应用等板块，其中芯片制造核心业务分布在浦东金桥、张江、康桥和江苏无锡四个基地，目前运营多条8英寸生产线和12英寸生产线。量产工艺覆盖1微米至28纳米各节点。

工信部在2014年印发了《国家集成电路产业发展推进纲要》文件，目的是为了让集成电路在我国实现更好的发展；同年9月初，国家为集成电路产业专门设立了投资基金。在国家及地方政策大力支持下，近年来国内集成电路产业得到了快速发展。

长江存储科技有限责任公司成立于2016年7月，总部位于武汉，专注于3D NAND闪存设计制造一体化的IDM集成电路，同时也提供完整的存储器解决方案。长江存储为全球合作伙伴供应3D NAND闪存晶圆及颗粒、嵌入式存储芯片以及消费级、企业级固态硬盘等产品和解决方案，并广泛应用于移动通信、消费数码、计算机、服务器及数据中心。

2016年5月，长鑫存储技术有限公司在安徽合肥成立。该公司从事动态随机存取存储芯片（DRAM）的设计、研发、生产和销售，已建成第一座12英寸晶圆厂并投产。该公司作为一体化存储器制造商，产品广泛应用于移动终端、电脑、服务器、虚拟现实和物联网等领域。

此外，我国台湾地区的主要集成电路厂商也陆续前往大陆建厂。

2001年，和舰科技在苏州正式建立，并建设了一条8英寸集成电路生产线。2014年10月，联电在厦门市创建了联芯企业，并建设了一条12英寸芯片生产线。

台积电2003年在上海建设一条8英寸晶圆生产线，2018年在南京又建成一座12英寸16纳米的晶圆生产线。

国外集成电路一线大厂也纷纷前来我国内地建厂发展。韩国海力士于2004年年底与无锡政府达成了建厂协议，完成一条12英寸DRAM晶圆的生产线的建设，此后多次增资扩产。

英特尔于2007年年初在大连投资建设了一条12英寸晶圆的生产线。

韩国三星公司2012年选址西安，建设了一条12英寸NAND Flash闪存生产线，在2018年二期工程启动。

1.3 集成电路的种类及技术演进

一、集成电路的种类

集成电路至诞生以来，经过六十多年的高速发展，已成为信息化社会的基石，其品种众多、应用广泛，遍及工业、通信、交通、娱乐、金融、安全、军事、农业等众多领域。对其分类有基于功能结构、制造工艺、用途、集成度高低等不同的方式。

按其功能划分，集成电路可分为：数字集成电路，包括：存储器、中央处理器（CPU）、图像处理器（GPU）、控制器（MCU）、FPGA/ASIC等。模拟与数模混合集成电路，包括：数模转换器；电源管理、显示驱动、通信、接口类等。射频集成电路，包括：微波、毫米波、太赫兹电路、收音、导航类，Wi-Fi、蓝牙、RFID电路，射频放大器、滤波器等。微机械与光电系统集成电路，包括：传感器、电耦合器、微流控器件，图像传感器、指纹识别、触控电路，MEMS、生物微机电系统等。如图1.3.1所示。

随着集成电路产品的多样化，不同功能的电路相互间不同的组合也可以形成新的功能电路。为便于集成电路行业分析及统计，全球半导体市场统计机构（WSTS）也将集成电路主要分为存储器、逻辑器件、微处理器、模拟器件等四大类。

六十多年来，集成电路技术的演进，基本遵循了摩尔定律的表述，即集成电路上可容纳的晶体管数量每隔18-24个月增加一倍，性能提升一倍，而价格保持不变。但近年来发展有所减缓，因此业内也非常关注后摩尔时代的发展方向。1970—2018年单片集成电路中晶体管数量的变化情况如图1.3.2所示。

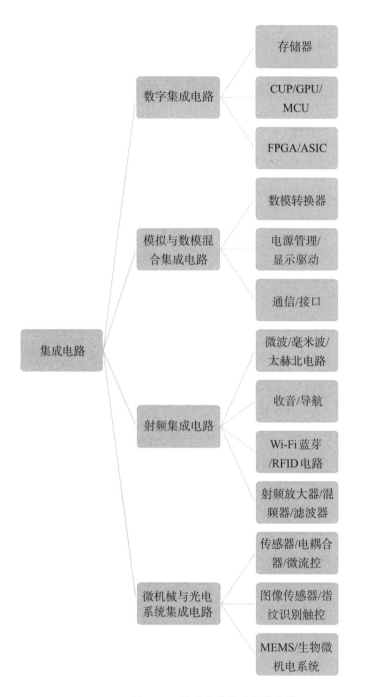

图 1.3.1　集成电路按功能的分类

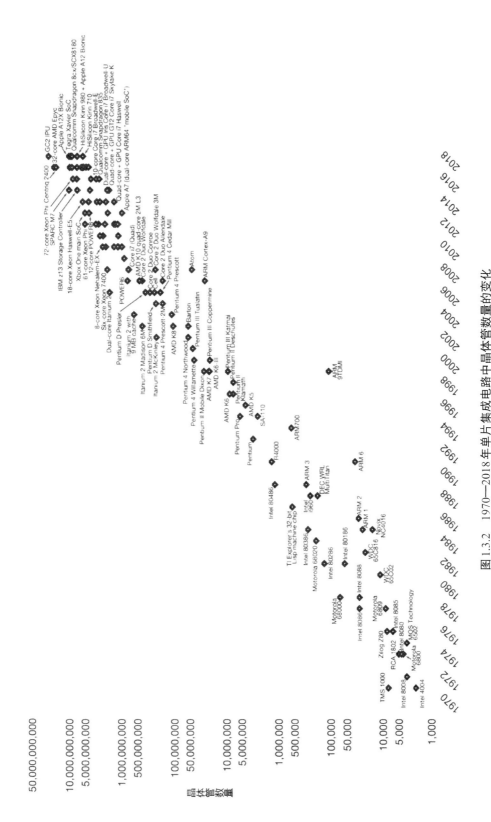

图 1.3.2 1970—2018 年单片集成电路中晶体管数量的变化

在集成电路制造工艺未发生大的变革下，实现晶体管数量增长主要通过缩小线路特征尺寸的方式，这对集成电路制造设备特别是光刻设备的技术提升提出了极高的要求。

光刻机通过一系列的光源能量、形状控制手段，将光束透射过绘制了线路图的掩模，经物镜补偿各种光学误差，将线路图成比例缩小后映射到晶圆上，不同光刻机的成像比例不同，有5∶1，也有4∶1。然后使用化学方法显影，得到刻在晶圆上的电路图。一般的光刻工艺包括晶圆表面清洗烘干、涂敷、软烘、对准曝光、后烘、显影、坚膜、剥离等工序。

光刻机的种类也从早期的接触式光刻机发展为接近式光刻机，投影式光刻机（分布重复式和步进扫描式），其中步进扫描式光刻机又发展为i线光刻机、KrF光刻机、ArF光刻机、ArF浸润式光刻机和目前最先进的EUV。如图1.3.3所示。

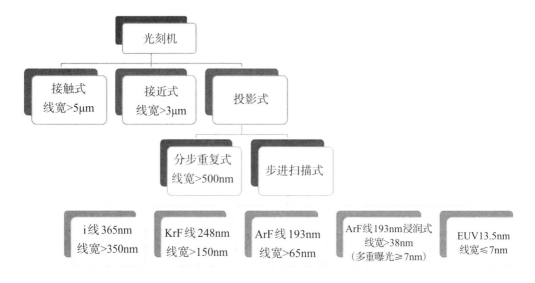

图1.3.3　主流光刻机种类

二、集成电路的技术演进

光刻机的发展演进如图1.3.4所示。

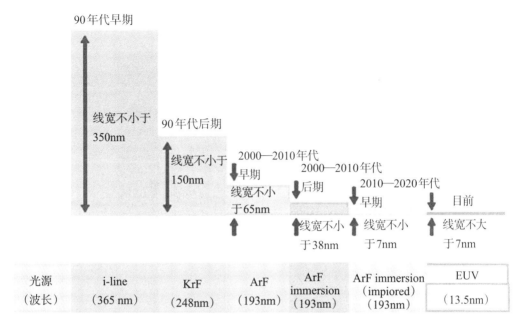

图1.3.4 光刻机发展演进

缩小曝光光源的波长一直是光刻机技术发展的关键。以最新的EUV光刻机为例，在193nm的ArF光源出现后，为了进一步缩小线宽尺寸，最直接的方法就是采用波长为13.5nm的EUV（极紫外光）作为曝光光源，可使光刻的分辨率大幅提升，在产品生产周期、工艺控制、成品率等方面具有明显优势。

1997年，英特尔牵头创办了EUV LLC联盟，随后ASML作为唯一的光刻设备生产商加入，共享研究成果。

通过一系列的收购和高投入研发，2010年ASML首次发售概念性的EUV光刻系统NXW：3100，其单价高达1亿美元以上。为了推动EUV系统的后续研发，2012年ASML提出客户联合投资计划，以23%的股权从主要客户英特尔、台积电、三星那里共筹得53亿欧元资金用于EUV的研发和量产。经过17年，耗费90亿美元的投入最终获得了成功。

凭借着英特尔、台积电、三星三大客户的强力支持，再加上ASML拥有对EUV光刻核心技术和关键器件的掌控以及行业上下游的投资布局，ASML成为全球EUV光刻机市场的唯一供应商。ASML公司的EUV光刻机如图1.3.5所示。

图 1.3.5　ASML 公司的 EUV 光刻机

随着集成电路制造技术的日益更新，集成电路的产品种类也得到快速扩充，存储器芯片是其主要品种之一。

在 DRAM（动态随机存储器）被发明出来之前，数据存储主要利用磁带、磁鼓、磁芯甚至打孔纸带等装置。1966 年，IBM 公司提出了用金属氧化物半导体（MOS）晶体管来制作存储器芯片的设想并研发成功。1969 年，美国加州的先进内存系统公司正式推出商用 DRAM。1970 年，英特尔成功量产 C1103（图 1.3.6）并得到快速推广。

图 1.3.6　英特尔公司生产的 C1103

1972 年，IBM 在新推出的 S370/158 大型计算机上，也开始使用英特尔 DRAM 内存。到 1974 年，英特尔占据了全球 DRAM 80% 以上的市场份额。

1973 年，石油危机爆发后，欧美经济停滞，英特尔在 DRAM 存储领域的份额快速下降，此时德州仪器和日本厂商先后抓住机会加入市场。1978 年，美光公司成立并也开始投产 64K DRAM。

1980年，日本VLSI联合研发体研发成功多种电子束曝光装置，采用紫外线、X射线、电子束的各型制版复印装置、干式蚀刻装置等，技术的整合保证了DRAM量产成功率，奠定了当时日本在DRAM市场的霸主地位。1978年3月15日，日本朝日新闻报道VLSI技术研究所研制成功电子束扫描装置，如图1.3.7所示。

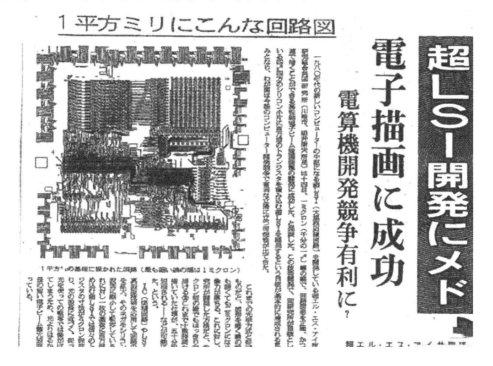

图1.3.7　1978年3月15日日本朝日新闻报道VLSI技术研究所研制成功电子束扫描装置

1983年，日本DRAM内存在美国市场的大获成功，促使三星等韩国公司重资投入DRAM产业。通过美光等公司的授权并加大自行研发的力度，三星成功掌握了量产64K DRAM核心技术，顺利制造出生产模组。

1984年，日本DRAM产业进入技术爆发期。通产省电子所研制成功1M DRAM，三菱公开4M DRAM的关键技术。日立生产的DRAM内存，已经开始采用1.5微米生产工艺。1986年，仅东芝一家每月1M DRAM的产量就超过100万块，猛烈冲击美国市场。

1984年至1985年间，英特尔公司陷入巨额亏损，宣布退出DRAM市场，关闭生产DRAM的工厂。

1985年，广场协议的签署和日元的升值，使得韩国厂商在20世纪80年代末期获得盈利并生存下来，美光同时也获得了可观的利润。

1992年，三星率先推出世界第一个64M DRAM产品。1996年，三星又开发出世界第一个1GB DRAM（DDR2）。同年，DRAM芯片出口额达到62亿美元，居世界第一。

1999年，世界第三的韩国现代半导体与LG合并。2001年，完成从现代集团的拆分，公司名改为海力士（Hynix Semiconductor Inc）。同年，美光完成对德州仪器内存部门的收购。

2000年，美光开发了30nm级NAND闪存技术，并且被全球NAND闪存和RAM内存制造商广泛采用。2001年，三星、美光、海力士和英飞凌四家共拥有全球近8成的市场份额。

2001年DRAM价格狂跌，导致海力士巨亏，Hynix约20%的股权被转给韩国SK Telecom公司，并改名为SK Hynix（SK海力士）。到2008年世界金融危机后，全球DRAM大厂只留下韩国三星、SK海力士、美国美光三家。

DRAM工艺进入20nm节点后各家都采用了不同的命名方式。三星的DRAM工艺较为领先，在2020年率先研发出1z工艺DRAM。随后在2021年宣告研发成功1α工艺DRAM，为14nm级别工艺，并首次使用EUV光刻技术。三星首款14nm DRAM如图1.3.8所示。

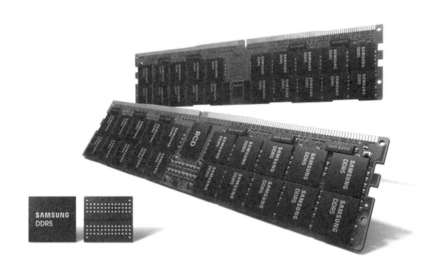

图1.3.8　三星首款14nm DRAM

微处理器CPU的发展也和英特尔公司密不可分。1971年，英特尔在研发DRAM的同时也开发出第一个商用处理器Intel 4004（图1.3.9），片内集成了2250个晶体管，晶体管间距为10μm，每秒运算6万次。

图 1.3.9　1971年英特尔公司公布的商用处理器4004

1978年，英特尔生产出了16位8086处理器。1981年，IBM生产的第一台电脑使用英特尔的8086芯片，取得巨大成功。1982年，英特尔推出和8086完全兼容的第二代PC处理器80286，用在IBM PC/AT上。1985年，英特尔继摩托罗拉之后，第二个研制出32位的微处理器80386。此后，英特尔公司在放弃DRAM业务后集中精力发展CPU处理器。1989年，英特尔推出了80486，一举超过日本半导体公司，登上了半导体行业的世界第一。

1993年，英特尔推出奔腾处理器Pentium（图1.3.10）。英特尔奔腾处理器采用了0.60μm工艺技术制造，核心由320万个晶体管组成，可使计算机更加轻松地支持集成语音、声音和图片数据等，使其成为划时代产品。

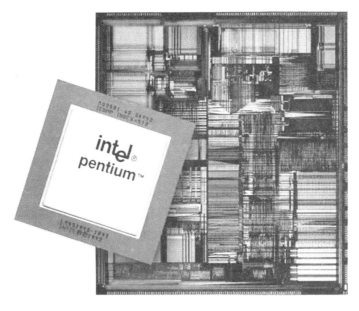

图 1.3.10　英特尔公司的奔腾处理器

2000年至2022年，英特尔公司面向桌面电脑、笔记本电脑及服务器等，陆续推出了 Intel Pentium 4、Xeon、Pentium M、Core、Core 2、Atom、Core i3、Core i5、Core i7、Core i9等处理器，线宽从0.18μm集成4 210万个晶体管到10nm制程。

2022年，英特尔推出的12代酷睿采用了intel 7制程，12内核，最大频率4.9G。

但不可否认，目前英特尔在逻辑电路制造技术上被台积电和三星拉开差距。

我国台湾台积电公司成立于1987年，是全球第一家专注于代工的集成电路制造企业，也是晶圆代工模式的首创者且全球晶圆代工第一。

台积电创始人张忠谋原为美国德州仪器公司资深副总裁，1985年离职后出任中国台湾工业技术研究院院长，后创办了台积电。

台积电创办初始，通过从台湾工业技术研究院转移2μm和3.5μm技术，一年后，台积电于1988年成功开发了1.5μm技术，后续持续成功开发了从1.2μm到0.25μm多代的工艺技术。

1999年，台积电公司首座12寸晶圆厂在新竹科学园区开始兴建。2000年，台积电合并了德基半导体和张汝京先生创办的世大半导体。

1999年，台积电推出业内领先的0.18μm铜制程工艺。2005年，台积电成功试产65nm芯片。2008年，台积电首家使用40nm工艺技术，采用了193nm浸没式光刻技术和超低k材料。

2011年，台积电推出全球首个28nm通用工艺技术。该技术具有高性能和低功耗的优势，广泛支持中央处理器（CPU）、图形处理器（GPU）、高速网络芯片、智能手机、应用处理器（AP）、平板电脑、家庭娱乐等应用。

2013年11月，台积电成为第一家采用16nm FinFET（鳍式场效应晶体管）生产的厂家。2016年6月，7nm FinFET（N7）工艺技术交付，为7nm工艺技术的发展设定了行业步伐。此外，7nm FinFET plus（N7+）技术于2019年进入全面生产，N7+技术是世界上第一种商用极紫外EUV制造工艺技术。

台积电的6nm FinFET（N6）技术在2019年顺利完成了产品良率验证。此后，推出的5nm技术是台积电第二个可用的EUV工艺技术，以帮助客户在智能手机和HPC应用中进行创新，使其成为代工行业性能、功耗和面积（PPA）最佳的解决方案。此外，台积电推出4nm（N4）技术，为N5技术的增强版。

2021年，苹果公司为新一代笔记本电脑MacBook Pro打造的M1 Max芯片（图1.3.11）采用台积电5nm工艺，拥有10核中央处理器及32核的图形处理器，内部集成570亿个晶体管，在图形处理器的应用中能耗大幅度降低。

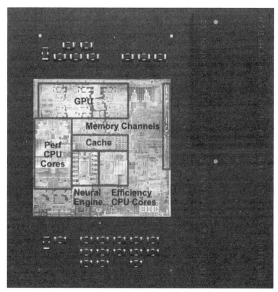

图1.3.11　苹果公司的 M1 MAX 芯片

　　2022年，苹果公司为新推出的iPhone 14手机配置的A16芯片采用台积电4nm工艺，晶体管数量增加到160亿个，采用6核CPU，由2颗性能内核和4颗效能内核组成，有效提升能效、显示和拍照性能。

2

集成电路设计流程

1947年，贝尔实验室发明了晶体管；1958年，美国德州仪器公司的杰克·基尔比在锗衬底上设计了一个简单电路，成为世界上第一块可以工作的集成电路，标志着世界进入了集成电路新时代。随后几十年，集成电路技术以惊人的速度发展，目前最新的集成电路工艺已经可以在一块硅芯片上集成上百亿个晶体管。

集成电路设计（Integrated Circuit design，IC design），是将各种晶体管、电容、电阻和电感等器件集成组合为有功能的电路的设计流程。在集成电路设计中，需要建立电子器件模型和器件间互连线模型，所有的器件和互连线通过半导体器件制造工艺（光刻等）集成在一块半导体衬底上，从而形成具备各种功能的电路。

集成电路根据功能和结构不同，可以分为模拟集成电路和数字集成电路。模拟集成电路是用来生成、放大和处理各种模拟信号（幅值随时间连续变化的信号），数字集成电路是用来生成、放大和处理各种数字信号（在时间和幅值上离散变化的信号）。因此，集成电路设计也分为模拟集成电路设计和数字集成电路设计。

2.1 模拟集成电路设计

模拟集成电路设计由系统设计、电路设计、版图设计、流片及封装测试等多个步骤组成。目前模拟集成电路工艺制程已进入纳米阶段，在最先进的模拟工艺制程下，晶体管的特征尺寸仅为十几纳米。模拟集成电路设计一般有模块化和定制化两种设计思路，模块化设计是指按照指标需求开发设计一系列基本的单元电路，例如基准源、电流镜、通用运算放大器等，并复用它们组成具有特定功能的模块或系统电路；另一方面，由于便携式电子装备对集成电路的性能、功耗、面积及成本等要求越来越严格，产生了定制化设计，即针对某些关键电路或模块开展定制化的独立设计，而不是采用模块化电路，这样才能满足产品的最终应用需求。模拟集成电路的功能、种类繁多，应用场景也是千差万别，因此现代模拟集成电路的关键单元基本上都采用定制化设计。模拟集成电路设计需要借助不同的电子设计自动化（Electronic Design Automation，EDA）软件工具来完成开发，模拟集成电路设计流程如图2.1.1所示。

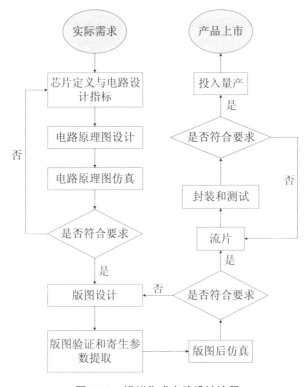

图2.1.1　模拟集成电路设计流程

2.1.1　模拟集成电路定义及分类

模拟集成电路是指由电阻、电容、电感、晶体管等元件集成在一起组成的电路，用来处理模拟信号。模拟集成电路有悠久的历史，其应用对象的范围也十分广泛。随着半导体集成电路工艺的发展，模拟集成电路的性能得到极大的提升，各种模拟电路相关的应用也得以迅速发展和普及。模拟集成电路种类繁多，主要分为通用模拟集成电路和专用模拟集成电路。

通用模拟集成电路指的是按照标准输入输出模式，完成某一特定功能，不局限于某个单一种类产品的功能，而是拥有多种产品的共同功能，具有用途广泛的特点；相比之下，专用模拟集成电路是针对整机或者系统的要求，专门为之设计制造的具有一定用途的集成电路。

从另一个角度，以被处理信号频率高低为标准来分类，可以大致分为低频模拟集成电路和高频模拟集成电路两大类。特别注意的是高频模拟集成电路的设计方法跟低频模拟集成电路有很大差别，同时高频模拟集成电路的设计难度更大。如果所处理的信号频率达到了射频频率范围，那么这类集成电路属于特殊的射频模拟集成电路。

一、通用模拟集成电路

1. 基准参考源：主要包括电压基准源和电流基准源；

2. 开关电容电路：主要包括开关电容放大器和积分器等；

3. 振荡器：主要包括环形振荡器和LC振荡器等；

4. 锁相环：主要包括有源锁相环和无源锁相环等；

5. 电源管理模块：主要包括低压差线性稳压器、升压与降压式直流电压转换器、交流与直流转换器等；

6. 数据转换器（ADC）：主要有快闪型ADC、流水线型ADC、Sigma-Delta ADC、逐次逼近型ADC以及时间交织ADC；

7. 通用接口电路：主要包括固定式结构、半固定结构、可编程结构及智能型结构接口电路等。

二、专用模拟集成电路

1. 音频放大器：包括各类视频输出放大器、耳机麦克风放大器、音响放大器等；

2. 专用显示驱动电路：包括发光二极管（LED）、液晶面板显示（LCD）、平板显示以及其他显示驱动电路等；

3. 专用接口电路：包括各种以太网接口电路、差分信号与单端信号的收发器和缓冲器，以及其他类型的专用接口电路等；

4. 温度传感器电路：包括温度开关电路、数字温度传感器与模拟传感器电路、硬件温度监测电路等；

5. 其他专用模拟集成电路：如汽车电子电路、无线通信电路等。

2.1.2　电路原理图设计

电路原理图设计是指根据电路设计需求，计算相关参数，通过EDA工具手动输入具体的晶体管电路，搭建具有特定功能的电路单元，然后通过EDA工具生成包含寄生信息的网表，进行电路仿真，根据仿真结果迭代优化电路，直至达到设计要求，电路原理图设计流程如图2.1.2所示。

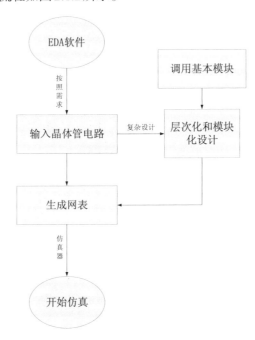

图2.1.2　电路原理图设计流程

一般在设计规模较大的电路系统时，为了方便分析，往往采用具有层次结构的电路原理图。所谓的具有层次结构是指在完成电路单元设计后，在规模更大的电路原理图中，使用特定的符号来代替整个子单元电路模块。这样的好处是顶层的电路图不会过于繁杂，而且易于分析各单元模块，版面也会更加整洁，不需要重复搭建子电路模块。电路中一些常见的模块，比如反相器、逻辑门和运算放大器等，一般都会使用特殊的符号代替。

2.1.3　电路原理图仿真

电路仿真是使用电路仿真器对网表所描述的电路进行计算的过程，以验证所设计电路的各项指标是否符合预期的设计指标，模拟集成电路仿真流程如图2.1.3所示。目前主流模拟集成电路仿真器有楷登（Cadence）的Spectre、新思（Synopsys）的Hspice、华大九天（Empyrean）的Aether以及安捷伦（Agilent）的ADS。

电路仿真时，除了要调用先前设计好的电路外，还需要搭建一些辅助的测试电路，比如搭建测试平台和设置激励源等。在设置好仿真类型和添加工艺库模型后，仿真软件会自动生成与电路相对应的网表，并进行仿真。其中的仿真模型是晶圆代工厂提供的全套PDK包，它包括了各种器件、工艺文件和设计规则等。

图2.1.3　模拟集成电路仿真流程

2.1.4 版图设计

集成电路版图是在晶圆厂流片时所使用的掩膜版图形，一般需用到多层掩膜版，不同的制造工艺，每层掩膜版的顺序不同，所有掩膜版结合在一起就是原电路图中的所有器件和相互的连接关系，此外还有与封装有关的一些内容，比如封装引线的压焊点和防静电模块等。

因为版图设计是模拟集成电路设计的最终环节，所以一切工作都需要在前期的原理图设计基础上进行，因此要从整体上把握设计者的目标，合理摆放 PAD 并确定芯片面积。对于一些关键电路模块，还需要进行特殊设计和处理，以保证达到设计指标。开始进行版图设计时，需要全局规划设计，先确定相应的元器件所在位置和分布形式，在保证性能的前提下，尽量降低芯片面积和成本。然后就是进行分层设计，将集成电路划分为不同单元，并对所有模块进行精细设计，最终结合在一起。

版图设计流程如图 2.1.4 所示，具体来说可分为以下几个子步骤：

1. 划分：将处理问题的规模和难度减小，把整个电路划分为若干子模块；
2. 版图规划和布局：为每个子模块和整个芯片选一个好的整体布局；
3. 布线：完成模块间的互连，并进一步优化布局布线；
4. 压缩：在布局布线完成后，需要一定程度的优化，从而减小芯片面积。

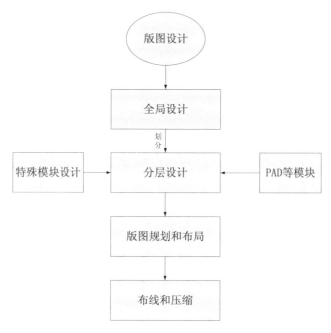

图 2.1.4 模拟集成电路版图设计流程

2.1.5 版图的验证

版图设计完成后，人工绘制的版图难免存在错误，违反代工厂工艺的设计规则等，因此，必须对所绘制版图进行版图验证。版图验证一般包括设计规则检查（Design Rule Check，DRC）、版图与原理图对比（Layout Versus Schematic，LVS）验证以及电气规则检查（Electrical Rule Check，ERC），可简要概括为图2.1.5。

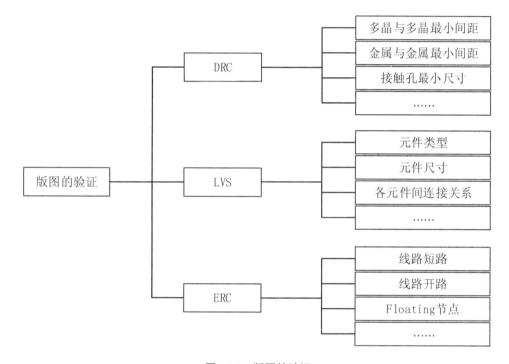

图2.1.5 版图的验证

一、设计规则检查（DRC）

版图设计并绘制完成后，调用版图DRC来验证是否违反设计规则。当使用的工艺确定后，各种布线尺寸的极限线宽随之确定，所绘制的版图尺寸不可超过极限线宽。DRC就是根据代工厂工艺规定进行检查，诸如多晶与多晶的最小间距、金属与金属的最小间距、接触孔的尺寸、金属布线的最大宽度等是否满足规定，如果不满足DRC规定，则代工厂无法进行相应的工艺制造。由于人工所绘制出的版图难免会出现各种错误，进行人工检查不仅不能保证将所有错误改正而且工作量大，因此一般进行工具自动检查，让工具执行烦琐的鉴别工作，DRC根据设计规则文件进行。当发现错误时，会在错误的地方进行标注，并作出相应解释。

二、版图与原理图对比（LVS）验证

DRC仅检查设计规则和电气规则是否正确，并不检查各个元器件以及元器件之间的连接关系是否正确，因此DRC检查无错误并不能保证所绘制版图与最初电路设计相符，还需要进行LVS验证，从而确保两者中各个元器件类型、元器件尺寸、连接关系和所实现功能都完全相同，其流程如图2.1.6所示。

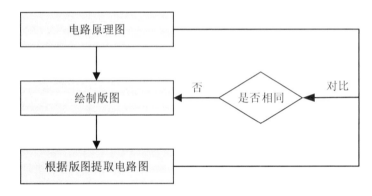

图2.1.6　LVS验证流程

总之，LVS验证确保了版图在没有设计规则错误的情况下，其完整性不存在问题，从而使得所设计版图是最初设计电路的物理实现。

三、电气规则检查（ERC）

DRC仅仅进行设计规则的检查，却不对各个器件的连接关系是否正确进行检查，因此在版图设计过程中，对项目进行编译是非常重要的一环，由于电路中连线、元件引脚等都具有实际的电气意义，故而在使用时必须遵守一定的规则，这个规则就是电气规则。ERC需要审查线路短路、线路开路以及浮动节点。在ERC查出短路后，将错误提示标注于电路中。

2.1.6　寄生参数提取

LVS 验证可以保证所绘制版图的电路拓扑结构与初始原理图一致，仅仅如此并不能满足要求，其原因是，当集成电路的版图最终转化到硅片上进行流片时，由于同层不同线路、不同元件以及不同层材料之间寄生参数的影响，会使流片后的性能与电路前仿真结果存在一定偏差甚至使得流片后的电路无法正常工作。因此，为了使流片后的电路可以正常实现相应的功能，在完成版图 DRC、LVS 和 ERC 验证后还需进行版图寄生参数提取（Layout Parasitic Extraction， LPE）和寄生电阻提取（Parasitic Resistance Extraction， PRE），其主要任务是在芯片逻辑设计和版图设计完成后，提取版图同层材料、互连线以及不同层材料之间的寄生电容、电感及电阻，从而对实际芯片进行模拟，可以更为精确地验证芯片的功能与特性，从而保证信号完整性、时延、功耗等电路关键性能符合实际要求。

在 LPE/PRE 完成后，将会得到一个含有版图寄生元件信息的网表文件，此网表文件可以精确反映所绘制电路版图的特性。因此用其进行后仿真（Post-Layout Simulation）后，如果仿真结果满足设计要求，则可以确定所绘制的版图无误。如果仿真结果与最初的设计要求不相符，就需要对版图或电路原理图进行调整并重新进行验证直至满足要求。

一般情况下，版图中的寄生参数提取包含对寄生电阻（R）、寄生电容（C）、寄生电感（L）的提取，其中寄生电感 L 在低频数字集成电路（IC）中常常可以忽略，因此在低频 IC 设计中寄生电阻 R 和寄生电容 C 是寄生参数提取的重点。

一、寄生电阻

每一条导线上都伴随着寄生电阻，在寄生电阻提取时，通常以导线线宽将其分割成若干个小方块，并以方块电阻为单位（$\Omega/\square$），如：

$$R = R_\square \frac{l}{w}$$

即寄生电阻=方块电阻×（金属长度/金属宽度），这个公式适用于每一层平面形状寄生电阻的提取，而存在于互连线通孔的寄生电阻则一般由代工厂给出固定值，而不需要额外的计算。

二、寄生电容

当信号频率很高，电路速度很快时，互连线间的寄生电容就成了影响电路性能的重要因素，因此提取寄生电容是必不可少的。一般情况下，互连线寄生电容可近似为：

$$寄生电容＝金属线宽×金属长度×单位面积电容$$

随着半导体工艺的不断发展，各层之间的距离越来越近，并且同层布线越来越密集，使得边缘电容成为不可忽略的一部分，特别是对于多层互连，导线间的寄生电容已经成为重要因素。多层互连结构中的导线寄生电容可简化为图2.1.7所示。

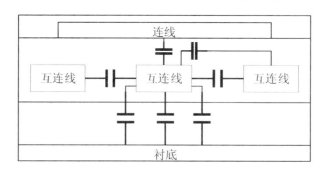

图2.1.7　多层互连导线寄生电容

2.1.7　后　仿　真

根据前面章节介绍，在电路原理图设计完成之后，需要对电路进行仿真，此次仿真不包含物理信息如寄生效应及互连延迟（先进工艺下也可以添加一定的物理信息）等，我们将此次仿真称为"前仿真（Pre-Layout Simulation）"。

然而当我们根据电路原理图绘制出相应的版图并进行流片时，由于各种物理信息会对电路性能带来一定影响，特别是随着工艺的进步，寄生效应以及互连线延迟对电路性能的影响越来越大，因此为了保证芯片的性能与设计要求相符合，就需要在流片前进行"后仿真"。

"后仿真"指的是在版图绘制完成后，将版图包含的实际物理信息，包括寄生参数等，反向标注到所提取的电路网表中，并对其进行仿真，其仿真方法、仿真过程及使用的测试平台均与"前仿真"相同，唯一不同的是加入了实际存在的物理信息。通过"后仿真"结果与"前仿真"结果的对比，若达不到要求则进行版图或电路原理图修改。进行"后仿真"的目的就是得到完整并真实的电路工作表现，若此结果符合总体设计要求，则可以将版图数据送给代工厂进行流片。

在进行"后仿真"之前，需用到的网表文件包括：电路逻辑网表、版图数据网表、LVS验证网表及寄生参数网表，通过将这些网表反向标注寄生参数，用其替换之前的版图网表数据，即可进行"后仿真"。具体流程图如图2.1.8所示。

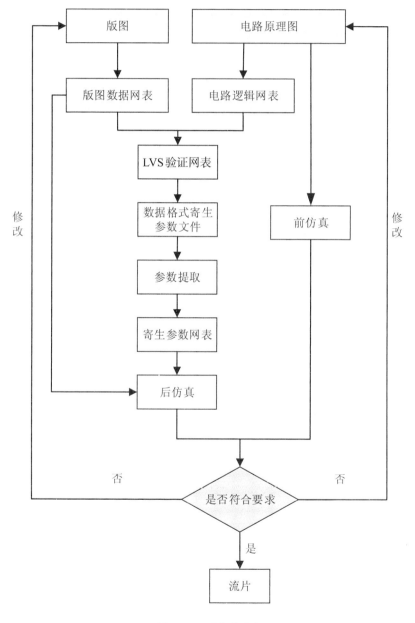

图2.1.8　后仿真流程

2.1.8　流片和测试

当完成上述设计流程之后，在确认无误的条件下，即可将版图数据文件（GDS II 流格式，其是一个二进制文件，含有集成电路版图中平面几何形状、文本或标签及其他有关信息，可以由层次结构组成，用于重建所有或部分版图信息）交付给代工厂进行流片，流片方式分为全掩膜（Full Mask）和多晶圆项目（Multi Product Wafer，MPW）。一般情况下流片采用MPW，就是将多个使用相同工艺技术的集成电路设计放在同一块晶圆片上进行流片，目的是减少制造成本，降低产品开发风险。在流片完成后，由于制造过程中会受到很多不确定因素的影响，如制造机器的偏差、环境不确定性、硅片质量或人为影响，使得生产出的芯片存在故障不能实现预设功能，进而不能批量生产。因此在生产出芯片后需要进行功能测试，保证进行批量生产的芯片功能无误。

为了进行功能测试，在芯片返回之前需要设计测试平台，并将所需要的PCB测试板搭建完成。在设计PCB时，我们应考虑测试板上的寄生器件对芯片测试造成的干扰，并尽量减小类似的非理想因素。以数据转换器为例，为了创造良好的测试环境，往往需要准备高精度信号发生器和低噪声电源，从而为测试板上的待测芯片提供较为理想的电源电压以及输入信号，并使用高精度逻辑分析仪对输出信号进行分析，如图2.1.9所示。

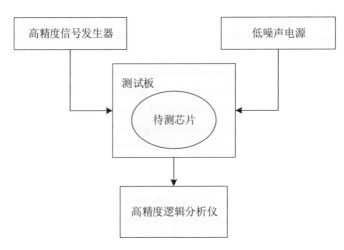

图2.1.9　数据转换器功能测试流程

2.2 数字集成电路设计

数字集成电路是对数字信号进行处理的复杂逻辑电路，与模拟电路相比，数字信号在规定的时间内有固定的取值，并且只有0和1两种状态。因此数字信号抗干扰能力较强，受到非线性误差影响较小，输出结果具有再现性便于进行调试，其内部运算的逻辑性使得初学者也能够理解，而不像模拟电路一样需要资深的工程师作为主导。

2.2.1 数字集成电路定义及分类

数字集成电路是基于数字逻辑（布尔代数）设计和运行的。用于处理数字信号的集成电路，由许多逻辑门组成，包括各种门电路、触发器以及由它们构成的各种组合逻辑电路和时序逻辑电路。数字电路同时具备很强的灵活性和扩展性，可以将重复的电路重新组合，以低成本进行再生产。最后，由于电路随着工作频率的升高非理想因素的影响也逐渐扩大，而数字电路具备比模拟电路高得多的容忍度，因此数字电路的工作频率可以达到更高，在单个晶体管上达到皮秒（ps）级。基于以上特点，我们绝大部分的信息处理系统以数字集成电路为主，以模拟电路为辅来实现，以便提高性能并降低成本。

根据工艺结构，数字集成电路可以分为厚膜混合集成电路、薄膜混合集成电路和单片集成电路三类。厚膜混合集成电路使用丝网印刷和烧结等厚膜工艺在基片上制作由电阻、电容等元器件构成的无源网络，再在其上面组装二极管、三极管、场效应管、单片集成电路等元件，形成具有特定功能的电路，制作成本较低。与厚膜混合集成电路相比，薄膜混合集成电路采用蒸发、溅射、化学气相沉积等薄膜工艺，能够更加精确地控制电阻、电容等元器件的数值，相应的制作成本也更高。但是这两种混合集成电路都需要外接元器件以实现电路功能，而单片集成电路可以将各种元器件都制作在一块芯片上面，集成度远远高于两种混合集成电路，因此目前使用范围最广、制造量最多的是单片集成电路。

根据器件结构，单片数字集成电路又可以分为晶体管—晶体管逻辑（Transistor-Transistor Logic，TTL）电路、发射极耦合逻辑（Emitter Coupled Logic，ECL）电路和互补型金属氧化物半导体（Complementary Metal-Oxide-Semiconductor，CMOS）电路三大类。如图2.2.1所示为三种半导体数字集成电路在速度、功耗和集成度方面的对比。

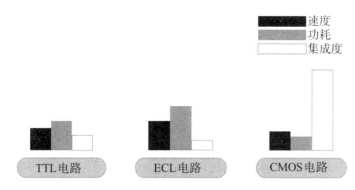

图2.2.1　三类单片数字集成电路对比

构成TTL电路的基本元器件为双极型晶体管，其主要特点是速度快、带负载能力强，但电路功耗较大、集成度较低，因此目前很少用于数字集成电路中。构成ECL电路的基本元器件也是双极型晶体管，但它是利用运算放大器的原理，通过晶体管发射极耦合实现的门电路。在所有数字集成电路中，它的工作速度最高，其平均传播延迟时间可小至1ns。这种门电路输出阻抗低，带负载能力强，但存在抗干扰能力差、电路功耗大的缺点，也不利于集成化。CMOS电路由单极型晶体管集成电路组成，其主要特点是虽然速度较慢，但由于其结构简单、制造方便、功耗低，并且集成度远高于TTL电路和ECL电路，所以目前数字集成电路中绝大多数产品都是由CMOS电路实现。

此外，根据电路规模的大小，数字集成电路可以分为小规模集成电路（Small Scale Integration，SSI，十门以下）、中规模集成电路（Medium Scale Intergration，MSI，百门以下）、大规模集成电路（Large Scale Intergration，LSI，万门左右）、超大规模集成电路（Very Large Scale Intergration，VLSI，十万门左右）、极大规模集成电路（Ultra Large Scale Intergration，ULSI，百万门左右）和巨大规模集成电路（Giga Scale Intergration，GSI，千万门以上）；根据电路功能的不同，数字集成电路又可以分为微处理器、存储器、数字信号处理器、微控制器、视频编解码器、发送接收器等。

2.2.2　自顶向下设计方法

如图 2.2.2 所示，一颗芯片的开发往往是由现实市场的用户需求驱动，先根据需求分析该芯片所需要具有的抽象功能，再根据抽象功能设计逻辑拓扑结构，最后再将实现该逻辑拓扑结构所需的器件和连线用具体版图绘制出来，以供晶圆厂进行芯片生成制造。

图 2.2.2　芯片设计流程

因此在最初进行芯片架构设计时往往采用自顶向下的模块化设计方法。所谓自顶向下设计方法就是逐层分解系统抽象功能完成初步解耦，然后分层次进行子系统设计完成进一步解耦，接着进行中小模块设计，最后再将各个中小模块重新合并连接得到上层系统。这样不仅能够完全匹配用户需求，还能简化设计难度，提升芯片开发设计效率。

自顶向下设计方法有很多优点，首先，由于高层设计同底层实现无关，因此我们可以在芯片设计的起步阶段不受制造工艺、器件结构等因素的约束，专注于对芯片进行最符合应用需求的设计，并且能够在较早的时间节点和较高的设计层次对核心控制逻辑和运算逻辑的正确性进行验证，从而降低重新设计的风险，提升开发效率。

自顶向下设计方法是一种层次化设计方法，通过硬件描述语言（Hardware Description Language，HDL）可以对数字集成电路设计流程进行解耦合，大体分为前端逻辑实现和后端物理实现两个部分：前端人员主要负责先根据市场需求定义芯片功能，然后设计确定合适的硬件算法和架构，接着使用 HDL 完成寄存器传输级（Register Transfer Level，RTL）的电路设计和验证，最后将验证通过的 RTL 代码转化为逻辑门级网表；后端人员主要负责使用各种电子设计自动化（Electronic design automation，EDA）工具对逻辑门级网表进行物理实现，经过布局规划、时钟树综合、布线、静态时序分析等步骤后，最终得到可以进行流片的版图设计。进行前后端解耦合后，前端设计的逻辑软核与物理实现工艺之间的关联性大幅减小，这非常有利于使用频率高的模块在不同项目、不同工艺之间的移植和复用，可以大大缩短数字集成电路的研发周期。

通过自顶向下设计方法可以清晰地划分芯片设计职责，有利于按照设计任务的复杂度和工作量合理分配研发力量，有利于使用系统的方法对设计流程进行标准化、规范化的科学管理，提高芯片研发迭代效率。

图2.2.3展示了一个典型的数字集成电路自顶向下设计流程，从应用需求驱动开始，然后选择合适的算法与架构，接着进行数字前端设计与数字后端设计之间的反复迭代，直至所设计电路满足所有功能特性需求、时序要求和制造要求，才能将版图送往晶圆厂进行芯片制造，最后送往封测厂完成封装和测试工作。

图2.2.3　数字集成电路典型自顶向下设计流程

2.2.3 架构或硬件结构设计与分析

在保证功能正确的前提下，评价一款芯片成功与否的重要技术指标有芯片面积、性能、功耗、可测性和可靠性等。而想要提升这些技术指标，就必须从架构层面就要开始考虑如何改善它们，以便减少芯片设计的迭代次数，缩短芯片设计周期，降低芯片设计的人力、物力资源消耗。

如图2.2.4所示，在自顶向下的设计方法流程中，设计抽象层次越高意味着可优化的空间越大并且设计改动的代价越小，投入回报比就越高。因此，架构设计与分析是数字集成电路至关重要的一步。在架构设计阶段我们可以通过大量的高层次仿真和调试来验证架构的重要技术指标，这不仅能为后续电路的实现提供总体性的设计指导，同时也决定了芯片性能的上限和可拓展性。

图2.2.4 设计层次与投入回报比的关系

如图2.2.5所示，数字集成电路架构设计流程主要包括软硬件划分、硬件功能模块划分、模块互连机制的设计选择、IP选择与设计和架构的建模与仿真验证几个部分，最终形成一份架构规范文档。

图2.2.5 数字集成电路架构设计流程

在明确了市场需求完成芯片功能定义后，架构设计的第一步就是要考虑如何进行软硬件协同优化设计。软件的特点是灵活、成本低，但运行速度慢，而硬件的特点是运行速度快，但成本高。一个优秀的架构设计能够充分利用软件和硬件的优势，平衡性能、功耗、成本三者之间的关系，使得芯片实现优良的设计指标。

常用的软硬件划分求解方法可以分为规划类算法、构造式算法、搜索式算法和任务级算法四大类。规划类方法计算复杂度高，内存开销大，只适合于求解小规模的嵌入式系统划分问题，随着划分问题扩大，计算时间复杂度呈指数上升；构造式方法关键在于构造正确的启发式规则，求解效率较高，可以得到次优解，但针对复杂度高的划分问题难以构造出合适的启发式规则；搜索式算法求解效率高，可以得到最优解，但也容易陷入局部最优；基于任务级的划分方法在实践中应用广泛，但多是根据经验进行划分，缺乏科学的分析方法。

完成软硬件功能划分后，还需要将硬件功能进一步细分为不同的功能模块，从模块实现的成本和模块间通信的成本出发，合理选择模块设计方案和模块互连机制，规划模块的详细功能、算法、实现方式、接口时序、性能要求和子模块设计方案，确定片上总线类型、模块功能定义和模块接口定义。

自顶向下设计的思想使得我们在大规模的芯片设计中可以使用成熟的IP核缩短芯片的设计周期。因此，在芯片的架构设计中我们需要综合考虑团队设计能力、模块性能要求、接口要求、IP质量和IP成本等因素，决定子模块是使用团队已有IP或者第三方IP，还是由团队重新设计新的IP。

对于复杂的数字集成电路设计而言在设计好架构方案后还会采用C、C++或SystemC等高级语言对SoC的架构进行建模，实现对架构设计进行定量分析，根据仿真验证的结构对多种方案进行比较，从而选出最合适的架构设计方案。

确定好最优架构设计方案后，需要总结出一份架构规范文档，内容包括芯片应用、芯片功能描述、顶层功能框图、时钟复位和初始化过程、模块互连规范、功能模块描述、辅助功能模块、封装和引脚信息、工作参数等。

2.2.4 逻辑拓扑设计

完成架构规范文档后芯片设计就进入了前端逻辑拓扑设计阶段。如图2.2.6所示，在进行系统级/模块级规范文档设计时，主要描述的是系统/模块的抽象功能，是一种行为级描述；在进行门级/晶体管级电路设计时，主要描述的是底层电路实现的具体版图，是一种结构级描述；而在抽象功能和具体版图之间，需要用逻辑拓扑关系将两者联系起来，一般称为RTL级描述。

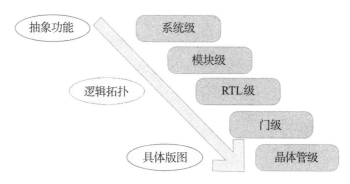

图 2.2.6 不同设计层次对应的描述内容

RTL级是介于行为级描述（抽象逻辑功能）和结构级描述（底层门级电路）之间的代码描述。行为级描述的抽象层次过高，很难高效准确地被EDA工具转化为更低层次物理电路实现；而结构级描述则过于专注与门级电路间的连接关系而忽略了高层次的算法逻辑。RTL级描述避免了上述问题，重点对寄存器和寄存器间的组合逻辑进行抽象描述，这也是其名称"寄存器传输级"的由来。RTL代码可以很好地被EDA工具转化为门级电路深入进行的物理实现。

在RTL实现阶段，首先由数字芯片顶层设计团队对所负责的功能模块进行进一步的功能划分并制定好对应的模块设计规范文档。接着由数字芯片设计工程师负责完成模块的电路设计，并使用硬件描述语言（Verilog HDL、VHDL等）或电路原理图进行硬件设计的描述。最后，数字芯片设计工程师需要进行单元测试，验证自己设计模块的接口特性和一些简单的功能，满足要求后就可以把RTL代码以及模块设计规范文档提交给专门的数字芯片验证工程师进行更加全面的验证。

2.2.5　功能仿真验证

随着系统复杂度的提高，芯片功能仿真验证的重要性也越来越高，其已经成为项目成功的关键因素。为了保证系统/模块功能的正确性，在完成逻辑拓扑设计后，数字芯片验证工程师需要对架构规范文档和模块规范文档中的每一个设计特征，建立详细的验证计划，搭建便捷的验证环境，设计相应的测试用例和测试向量，以验证功能点的正确性。

对于大型设计来说，设计工程师在完成自己的RTL代码设计后，首先需要自行进行简单的单元测试，验证模块的接口特性和基本功能，符合要求后交给专门的验证工程师，由他们搭建更加详细的验证平台依次按照模块级、子系统级、系统级进行功能验证。

为了合理评估验证难度，科学管理验证进度，节省人力资源消耗，提高功能验证质量，降低项目失败风险，在系统设计阶段验证团队就需要制定好完备的功能验证计划。如图2.2.7所示，一份完整的验证计划内容至少包括验证功能、验证层次、验证方法、测试用例、验证目标、验证工具、人力资源安排和进度管理等。

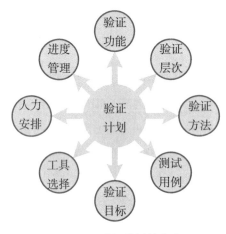

图2.2.7 验证计划的内容

制定验证计划起始于设定验证功能点，包括时钟、电源、复位、寄存器访问、模块间通信、模块性能、模块效能等，并根据验证功能点来创建待验证的功能特性列表，确定所有项目中需要验证的功能特性和验证质量的检验方法，以达到项目的设计目标。

确定待验证功能特性列表后，验证人员就需要开始考虑在什么层次去验证这些功能特性，是否可以在较低的层次完成验证？验证人员可以根据功能点的特点决定采取不同的验证方法去验证这些功能特性，是采用动态仿真还是形式验证？是采用黑盒验证还是白盒验证或者灰盒验证？是采用定向测试还是随机约束激励？

确定了验证功能对象、验证层次和验证方法后，验证人员就可以开始建立验证环境，编写验证测试用例，包括待测试功能、需要准备的各模块参考模型和它们的配置模式以及测试算法。通过产生测试激励，收集数据并比较结果，得出功能验证报告。

目前功能仿真验证中，一般采用覆盖率指标来衡量验证的有效性，确保给出了足够多的激励类型，并且在设计边界和内部都穷举了可能的状态。覆盖率指标通常包括代码覆盖率（Code Coverage）、功能覆盖率（Function Coverage）和断言覆盖率（Assertion Coverage）。

代码覆盖率指的是验证过程中执行过的代码在所有代码中占的比例，是用来衡量 RTL 代码是否被充分运行的指标。常见的代码覆盖率包括语句覆盖率、条件覆盖率、决策覆盖率、事件覆盖率、跳转覆盖率、状态机覆盖率等。

功能覆盖率指的是验证计划对功能特性列表的覆盖率，是用来衡量设计的各项功能是否实现，同时可以用来监测项目的验证进度。值得一提的是，功能覆盖率与代码覆盖率没有必然的联系，功能覆盖率主要关注设计实现与设计需求的匹配情况，代码覆盖率主要关注设计是否被彻底的测试。一般来说两者需要同时达到要求。

断言是一种嵌入式的检查语句，包括立即断言和并发断言，主要用于在特定条件下检查两个设计信号之间的关系，一旦发现错误就会停止仿真，可以用于检查先进先出（FIFO）存储器逻辑、仲裁算法等固定逻辑。断言覆盖率则指的是测试中断言被触发的情况。

除了三大覆盖率以外，我们还需要通过回归测试通过率（Regression Pass Rate）和缺陷跟踪报告（Bug Tracking）来评估验证计划的质量和管理验证计划的进度，不断根据缺陷曲线更新维护验证计划，确保项目整体的进度不受影响，避免重要的测试场景被遗漏而导致功能点存在重大缺陷。

最后，我们需要根据验证计划中所选的方法来选择相应的验证工具，安排具备相应技能的验证人员完成工作，根据前面提到的几个量化指标进行进度管理，做好动态人员分配，实现高效的资源管理。

2.2.6　逻　辑　综　合

完成全面的功能仿真验证后，我们就可以将 RTL 代码进行一步物理实现，将寄存器之间抽象的逻辑连接关系转换更加具体、可物理实现的门级网表，这个过程被称为逻辑综合。逻辑综合是一种根据系统功能和性能的要求，基于一个包含众多功能、性能、结构（均为已知）的逻辑元件单元库，寻找目标逻辑网络结构的最佳实现方案的设计方法。

图 2.2.8 所示为数字芯片设计迭代的典型流程，在后端物理实现阶段，每完成一步设计工作后，都需要进行静态时序分析，以确保电路在规定的工作频率下能够正常工作。当时序不满足要求时，需要返回此前的步骤重新调整优化设计，以满足时序要求。

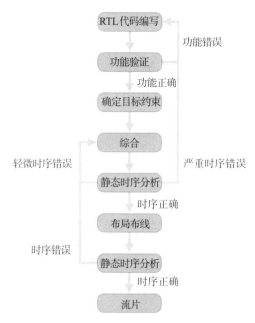

图2.2.8　数字芯片设计迭代的典型流程

如图2.2.9所示，逻辑综合包含三个基本步骤：翻译（Translation）、优化（Optimization）和映射（Mapping）。翻译是指按照事先设定的约束条件将RTL代码转换成与工艺无关的通用布尔表达库元件描述电路，这一过程中不做任何的逻辑重组和优化。优化是指基于时序和面积等约束条件，按照一定的算法对翻译结果进行逻辑重组和优化。映射是指根据约束条件从目标工艺标准单元库中搜索符合条件的单元来组成电路，因此逻辑综合是一种典型的半定制电路设计。

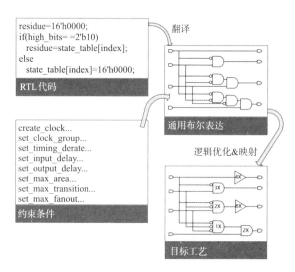

图2.2.9　逻辑综合的基本步骤（目标工艺图中1×、2×等表示其尺寸大小）

在逻辑综合前，首先需要制定约束条件，如时序约束、面积约束等；接着需要定义逻辑综合的环境，如综合使用的工艺单元库等信息，最后逻辑综合EDA工具就可以根据RTL代码和约束条件进行综合，产生满足约束条件的门级网表，如图2.2.10所示。

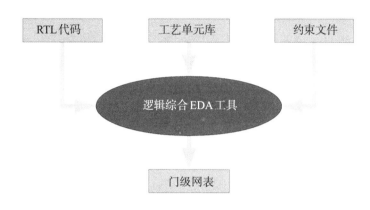

图2.2.10　逻辑综合示意图

逻辑综合是一个不断迭代的过程，如果逻辑综合结果没有满足所有的约束条件，就需要对约束条件、逻辑综合的参数设置，甚至RTL代码进行改动后重新进行，直到满足所有的约束。目前主流的逻辑综合工具包括新思（Synopsys）的Design Compiler和楷登电子（Cadence）的Genus。

2.2.7　时序分析与一致性检测

时序分析可以分为静态时序分析（Static Timing Analysis，STA）和动态时序分析（Dynamic Timing Analysis，DTA）。静态时序分析是一种根据给定条件下的时序库文件计算信号在关键路径上的传播延时，检查信号是否满足时序约束要求，找出时序违例错误的方法。静态时序分析跟功能仿真验证中的动态仿真不同，并非通过设计测试激励进行仿真，根据输出来分析功能和时序，而是使用工艺库中的线载模型计算延迟信息，快速分析设计是否满足时序要求。和逻辑综合一样，静态时序分析在版图设计完成前也会迭代多次，直到满足设计要求的约束为止。静态时序分析的缺点是只能用于同步电路。动态时序分析会对不同信号端在不同时刻给出特定激励，通过门级仿真或者晶体管级仿真得出结果来进行时序和功能分析。动态时序分析比静态时序分析更加精确，适用于任何电路，但很难保证覆盖所有关键路径，并且用于规模较大的电路时仿真耗时特别长，因此一般时序分析常采用静态时序分析的方法。目前主流的静态时序分析工具包括新思的 Prime Time 和楷登电子的Tempus。

一致性检测是一种使用纯数学方法、不需要任何工艺相关信息的形式验证（Formal Verification，FV）技术，用来保证物理实现与原电路逻辑一致性。功能仿真验证中的动态仿真只能验证设计中被测试激励激活的部分功能，无法验证未被测试激励激活部分。为了解决这一问题，一致性检测验证的是各个流程阶段中产出的网表与原设计的结构和功能在逻辑上是否等价，从而保证物理实现与原电路逻辑一致性。

如图 2.2.11 所示，一致性检测主要有三次对比：逻辑综合前的 RTL 代码与逻辑综合后的门级网表，布局布线（Place & Route，PR）前的门级网表与布局布线后的门级网表，布局布线后的门级网表与逻辑综合前的 RTL 代码。此外，一致性检测也可以用于比较两版 RTL 代码之间的逻辑差异。目前主流的一致性检测工具包括新思的 Formality 和楷登电子的 Conformal-LEC。

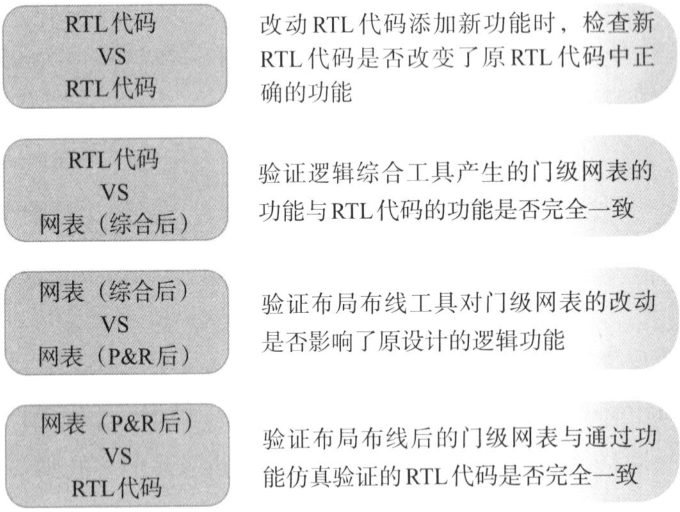

RTL 代码 VS RTL 代码	改动 RTL 代码添加新功能时，检查新 RTL 代码是否改变了原 RTL 代码中正确的功能
RTL 代码 VS 网表（综合后）	验证逻辑综合工具产生的门级网表的功能与 RTL 代码的功能是否完全一致
网表（综合后） VS 网表（P&R 后）	验证布局布线工具对门级网表的改动是否影响了原设计的逻辑功能
网表（P&R 后） VS RTL 代码	验证布局布线后的门级网表与通过功能仿真验证的 RTL 代码是否完全一致

图 2.2.11　一致性检测对象与目的

2.2.8 布 局 布 线

完成逻辑综合且通过静态时序分析检查后，设计就进入了版图阶段，这一阶段主要任务包括布局布线、时钟树综合和物理验证等，最终得到芯片生产所需要的版图。随着芯片规模增大和工作频率的提高，版图设计难度直线上升，需要借助多种高端EDA工具进行设计。由于逻辑综合后的时序信息并不包含电路方位和走线等信息，因此布局布线后的时序信息和逻辑综合得到的时序信息会存在较大误差，从而导致时序冲突的风险加大。通过采取时序驱动的布局布线算法和使用综合与布局布线相结合的物理综合工具，这一问题在一定程度上得到了解决。但为了减小项目风险，通常会使用仿真软件重新进行时序验证。

如图2.2.12所示，版图设计阶段流程的第一步也是最关键的一步就是布局规划。好的布局规划不仅可以加快布线速度，还可以降低布线难度，得到优秀的时延效果。完成布局规划后，对于集成好的宏模块或IP，我们需要手动放置它们来保证效果，而对于其他的胶合逻辑和一般单元，只需设置好约束条件，使用布局布线工具自动进行单元布局即可。同样，时钟树综合也可以在布局布线工具的帮助下完成。接下来通过全局布线来评价布局质量，把精细布线后的时序估计信息反馈给静态时序分析工具进行分析。如果分析结果满足约束条件，就可以进行进一步的精细布线，得到实际的精确时序信息。如果这一版的时序信息满足时序要求，就可以对版图进行物理验证检查，通过后就可以生成GDS文件提交给晶圆厂进行流片了。目前主流的布局布线工具包括新思的IC Compiler和楷登电子的Innovus。

图2.2.12　版图设计阶段流程

2.2.9 物 理 验 证

在版图设计完成后，我们还必须进行物理验证，确保版图设计能够满足晶圆厂制造的可靠性要求并检查设计版图时是否发生错误。数字集成电路的物理验证与模拟集成电路的版图验证规则相同，通常包括设计规则检查（DRC）、版图电路图一致性检查（LVS）和电学规则检查（ERC）等。

2.2.10 流片和封装测试

完成物理验证后，最终的电路版图将被送往晶圆厂制作成芯片，然后送往封测厂进行封装测试。晶圆厂生产出来的芯片一般称之为裸片，长期暴露在外界环境下会导致芯片电路的腐蚀和损坏，因此需要用绝缘塑料或陶瓷材料对裸片打包，这一打包的过程称之为封装。

在首次流片时，我们通常会使用MPW的形式先进行小规模的投片试生产。如果试生产的芯片功能测试通过且良率满足要求，那么就可以开始进行大规模量产，否则就需要寻找并解决测试不通过或者良率低于预期的原因，并进行下一次投片试生产来验证功能和可靠性。

生产功能测试是一个必需的过程，用来挑出那些包含制造缺陷的芯片，由于集成电路制造是一个非常复杂的过程，即使使用相对成熟的工艺，产品良率也很难高于90%。大规模量产阶段需要进行生产功能测试的芯片远多于试生产阶段，因此工程师们需要制订科学高效的测试策略，包括测试方案、测试用例和测试环境等。对于大规模的数字集成电路，由于其内部逻辑门的数量远远多于引脚数，内部电路可控性和可测性非常差，使用功能仿真向量很难达到较高的故障覆盖率，所以工程师们必须在设计阶段就通过内建自测试模块和插入扫描链等手段提高芯片的可测性。

生产功能测试的过程如图2.2.13所示。通常我们会使用自动测试设备（Automatic

Test Equipment，ATE）进行生产功能测试，首先使用自动测试向量生成（Automatic Test Pattern Generation，ATPG）工具产生测试向量，该测试向量为待测试芯片的输入测试激励，然后将测试响应与仿真响应进行比较来判断芯片是否存在制造缺陷。

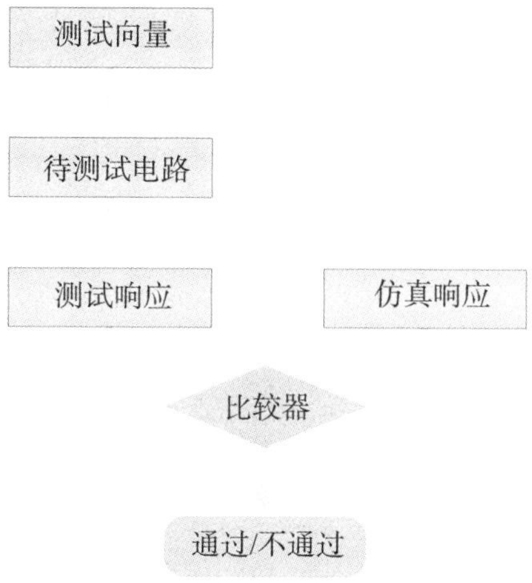

测试向量

待测试电路

测试响应　　　　仿真响应

比较器

通过/不通过

图2.2.13　生产功能测试过程

3

微电子器件与制造工艺

　　微电子技术，是包括材料制备、器件物理、电路设计、工艺制造、封装技术和系统应用等的交叉学科。它是现代电子工业的心脏、信息技术的基石和国家安全的保障，其已成为衡量一个国家科技进步的重要标志。采用半导体材料制成的微电子器件集成电路，已广泛应用于国防军工、航空航天、汽车电子和消费电子等领域，成为高新技术产业发展的基石。

　　本章将简要介绍半导体材料的基础知识、基本的微电子器件原理与微电子制造工艺。

3.1 微电子器件

微电子器件在半导体材料上制成，采用不同的半导体材料、不同的器件结构、不同的工艺制程可以制造出不同功能的微电子器件。本节将简要介绍半导体材料及其特性、最基础的器件结构——PN结、几种常见的微电子器件原理和微电子器件领域的新进展。

3.1.1 半导体材料特性

一、半导体的定义

从宏观上讲，导电能力介于导体与绝缘体之间的材料称之为半导体。半导体的材料特性会受到外界应力的影响，比如外界施加的电应力、热应力、光照和微量杂质等均可以改变半导体的电学性能。

从微观角度看，根据能带理论，材料的能带可以分为允带与禁带，其中对于电子来说能量低的允带被称为价带，能量高的允带被称为导带，如图3.1.1所示。根据电子优先填充低能级的原则，所有材料的价带均被电子填充，称为满带。对于不同的材料，当导带部分被电子填充，即导带为半满带时材料可以导电。导体的导带为半满带，可以导电。绝缘体的导带中不存在电子，且禁带宽度 E_g 很大，电子吸收能量后也很难从价带跃迁至导带使导带为半满带，所以绝缘体不导电。在不施加外界应力的时候，半导体的导带为空带，半导体不导电。但是半导体的禁带宽度 E_g 较小，施加外界应力后价带的电子吸收能量可以从价带跃迁至导带，使得价带和导带均变为半满带，半导体可以导电。禁带宽度 E_g 为电子从价带跃迁到导带所需要的最小能量，即价带顶 E_v 到导带低 E_c 的能量。禁带宽度是半导体材料一个重要的参数，常见的半导体材料的禁带宽度：Si 为 1.1 eV，Ge 为 0.7 eV，4H-SiC 为 3eV。

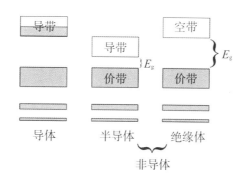

图 3.1.1　导体、半导体和绝缘体的能带示意图

二、半导体材料的分类

按照组成元素划分，半导体材料可以分为元素半导体（硅、锗等）和化合物半导体（碳化硅、氮化镓等）。不过现今常依据研究与应用的时间划分，将半导体材料分为第一代、第二代与第三代半导体。

第一代半导体材料主要为硅（Si）和锗（Ge）。20世纪50年代Ge占据半导体材料的主导地位，但是因其耐高温与抗辐射能力差，后期逐渐被Si取代。Si材料易于获取，成本低廉，其氧化物SiO_2的缺陷少，且Si-SiO_2界面良好使得器件的可靠性提升。Si材料是半导体工业的基础，在电子信息技术的材料领域中占据着很重要的地位。

第二代半导体材料主要指化合物半导体材料，如砷化镓（GaAs）、锑化铟（InSb）；三元化合物半导体，如铝砷化镓（GaAsAl）；固溶体半导体，如GeSi；非晶半导体，如非晶硅；有机半导体，如酞菁；等等。

第三代半导体材料为宽禁带半导体材料（禁带宽度大于2.3eV），以碳化硅（SiC）、氮化镓（GaN）、金刚石等为代表。现今由于硅材料即将到达理论极限，第三代半导体材料就成为重要的研究与应用方向，并已经部分实现了产业化。宽的禁带宽度可以带来高的击穿电场强度、高的载流子饱和速度、高热导率和高抗辐射能力，因此在高温、高频、大功率和抗辐射应用中前景可观。但宽禁带半导体材料的发展仍然受到高纯度材料制备与半导体制造工艺的限制。

三、硅的材料特性

因为硅在半导体产业的统治地位，所以重点介绍硅的材料特性，不过硅的部分特性也适用于其他半导体材料。硅在元素周期表中位于第三周期ⅣA族，有四个价电子。硅晶格结构为金刚石型结构（图3.1.2）：每个原子周围有四个最近邻原子，组成正四方体结构。长期以来固体可以分为非晶体（无规则外形与固定熔点）和晶体，其中晶体又可以分为单晶（短程有序）和多晶（长程有序）。单晶硅是半导体工业中最常用的材料，因为晶圆是由单晶硅棒切割形成的。多晶硅会用在太阳能电池中，或作为部分微电子器件的栅电极材料。

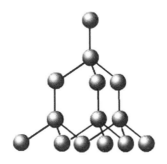

图3.1.2　金刚石型结构

在硅中掺入微量杂质之后可以显著提升其导电性，这就是半导体的掺杂特性。在纯净的硅中掺入N型杂质后得到的材料称为N型硅，常见的N型杂质为V族元素，比如磷（P）、砷（As）等。N型杂质掺入纯净硅中会贡献一个可移动的电子，所以也被称为施主杂质。对于N型硅而言，电子为多数载流子，空穴为少数载流子。在纯净的硅中掺入P型杂质后得到的材料称为P型硅，常见的P型杂质为Ⅲ族元素，比如硼（B）、镓（Ga）等。因为P型杂质掺入纯净硅中会得到一个可移动的电子，所以也被称为受主杂质。对于P型硅来说，空穴为多数载流子，电子为少数载流子。综上，一定量掺杂的硅中存在大量的可移动的载流子（电子或空穴），所以掺入杂质后硅的电阻率显著下降。

3.1.2　PN结

PN结是构成半导体器件的最基本结构，将N型（或P型）杂质，通过适当的方法（如扩散、离子注入、合金等）掺入P型（或N型）半导体单晶中，所形成的N型区域和P型区域的交界面，即是PN结。绝大多数半导体器件都包含一个或多个PN结。PN结同时也是最简单的半导体器件——PN结二极管，其基本结构如图3.1.3所示，由相互接触的P型掺杂区和N型掺杂区构成，P区引出的电极称为阳极，N区引出电极称为阴极。

图3.1.3　PN结二极管基本结构

一、PN结二极管的伏安特性

由于P型掺杂区中存在大量空穴，N型掺杂区存在大量电子，当P区和N区接触后，P区空穴和N区电子将分别向低浓度方向扩散，会在PN结附近形成空间电荷区（或称为"耗尽区"）。空间电荷区中存在内建电场，由于电场的存在，空间电荷区两侧形成电势差。将P型区侧耗尽区边界到N型区侧耗尽区边界的电势差称为内建电势V_{bi}。

在二极管内的PN结中，存在漂移电流和扩散电流两种电流。没有外加电压情况下，内建电势的存在使漂移电流和扩散电流达到平衡，净电流为零。当施加正向电压V时，漂移电流和扩散电流之间的平衡被打破，载流子的漂移作用减小，扩散作用占据优势。平衡时，内建电势V_{bi}形成的势垒高度qV_{bi}正好阻止载流子扩散，外加正向电压使势垒高度下降为$q(V_{bi}-V)$，降低了的势垒无法阻止载流子扩散，此时便有载流子在P区和N区之间流动，形成了流过PN结的正向电流

$$J_d = J_0\left[\exp\left(\frac{qV}{kT}\right)-1\right] \tag{3-1}$$

式（3-1）称为肖克莱方程。

可以看出，PN结二极管的正向电流随外加偏压呈指数关系增长。当正向电流达到某一个测试值时的外加电压称为PN结的正向导通电压，用V_F表示。硅PN结二极管的V_F大约是0.7V。

当外加反向电压并且电压的值较大时，有

$$J_d = -J_0 \tag{3-2}$$

反向电流基本恒定，不会随反向电压变化，所以J_0被称为反向饱和电流密度。J_0的大小取决于材料的种类、掺杂浓度和温度。半导体材料的禁带宽度越大，则本征载流子浓度n_i越小，J_0就越小。掺杂浓度越高，平衡少子浓度p_{n0}或者n_{p0}越小，J_0越小。温度越高，n_i越大，J_0就越大。

由上述分析可知，PN结二极管具有单向导电性。PN结二极管的电流与外加电压的关系称为伏安特性，伏安特性曲线示意图如图3.1.4所示。

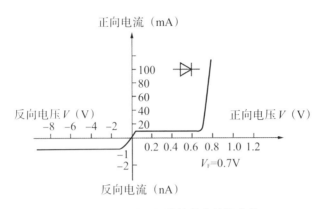

图 3.1.4　PN 结二极管的伏安特性曲线

二、PN 结二极管的击穿特性

PN 结二极管具有反向阻断能力，然而这种阻断能力是有限的，随着反向电压不断上升，反向电流出现突然激增，这种现象称为击穿。PN 结的电击穿存在两种机理：雪崩击穿和齐纳击穿。

雪崩击穿通常是由耗尽区内的雪崩倍增效应引起的，高反向偏压在耗尽区内产生高电场，载流子在电场中运动时将从电场中获得的能量通过碰撞传递给晶格原子。当积累的能量足够高时，载流子与晶格原子的碰撞会使晶格原子产生出新的电子–空穴对，新产生的电子–空穴对又会再重复上述过程。该过程将不断进行下去，新的载流子无止境的产生，从而使电流迅速增大。显然，雪崩倍增效应的强度与耗尽区内的电场强度及半导体的禁带宽度密切相关，耗尽区内电场强度越强，载流子从电场中获取的能量越多，禁带宽度越小，电子–空穴对的激发越容易。PN 结雪崩击穿电压的大小，与其掺杂浓度及材料类型相关。半导体的禁带宽度 E_g 越大，掺杂浓度越低，击穿电压就越高。当温度升高时，晶格的振动也会越强，载流子与晶格的碰撞更加频繁，载流子平均自由程变短，更难积累起足够高的能量碰撞产生新电子–空穴对，因此雪崩击穿电压具有正的温度系数。

齐纳击穿也称为隧道击穿，是由于势垒区导带与价带的水平距离 d 减小引起的。PN 结两端的反向偏压增大使势垒升高，势垒区导带与价带的水平距离就会变小。此时 P 区价带电子的能量有可能达到甚至超过 N 区导带的电子能量，因此 P 区价带中的电子有可能水平穿越禁带到达 N 区导带成为自由电子。当 d 不是足够小的时候，这种水平穿越不会发生。但是当反向偏压很大时，势垒区电场很大，d 很小，电子就会在水平方向上穿越禁带，产生很大的反向电流，使PN结发生齐纳击穿。因为温度升高禁带宽度会减小，所以齐纳击穿具有负的温度系数。

三、PN结二极管的应用

PN结二极管的应用非常广泛，根据其掺杂浓度、偏置条件、工作原理等的不同，可实现不同的功能，有不同的应用场景。利用PN结的单向导电性可以制作开关二极管、整流二极管、检波二极管；利用PN结的击穿特性制作稳压二极管；利用高掺杂PN结的隧道效应制作隧道二极管或齐纳二极管；利用结电容随外电压变化效应制作变容二极管。结合半导体的光电效应还可以制作光电二极管、光电探测器、太阳能电池等。

3.1.3　肖特基二极管

1938年W. Schottky提出了金属与轻掺杂的半导体接触会产生一定的势垒高度，该势垒会产生类似于PN结的整流效应，后该势垒被命名为肖特基势垒，肖特基二极管（SBD）随后产生。SBD的基本结构示意图如图3.1.5所示。

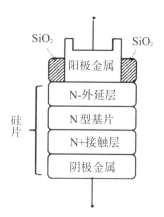

图3.1.5　SBD结构示意图

一、金半接触的整流理论

金属与半导体接触时，系统到达热平衡状态后两种材料应具有相同的费米能级E_F，所以二者接触必然产生能级的移动。费米能级E_F是衡量电子填充水平的标志，N

型区的费米能级靠近导带，P型硅的费米能级靠近价带。当金属与半导体距离接近原子间距时，聚集在费米能级 E_F 处的电子会因 E_F 高低的不同而由高能级向低能级移动，因此在接触面处产生耗尽区。耗尽区内电场的存在使能带发生弯曲，半导体表面处因此存在电势差，即表面电势 V_s。

以上讨论的是未在金属与半导体两侧加偏压的情况，若在金属与半导体两侧施加偏压 V，则电子的势垒高度变化。对于N型阻挡层，加上正向偏压 V（金属侧加正偏压）后平衡被打破，使得从半导体流向金属的电流密度小于从金属流向半导体的电流密度，总电流密度 $(J_{m\to s})_{\&}$ 随外加偏压 V 的增大而增大。外在体现为电流由金属流向半导体，产生随外加正向偏压增大而增大的正向电流。若在两端加上反偏压时，$V<0$ 使得从半导体流向金属的电流密度大于从金属流向半导体的电流密度，$(J_{s\to m})_{\&}$ 随外加偏压 V 的增大而减小，所以外在体现为电流由半导体流向金属，但是反向电流会逐渐趋于饱和值。

上述结论对于P型半导体与金属接触同样成立。当金属与半导体接触时，在其两端加上正偏压，正向电流会随着 V 的增大而呈指数上升，但在其两端加上反偏压后，反向电流会随 $|V|$ 的增大而趋于饱和，这就是阻挡层的整流理论。满足整流特性的金半接触被称为肖特基接触。为肖特基接触加上两端电极的二极管被称为SBD。

二、肖特基二极管的伏安特性

基于金属与半导体的整流理论，肖特基二极管具有类似于PN结二极的整流特性，二者伏安特性曲线对比如图3.1.6所示。不同的是PN结二极管中主要由少数载流子进行电流的输运，但是电荷的存储效应影响了PN结二极管的高频特性。SBD由多子参与电流输运，不存在少子的积累作用，所以开关速度远快于PN结二极管。再加上肖特基接触的势垒低于PN结势垒，因此SBD的开启电压低于PN结二极管。SBD正因为其优秀的正向特性以及高速的开关速度，而在微波技术领域和高速集成电路领域获得了广泛的应用。

而在SBD处于反偏状态时，由漂移区承担所有的压降，但是电场集中效应的存在使得最大电场集中在金属和半导体接触面上，且金属内部不能承担压降，这直接导致SBD的击穿电压难以提升。同时，SBD的反向饱和电流比PN结二极管大两到三个数量级。因此SBD通常应用于耐压200V以下的中低压领域。

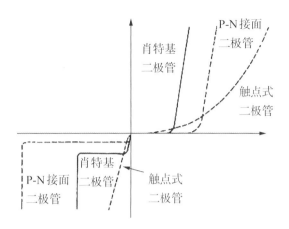

图3.1.6 肖特基二极管与PN结二极管伏安特性的比较

3.1.4 双极型晶体管

1948年由贝尔实验室发明了第一只点接触晶体管，是由两根细金属丝与一块N型锗基片相接触而形成的。1951年出现了具有两个背对背PN结的结型场效应晶体管。20世纪60年代，为了区别由一种载流子导电的单极型器件场效应晶体管，又将结型晶体管命名为双极型晶体管。双极型晶体管（Bipolar Junction Transistor，以下简称为BJT）是由两个背靠背的PN结构成的三端器件。根据P区与N区的分布，BJT可以分为两种类型：NPN型晶体管与PNP型晶体管，如图3.1.7所示。

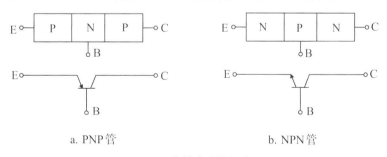

a. PNP管   b. NPN管

图3.1.7 BJT的基本结构与电路符号

在BJT中，三个电极分别为发射极（E）、基极（B）与集电极（C），对应的三个区域分别称为发射区、基区与集电区。发射区与基区形成的PN结为发射结，集电区与基区形成的PN结为集电结。

早期的BJT采用合金工艺制作，这种晶体管的基区杂质是均匀分布的，因此该晶体管称为均匀基区晶体管。在硅平面工艺出现后，对于分立器件与集成电路中的纵向硅平面晶体管，基区杂质为非均匀分布，则该晶体管称为缓变基区晶体管，其结构如图3.1.8所示。

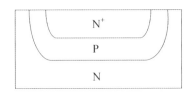

图3.1.8　平面工艺制备的缓变基区晶体管的基本结构

一、BJT的工作状态

在研究晶体管的电流电压关系时，应对各电极的电压参考极性与流经电流的参考方向做出规定。直流电压用下角标的字母顺序表示参考极性，第一个字母代表参考高电位的电极，第二个字母代表参考低电位的电极。对于PNP管，发射结和集电结上的电压分别为 $V_{EB} = V_E - V_B$ 和 $V_{CB} = V_C - V_B$。对于NPN管，两个结上的电压分别为 $V_{BE} = V_B - V_E$ 和 $V_{BC} = V_B - V_C$。电压大于0表示正偏，电压小于0表示反偏。电流的参考方向，对于PNP管，发射极电流以流入为正，基极电流与集电极电流以流出为正；对于NPN管，发射极电流以流出为正，基极电流与集电极电流以流入为正。

BJT共有四种工作状态，具体分类如表3.1.1所示。模拟电路中的晶体管主要在放大区工作，起到放大和振荡等作用；数字电路中的晶体管主要工作在饱和区与截止区，起到开关的作用。

表3.1.1　双极晶体管的工作模式

发射极—基极偏置	集电极—基极偏置	工作模式
正偏	反偏	正向放大区（或称为正向有源区、放大区、有源区）
正偏	正偏	饱和区
反偏	反偏	截止区
反偏	正偏	反向放大区（或称为反向有源区）

二、BJT 的放大作用

在电路分析中，根据输入与输出电路所共有的引线，双极晶体管可以连接成共基极、共发射极与共集电极三种电路组态，如图 3.1.9 所示。晶体管放大电路主要有共基极放大电路与共发射极放大电路。

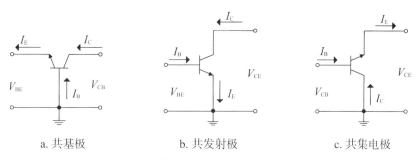

a. 共基极   b. 共发射极   c. 共集电极

图 3.1.9　正常模式下 NPN 晶体管的三种基本组态

电流的放大系数也称为电流增益，是双极型晶体管的重要直流参数之一。下面以 PNP 管为例，对几种直流电流放大系数给出定义。共基极电路中，发射结正偏、集电结零偏时的 I_C 与 I_E 之比，称为共基极直流短路电流放大系数，记为 α。共发射极电路中，发射结正偏、集电结零偏时的 I_C 与 I_B 之比，称为共发射极直流短路电流放大系数，记为 β。

$$\alpha \equiv \frac{I_C}{I_E}\Big|_{V_{EB}>0,V_{CB}=0} \tag{3-3}$$

$$\beta \equiv \frac{I_C}{I_E}\Big|_{V_{EB}>0,V_{CB}=0} \tag{3-4}$$

根据晶体管端电流的关系 $I_B = I_E - I_C$，以及 α 与 β 的定义，可得如下关系：

$$\beta = \frac{I_C}{I_B} = \frac{I_C/I_E}{(I_E - I_C)I_E} = \frac{\alpha}{1-\alpha} \tag{3-5}$$

下面仍以 PNP 管为例，分析均匀基区晶体管的共基极直流短路电流放大系数 α。晶体管必须在结构上满足以下两个条件，才能达到放大的作用：少子在基区中的复合必须很少，即要求 $W_B \ll L_B$（W_B 和 L_B 分别为基区宽度和基区少子扩散长度）；发射区注入基区的少子形成的电流必须远大于基区注入发射区的少子形成的电流，即要求 $N_E \gg N_B$（N_E 和 N_B 分别为发射区和集电区掺杂浓度）。

三、BJT 的输出特性曲线

下面以 NPN 管为例说明 BJT 的输出特性。共基极输出特性是指以输入端的 I_E 为参变量，输出端的 I_C 与 V_{BC} 之间的关系。即在共基极直流电流电压方程中，以 I_E 和 V_{BC} 作为已知量，求 I_C 随 I_E 和 V_{BC} 的变化关系。根据式（3-6），即得共基极输出特性曲线，如图 3.1.10 所示。

$$I_C = \alpha I_E - I_{CBO}\left[\exp\left(\frac{qV_{BC}}{kT}\right) - 1\right] \tag{3-6}$$

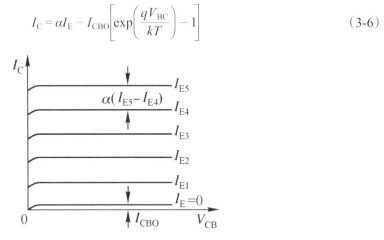

图 3.1.10　NPN 晶体管的共基极输出特性曲线

共发射极输出特性是以输入端的 I_B 为参变量，输出端的 I_C 与 V_{CE} 之间的关系。根据式（3-7），即得共发射极输出特性曲线，如图 3.1.11 所示。

$$I_C = \beta I_B - I_{CBO}\left[\exp\left(\frac{qV_{BC} - V_{CE}}{kT}\right) - 1\right] \tag{3-7}$$

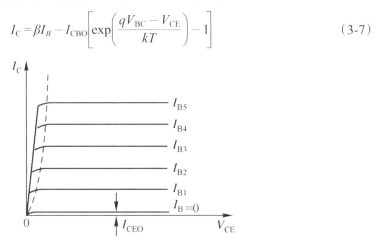

图 3.1.11　NPN 晶体管的共发射极输出特性曲线

3.1.5 MOSFET

场效应晶体管（Field Effect Transistor，FET）是指利用电场来控制导电粒子行为的器件。由于电场通常是通过电压实现的，所以场效应晶体管是电压控制型器件。场效应晶体管具有输入阻抗高、速度快和功耗低等优点，它可以分为三类：结型场效应晶体管（Junction FET，JFET）、金属–半导体场效应晶体管（Metal-Semiconductor FET，MESFET）和金属–氧化物–半导体场效应晶体管（Metal Oxide Semiconductor FET，MOSFET）。其中，MOSFET占有主导地位。虽然现在MOSFET的栅极材料大多已不采用金属，但MOSFET这个名字仍然被广泛使用。

按照沟道类型的不同，MOSFET可以分为N沟道和P沟道器件。N沟道MOSFET的基本结构如图3.1.12所示。P型衬底上的两个N^+掺杂区分别是源区和漏区，导电沟道存在于源漏区之间。导电沟道上面是控制栅，控制栅和沟道之间由氧化物绝缘层隔开。源区、漏区和控制栅通过金属作为引出电极，分别称为源极、漏极和栅极，简称为S、D和G。衬底也可以引出电极，简称B。四个电极上的电压分别称为源极电压、漏极电压、栅极电压和衬底偏压，记为V_S、V_D、V_G和V_B。器件工作时，通常会把源极和衬底连接到地，即$V_S = V_B = 0$。P沟道MOSFET则与N沟道MOSFET正好相反，其衬底是N型半导体，源区和漏区都是P^+掺杂；沟道中的导电粒子是空穴；外加电压以及I_D的极性与N沟道MOSFET相反。

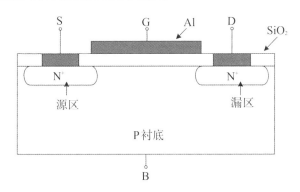

图3.1.12 MOSFET基本结构

一、转移特性曲线和输出特性曲线

当MOSFET的栅极没有外加电压时，不存在导电沟道，即使在漏极和源极之间加电压，漏极也基本没有电流，即漏极电流$I_D=0$。给栅极施加适当的电压V_{GS}，当V_{GS}增大到阈电压V_T时，会在栅极下面的半导体表面产生电场。以N型MOSFET为例，在电场的作用下，P型半导体表面发生强反型，积累了大量的电子，从而形成N型导电沟道，连通源区和漏区。此时，再对源极和漏极施加电压V_{DS}，就会产生漏极电流I_D。通过V_{GS}的变化，可以实现对I_D的控制，即电压控制电流。当V_{DS}一定时，I_D随V_{GS}的变化称为MOSFET的转移特性，如图3.1.13所示。

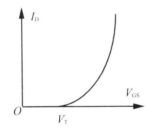

图3.1.13　N沟道增强型MOSFET的转移特性曲线

按照$V_{GS}=0$时沟道是否存在，MOSFET可分为耗尽型和增强型。N沟道增强型MOSFET的$V_T>0$，只有$V_{GS}>V_T$时，才会形成导电沟道；N沟道耗尽型MOSFET的$V_T<0$，$V_{GS}=0$时沟道已经存在，可以在栅极加负压，使沟道消失，从而使器件关断。对于P沟道增强型MOSFET，其$V_T<0$，在$V_{GS}<V_T$时形成导电沟道；P沟道耗尽型MOSFET，$V_T>0$。因此，N沟道MOSFET与P沟道MOSFET在电特性方面具有相似性。在以下的分析中，以N沟道MOSFET为例。

当V_{GS}满足$V_{GS}>V_T$并且是一个定值，漏极电流I_D和漏源电压V_{DS}之间的关系称为MOSFET的输出特性。MOSFET的输出特性可以分成四个不同的区域，如图3.1.14所示，这四个区域对应器件不同的状态。

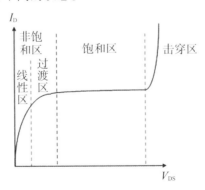

图3.1.14　N沟道MOSFET输出特性图

当V_{DS}很小的时候，整个沟道长度范围内的电势都近似为零，各点的电子浓度也近似相等，这时沟道就像一个阻值与V_{DS}无关的固定电阻，所以I_D与V_{DS}成线性关系。这一区域称为线性区。随着V_{DS}逐渐增大，由漏极流向源极的电流也会增大，使得沿着沟道由源极到漏极存在电势差，栅极与沟道中各点之间的电压也不再相等，各点的电子浓度也不再相等，沟道厚度就会随着向漏极靠近而减薄。沟道中电子的减少会使沟道电阻增大，因此输出特性曲线的斜率会降低。当V_{DS}增大到夹断电压V_{Dsat}时，沟道厚度在漏极处为零，称为沟道被夹断。这一区域称为过渡区。线性区和过渡区统称为非饱和区。

V_{DS}继续增大，沟道夹断点会向源极移动，会在沟道和漏区之间形成耗尽区。电子在耗尽区内的漂移速度达到饱和速度，所以即使V_{DS}再增大，I_D也不会增大。这一区域称为饱和区。当V_{DS}增大到漏源击穿电压BV_{DS}时，I_D将迅速增大，原因可能是漏PN结发生了雪崩击穿，也可能是漏源区发生穿通。这一区域称为击穿区。

将不同的V_{GS}下的输出特性画在一起就构成了MOSFET输出特性曲线，如图3.1.15所示。其中，虚线是饱和区和非饱和区的分界线。表3.1.2总结了N沟道增强型、N沟道耗尽型、P沟道增强型、P沟道耗尽型MOSFET的输出特性曲线和转移特性曲线。

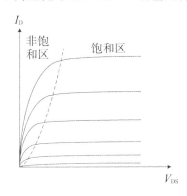

图3.1.15　N沟道MOSFET的输出特性曲线

表3.1.2　MOSFET的输出特性曲线与转移特性曲线的总结

类型	输出特性曲线	转移特性曲线
N沟道增强型		

续表

类型	输出特性曲线	转移特性曲线
N沟道 耗尽型		
P沟道 增强型		
P沟道 耗尽型		

二、MOSFET 的阈值电压

阈电压 V_T 是 MOSFET 的重要电学参数，是指使栅下的衬底表面开始发生强反型的栅极电压。所谓强反型，是指半导体表面处的平衡少子浓度等于体内的平衡多子浓度，此时半导体在表面附近的能带弯曲量为 $2q\phi_{FB}$（其中 ϕ_{FB} 为衬底费米势）。MOSFET 阈电压的表达式为：

$$V_T = V_S + \phi_{MS} - \frac{Q_{OX}}{C_{OX}} \pm K\left[\pm\left(2\phi_{FB} + V_S - V_B\right)\right]^{\frac{1}{2}} + 2\phi_{FB} \tag{3-8}$$

由阈值电压的表达式可以看出，源极电压 V_S 与衬底偏压 V_B 同样影响了 V_T。在衬底与源级之间加偏压 V_{BS} 时，MOSFET 的特性将发生一些变化，这些变化就称为衬底偏置效应或者体效应。由阈值电压的变化量可知，当 $|V_{BS}|$ 增大时，N 沟道 MOSFET

的阈电压上升，P 沟道 MOSFET 的阈电压下降。由于体因子 K 的影响，栅氧化层厚度 T_{ox} 越厚、衬底掺杂浓度 N 越高，衬底偏置效应就越严重。

三、MOSFET 的直流电流电压方程

在缓变沟道近似下，非饱和区 N 沟道 MOSFET 的漏极电流的近似表达式为：

$$I_D = \beta\left[(V_{GS} - V_T)V_{DS} - \frac{1}{2}V_{DS}^2\right] \tag{3-9}$$

其中，β 称为 MOSFET 的增益因子。显然，I_D 是 V_{DS} 的二次函数，抛物线顶点对应沟道的夹断点，此点对应的电压 $V_{Dsat} = V_{GS} - V_T$，代入式（3-9）可得饱和漏极电流 I_{Dsat}

$$I_{Dsat} = \frac{\beta}{2}(V_{GS} - T_T)^2 \tag{3-10}$$

P 沟道 MOSFET 与 N 沟道的相比，只有电流方向相反，对于 P 型 MOSFET，

$$I_D = -\beta\left[(V_{GS} - V_T)V_{DS} - \frac{1}{2}V_{DS}^2\right] \tag{3-11}$$

$$I_{Dsat} = -\frac{\beta}{2}(V_{GS} - T_T)^2 \tag{3-12}$$

当 $V_{DS} > V_{Dsat}$ 时，超过 V_{Dsat} 的部分（$V_{DS} - V_{Dsat}$）降落在靠近漏端的长度为 ΔL 的耗尽区上，MOSFET 的有效沟道长度变为（$L - \Delta L$）。沟道有效长度随 V_{DS} 的增大而缩短的现象称为有效沟道长度调制效应，这使得 MOSFET 饱和区的漏极电流出现不饱和的特性。

3.1.6　集成电路发展趋势与新型器件

1947 年第一个晶体管在贝尔实验室诞生，从此人类步入了电子时代。1958 年德州仪器研制了第一款集成电路，随后由仙童公司将集成电路商业化。集成电路（Integrated Circuit，IC）是指通过一系列特定的加工工艺，将晶体管、二极管等有源器件和电阻、电容、电感等无源元件，按照一定的电路互连，集成在一块半导体晶片上，封装在一个外壳内，执行特定电路或系统功能的一种器件。

1965 年 Gordon Moore 提出摩尔定律，其预测硅芯片每隔 18 个月集成度就会翻一番。集成度指的是单位面积上元器件的数量。几十年来，集成电路产业以摩尔定律为前进方向稳步发展，主要表现为：特征尺寸越来越小，芯片尺寸越来越大，单片上的晶体管数量越来越多，时钟速度越来越快，电源电压越来越低，布线层数越来

越多，I/O引线越来越多。

不过随着特征尺寸（MOSFET的最小栅长）逐渐缩小，沟道长度调制和迁移率退化等效应显著影响着器件的性能。当特征尺寸缩小到22nm之后，鳍式场效应晶体管（FinFET）代替了传统的平面MOSFET，继续延续了摩尔定律。到当特征尺寸缩小到7nm之后，环栅（Gate-All-Around，GAA）FinFET晶体管可能代替FinFET成为主流器件。下面简要介绍FinFET和GAA FET两种小尺寸器件。FinFET和GAA FET均属于多栅MOSFET。多栅MOSFET指的是沟道区有多个表面被栅极覆盖，栅极可以从多个方向对沟道内的载流子进行控制。多栅MOSFET相较于传统平面MOSFET具有器件开启关断时间短，短沟道效应与迁移率退化效应被削弱等优势。

FinFET是由美籍华人胡正明教授提出的，因为栅的形状和鱼鳍相似，所以称为鳍式场效应晶体管，其结构示意图如图3.1.16所示。FinFET的沟道区由三面环绕的栅极控制，栅电极可以从多个方向控制沟道中的电荷。当FinFET的高宽比很大时常忽略顶部栅极的作用将FinFET视为双栅器件，而高宽比较小时FinFET被视为三栅器件。FinFET的源漏电极做在鳍式栅的两侧，控制电流的流动。源漏与栅之间存在间距，这是为了减小栅与源漏之间的交叠电容，但同时增大了寄生串联电阻。所以设计时需要折中考虑栅与源漏的间距与寄生电容和寄生电阻的关系。FinFET采用SOI（Silicon On Insulator）基片，利用氧化层隔绝了MOSFET和衬底，减小了衬底的泄漏电流，降低了功耗，增大了开关速度。

FinFET

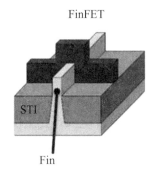

图3.1.16　FinFET结构示意图

GAA FET的结构如图3.1.17所示，被称为环栅FinFET、围栅FinFET或者纳米线FET。GAA FET栅极被四面环绕的栅介质包围，也可以称为四栅MOSFET。GAA FET与FinFET的工作原理相同，但是因为GAA FET的栅控面积增大，栅极对沟道电子的控制作用增强，所以可以用在更小特征尺寸的器件中。

GAA FET

横向纳米　　被栅极全
线堆叠　　　方位包围

图 3.1.17　GAA FET 结构示意图

3.2　微电子制造工艺

在现代集成电路产业中，硅是使用最为广泛的半导体材料，绝大部分集成电路都是基于硅衬底进行设计和制造的，因此本小节将着重讲述用于半导体产业的硅材料的加工制造工艺。

3.2.1　硅片制备

并非所有的硅材料都能用来制造集成电路，被用于集成电路领域的高纯度硅叫做半导体级硅（semiconductor-grade silicon，SGS）。用作芯片制造的硅片衬底需要有极高的纯度、极低的缺陷密度和有序排列的晶体结构。为得到这样的硅片，需要经过一系列的加工处理，图 3.2.1 是硅片生产的一般流程。以下将按照硅片制备的顺序来分别介绍其中使用到的工艺。

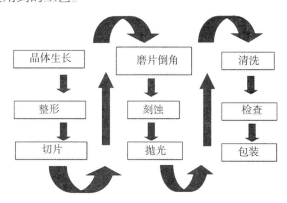

图 3.2.1　硅片生产的一般工艺流程

一、晶体生长

要获得满足严格要求的硅片，首先需要通过化学反应得到高纯度的半导体级硅。工业上一般通过西门子工艺来生产半导体级硅。西门子工艺的第一步是在还原性气体氛围中加热含碳的硅石来制备纯度约为98%的冶金级硅，化学反应式如下：

$$\text{SiC}(\text{固体})+\text{SiO}_2(\text{固体})\rightarrow\text{Si}(\text{液体})+\text{SiO}(\text{气体})+\text{CO}(\text{气体})$$

待得到的液态硅冷却之后，将其压碎成硅粉，并与氯化氢气体进行反应生成三氯硅烷气体。

$$\text{Si}(\text{固体})+3\text{HCl}(\text{气体})\rightarrow\text{SiHCl}_3(\text{气体})+\text{H}_2(\text{气体})+\text{加热}$$

将提纯后的三氯硅烷气体和氢气一起通入西门子反应器中，如图3.2.2所示，在加热的硅棒上发生氧化还原反应并得到纯度可达99.9999999%的硅。

$$2\text{SiHCl}_3(\text{气体})+2\text{H}_2(\text{气体})\rightarrow2\text{Si}(\text{固体})+6\text{HCl}(\text{气体})$$

图3.2.2　西门子反应器

虽然西门子工艺制得的硅有着极高的纯度，但这种方法制作出来的却是多晶硅，而只有单晶硅才能用作制造集成电路的衬底材料。因此还需要将半导体级的多晶硅转化成单晶硅，工业上采用最多的方法是CZ法，此外还有能达到更高纯度的区熔法。目前市面上85%的单晶硅都是利用CZ法生长得来的，因此在这里仅介绍CZ拉单晶法。

图3.2.3为CZ法用到的反应容器CZ拉单晶炉。先在多晶硅粉末中根据所需的杂质类型掺入杂质粉末，若要制作P型硅则掺入三价的硼，若要制作N型硅则掺入五价的磷，然后加热坩埚使多晶硅熔化，转轴控制着籽晶边旋转边缓慢上升，与此同时坩埚以与籽晶相反的方向旋转，熔融的多晶硅由于表面张力会黏附在和籽晶的接触面上一同上升。籽晶是一块有所需要的晶向的单晶硅，熔融的多晶硅在和籽晶的接触面上冷却后能精确复制籽晶的晶体结构。

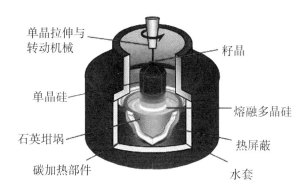

图3.2.3　CZ拉单晶炉

CZ法又叫做直拉法，通过直拉法能在精确复制籽晶的晶体结构的同时实现可控的均匀掺杂。拉伸速率和籽晶的旋转速率是影响直拉法生长的单晶硅质量的两大关键因素。

二、整形

通过直拉法或区熔法得到的硅是一根两端细、中间粗的单晶硅棒。晶棒在切割之前需要先进行外形整理，具体包括切割分段、径向研磨以及定位边或定位槽研磨。

先将单晶硅棒的两端较细的部分切下，切下的部分可以回收后重复利用。

由于晶棒生长过程中不可能非常精确地控制其直径，所以一般会将晶棒生长得略粗一些，然后通过径向研磨来得到设计的材料直径。

为了方便识别硅片的掺杂类型和晶向，传统的做法是在晶棒边缘研磨出不同的定位边。但是对于直径200mm以上的晶棒会采用激光在晶棒的边缘刻印出一个定位槽来取代定位边。

三、切片

晶棒整形完之后的下一个步骤是进行切片处理。对于直径200mm及以下的晶棒采用内圆切割机来切片。内圆切割机的优点是切割时稳定性好，切割精度高，但刀片厚度较大，切割时的材料损耗大，并且会产生较厚的表面损伤层（约为30～40微米）。直径300mm的硅片目前都是采用线锯来进行切割的。线锯切割是采用一根覆盖浆料的线来代替内圆切割机的带金刚石边缘的锯刃，它有更薄的切口，因此同一根晶棒用线锯切割能得到更多的硅片，并且切片过程中对硅片表面的机械损伤更小。然而在硅片厚度控制方面线锯切割相比内圆切割机稍差。

四、磨片倒角

切片过程在硅片表面留下了机械损伤，因此需要对其两面进行机械磨片处理以达到硅片表面平整。磨片时是将硅片放在两层研磨盘中间，并加入研磨浆料，利用研磨盘旋转时的压力来对硅片进行均匀研磨。

硅片边缘可能存在锋利的棱角或小裂痕，硅片倒角就是对其边缘进行抛光修整来获得平滑的边缘周线。小裂痕在后续生产工艺中会成为应力的集中区，引起位错的发生，同时也会吸引有害沾污物。平滑的晶圆边缘将会使得这些影响有效降低。

五、刻蚀

在硅片的整形处理中，硅片的表面和边缘都产生了损伤及沾污，一般有几微米深。如果不对这些损伤进行处理，将严重影响制造出的集成电路的性能。为此，硅片生产商会采用刻蚀工艺除去硅片表面一定厚度。为了保证所有损伤层都被去除，一般要通过湿法刻蚀工艺，腐蚀掉硅片表面约20微米厚度的硅。在下一节中将详细介绍刻蚀工艺。

六、抛光

硅片生产的最后一个步骤是通过化学机械平坦化（CMP）方法对其进行抛光处理。CMP又叫化学机械抛光，不同于机械抛光，CMP方法中既存在机械研磨也伴随着化学反应，能使硅片获得高平整度的光滑表面。对直径200mm及以下的硅片来说，仅对其上表面进行CMP处理，而直径300mm的硅片则两面都需要进行CMP处理。化学机械平坦化的具体细节将在下一节中进行介绍。

3.2.2　主要的集成电路工艺

一块集成电路的制造工艺所花费的典型时间大概为6~8周，而其中经历的步骤可能达到350步甚至更多。虽然集成电路制造的复杂性和精细程度是极为惊人的，但其中只涉及有限的几种工艺流程。通过循环应用这几种工艺步骤就能将硅片加工成功能强大的集成电路。下面将对这些工艺步骤逐一进行讲解。

一、氧化

在硅基集成电路中广泛应用到了二氧化硅材料，例如MOSFET中的栅氧化层、不同晶体管之间隔离用的场氧化层、保护某些区域免受后续工艺影响的阻挡层和掩蔽层以及金属间隔离用的绝缘介质材料等。在硅片上可以通过热氧化生长或淀积的方法得到氧化层，在这一部分着重介绍氧化物的热生长方法。

热氧化是指高温条件下含氧物质（氧气、水蒸气等）在硅片表面发生化学反应生成二氧化硅的过程，根据反应物的不同可分为干氧氧化、水汽氧化和湿氧氧化。三种氧化方式在氧化速率和氧化层质量上各有不同。

干氧氧化是硅与纯氧直接发生反应，氧化温度一般为750℃～1 100℃，反应方程式如下：

$$Si(固体)+O_2(气体) \rightarrow SiO_2(固体)$$

干氧氧化的速率与氧气的纯度和反应温度有关，温度越高，氧气在硅中的扩散速率越快，相同时间内生长的氧化层越厚。通过干氧氧化得到的氧化层表面干燥、结构致密，但氧化速率非常慢。

水汽氧化即在高温下水蒸气与硅发生反应生成二氧化硅，反应式如下：

$$Si(固体)+2H_2O(气体) \rightarrow SiO_2(固体)+2H_2(气体)$$

水汽氧化的速率显著快于干氧氧化，这是因为水蒸气在硅中的扩散速率和溶解度比氧气高。但是水汽氧化的产物中的氢分子会部分残留在二氧化硅层内，导致氧化层结构疏松，质量很差，所以实际加工中很少使用水汽氧化的方法。

湿氧氧化是介于干氧氧化和水汽氧化之间的氧化方法，它用携带水蒸气的氧气替代纯氧，因此其反应实际上是干氧氧化和水汽氧化以一定的比例混合。湿氧氧化的速率和氧化层质量均介于二者之间。

对于氧化层质量要求严格的结构采用干氧氧化，如MOSFET的栅氧化层，对于非关键的电学隔离或掩蔽层结构则常采用湿氧氧化，而很厚的氧化层则可以采用干—湿—干交替的氧化方式。三种氧化方式的特性如表3.2.1所示。

表3.2.1 三种氧化方式的比较

氧化类型	速度	均匀重复性	结构	掩蔽性	水温
干氧	慢	好	致密	好	
湿氧	快	较好	中	基本满足	95℃
水汽	最快	差	疏松	较差	102℃

由于热氧化的二氧化硅是硅与含氧物质反应得来的，所以二氧化硅的生长同时也伴随着硅的消耗，即俗称的"吃硅"现象。氧化层厚度与消耗的硅层的厚度比是1:0.46，即每生长100Å的二氧化硅要消耗46Å的硅。如要避免"吃硅"现象发生，则可以采用之后将要介绍的化学气相淀积法。

二、扩散

本征的半导体材料导电性很差，不能用来制造集成电路，通过掺入合适的杂质可以有效改善半导体的导电性能。集成电路工艺中的掺杂方式主要有两种：热扩散和离子注入。扩散指的是一种物质在另一种物质中的运动。前述热氧化工艺中氧气穿过已生长的二氧化硅层到达硅—二氧化硅界面也是一种扩散过程。扩散的本质是微观粒子做不规则运动的统计结果，这种运动总是由粒子浓度高的地方向浓度低的地方进行，从而使得粒子的分布逐渐趋于均匀。粒子的浓度差越大，温度越高，扩散进行得越快。

杂质在硅中的扩散模式有两种：恒定表面浓度扩散和恒定杂质总量扩散。恒定表面浓度扩散时，杂质不断进入硅中，而硅表面的杂质浓度 N_S 始终保持不变，N_S 取决于杂质在硅中的固溶度，即在一定温度下硅能吸收的杂质总量。扩散的时间越长，扩散温度越高，则扩散进入硅片内单位面积的杂质总量就越多，且杂质扩散得越深。而在恒定杂质总量扩散中，只有扩散开始时在硅片表面有一定量的杂质源，而在之后的扩散中不再添加杂质。扩散的时间越长，扩散温度越高，同样杂质扩散得越深，但表面浓度 N_S 越低，也就是说表面杂质浓度是可控的。

实际扩散工艺常分为三个步骤，预扩散、推进扩散和激活。

预扩散又叫预淀积，是在较低的温度下，采用恒定表面浓度扩散的方式在硅片表面淀积一薄层杂质源，目的在于控制进入硅片中的总杂质剂量。

推进扩散又叫主扩散或再分布，在1 000℃到1 250℃的温度下，使预淀积的杂质原子以恒定杂质总量扩散的方式进入硅中。通过控制温度和扩散时间，就可以控制杂质的扩散深度和表面浓度。

杂质原子在硅晶体中的存在形式有间隙式和替位式两种，只有替位式的杂质原子才能与硅晶格有效键合，成为硅晶体结构的一部分，从而电离出电子或空穴载流子。杂质的激活就是在高温下使杂质原子由间隙式转化为替位式的过程。由于推进扩散本就是高温过程，因此杂质的激活同时就能完成。对于离子注入来说，杂质的激活则是在后续的退火工艺中完成的。

在早期的半导体制造业中，常采用纯杂质元素来作为杂质源，但随着晶体管尺寸的不断缩小，纯杂质元素就不再适用了。硼和磷在常温下是固态的，用固态杂质源很难控制杂质的浓度。目前的扩散工艺中杂质源主要是气态或液态的化合物，例如砷烷（AsH_3）、磷烷（PH_3）、乙硼烷（B_2H_6）、三氯氧磷（$POCl_3$）等。以乙硼烷为例说明其扩散过程，化学反应式如下：

$$B_2H_6（气体）+3O_2（气体）\rightarrow B_2O_3（固体）+3H_2O（液体）$$
$$2B_2O_3（固体）+3Si（固体）\rightarrow 4B（固体）+3SiO_2（固体）$$

保护性的气体（如氮气）通过液态源使其以蒸汽的形式进入扩散炉中，杂质源在硅片表面发生反应并生成富含杂质原子的氧化层。在高温推进的过程中杂质以原子的形式扩散到硅片内部。

在实际扩散过程中，杂质除了通过扩散窗口向硅内部垂直扩散外，还存在横向的扩散。横向扩散的距离约为垂直扩散距离的75%到85%。横向扩散的存在使得MOSFET的有效沟道长度缩小。此外，在超深亚微米器件中，通过热扩散很难得到需要的超浅结。因此，在超大规模集成电路中几乎所有的掺杂都是通过离子注入实现的。

三、淀积

在集成电路的制造过程中，薄膜的淀积是极为重要的一步。主要的薄膜淀积方法可分为物理方法和化学方法，其中物理方法包括蒸发、溅射等，化学方法包括化学气相淀积（CVD）和电镀。物理淀积和电镀主要用于金属薄膜的制备，此内容将在金属化部分进行介绍。下面介绍化学气相淀积法。

化学气相淀积（CVD）是通过气态物质的化学反应在硅片表面淀积一层固态薄膜材料的技术，常用于介质层、多晶硅薄膜等的淀积。在CVD的过程中，反应物气体先传输到硅片表面并吸附其上，然后发生化学反应生成膜分子和副产物，最后副产物气体随气流流出反应室。

根据反应室的气压大小可以将CVD分为常压CVD（APCVD）和低压CVD（LP-CVD）。常压CVD是在大气压下进行的化学气相淀积，它所需的系统简单，反应速度快，但薄膜均匀性较差，并且台阶覆盖能力不足，一般仅用来淀积SiO_2和掺杂SiO_2。

为了克服常压CVD的缺点，后来出现了低压CVD工艺。在LPCVD中，反应室是半封闭的，采用真空泵进行抽气，使室内气压保持在0.1～5Torr。由于低的气压，边界层距离硅片表面更远，边界层的分子密度更低，从而反应物气体分子更容易经过边界层并扩散到硅片表面，使表面反应物浓度足够大。所以在LPCVD中限制淀积速率的主要因素不再是反应物的供给而是化学反应速率，减小了反应气体消耗量并允许将硅片密集放置，提高了生产效率。另外，在LPCVD中气体分子会发生大量碰撞，使淀积的材料无序地撞击到硅片表面，这有利于提高薄膜的台阶覆盖能力，很适合高深宽比的沟槽填充。图3.2.4是一种LPCVD的反应系统示意图。

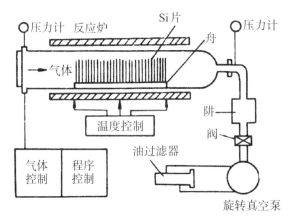

图3.2.4　LPCVD系统

在LPCVD的基础上后来又发展出了等离子体增强CVD（PECVD）工艺，它利用射频辉光放电使等离子场中的高能电子撞击反应物气体分子，并使之电离激活成更活泼的活性基团，从而提高了反应速度，降低了反应温度。对于淀积热稳定性差的材料来说，PECVD是比较适合的方法。

还有一种与淀积相关的工艺叫做外延，外延是指在单晶衬底上淀积一层薄的单晶层。在外延单晶硅的方法中最常用的是气相外延，即通过化学气相淀积法在单晶硅上再淀积一层单晶硅薄膜，根据淀积时加入的杂质气体的种类和浓度可以控制外延层的掺杂浓度。

四、离子注入

离子注入是除了扩散之外的另一种对半导体实现掺杂的方法。相比于扩散来说，离子注入能更精确地控制杂质注入的剂量和深度，有更好的杂质均匀性，注入时的温度低，且易于制作浅结和埋层，因此几乎在所有的应用都优于扩散法。离子注入的缺点是设备相对复杂以及高能杂质离子注入硅晶格时会对晶体结构造成损伤，但大多数晶体损伤都能通过高温退火而修复。

离子注入过程是在高真空的环境下进行的，将杂质源电离成离子后利用磁场使其发生偏转并聚焦出所需的离子束，利用电场对其加速。通过控制电场和磁场就能精确控制注入离子的方向和能量。离子具有的能量决定了它能穿入硅片的总距离，即离子的射程。注入的离子在穿行硅片的过程中与硅原子发生碰撞，使得离子的能量减小，并最终停留在硅中某一深度。由于控制结深就是要控制离子注入的射程，所以离子的能量是一个很重要的参数。用于离子注入的离子能量一般为 5～200KeV，有时能达到几 MeV。

采用离子束对半导体进行加工有两种方式：掩膜方式和聚焦方式。掩膜方式是对整个硅片进行均匀的离子注入，但要与扩散工艺一样制作掩蔽膜来对特定区域选择性掺杂。离子注入的掩蔽膜可以是 SiO_2，也可以是光刻胶或其他薄膜。掩膜方式的优点是生产效率高、设备简单，但是需要制作掩蔽膜。与其相反，聚焦方式的优点是不需要掩蔽膜，通过聚焦离子束扫描来对特定区域逐次掺杂。由于不像掩膜方式中一次性对整个硅片进行离子注入，聚焦方式的生产效率较低，同时，对高亮度、小束斑的离子源的要求也使得设备更加复杂。图 3.2.5 为一种离子注入机的示意图，主要部件包括离子源、质量分析器、加速器、聚焦器、扫描系统及工艺室等。

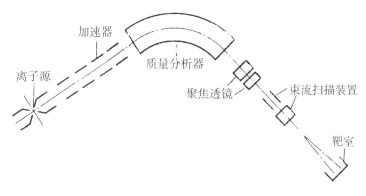

图 3.2.5 离子注入机示意图

离子注入中入射的离子具有很高的能量，穿过硅片时会对晶体结构造成损伤，甚至当注入剂量很大时，硅片会由单晶变成多晶。因此必须通过加热来修复晶格缺陷，这一步叫做退火。晶格修复需要 500℃ 的高温，而注入杂质的激活需要的温度高达 950℃，温度越高，退火时间越长，杂质的激活越彻底。硅片退火方式包括高温炉退火和快速热退火。传统的高温炉退火需在 800～1 000℃ 保持 30 分钟，这样的温度和时间会导致离子注入杂质的再扩散，抵消了离子注入的优点，因此目前一般采用快速热退火来进行离子注入后的退火处理。

五、光刻

光刻是将掩膜版上的图形复制到硅片表面的过程，是集成电路制造中最关键的一步工艺，也是成本最高的步骤。光刻工艺的过程非常复杂，图3.2.6是光刻的基本工艺流程。

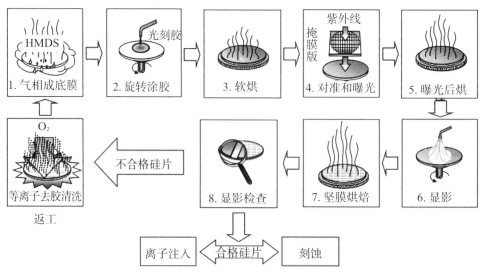

图3.2.6　光刻基本工艺流程

要想在硅片上获得需要的图形需要先将掩膜版上的图形转移到光刻胶上，然后再从光刻胶上转移到硅片。掩膜版使用优质玻璃板作为基板，并在其上特定区域覆盖不透光材料。当紫外光照射到掩膜版上时，未涂覆不透光材料的部分就能透过紫外光，实现对下层光刻胶材料的选择性曝光。光刻胶有正胶和负胶之分，正胶在经过紫外光照射之后很容易被显影液腐蚀溶解，而负胶恰恰相反，在曝光之后会变得不易被显影液溶解。在对光刻胶进行显影之后，未被溶解的部分就成了一层掩蔽膜，在进行后续刻蚀工艺时，未覆盖光刻胶的部分将被刻蚀除去，所以在硅片表面得到了和光刻胶上相同的图形。在使用正胶时，显影过后的光刻胶图形与掩膜版图形一致；而在使用负胶时，显影过后的光刻胶图形与掩膜版图形互补。

随着集成电路中器件尺寸的不断缩小，掩膜版上的图形尺寸也必须随之缩小，当特征尺寸减小到接近光源的波长时，必须考虑光的衍射现象。光的衍射使得掩膜版透光区下方的光强减弱，蔽光区下方的光强增强，影响了光刻的分辨率。为了保证良好的分辨率，光源的波长就必须随着芯片集成度的增大而不断减小。光刻机的光源先后经历了从紫外光（UV）到深紫外光（DUV）再到极紫外光（EUV）的发展历程，在7nm光刻机中首次使用到了EUV作为光源。EUV实际上已进入了X射线的范畴，X射线光刻、电子束光刻和离子束光刻被统称为非光学光刻技术或下一代光刻技术，它们的共同特点是选择了更短波长的曝光源。除了光源波长的缩小以外，一些光学增强技术也被用于提高光刻机的分辨率，例如相移掩膜技术、光学临近效应修正技术、双层及多层光刻胶技术、浸没式光刻技术和多重光刻技术等。采用193nm深紫外光及浸没式光刻技术和多重光刻技术等光学增强技术可以实现10nm光刻，大大推迟了极紫外光刻的预期工艺节点。

六、刻蚀

刻蚀是指利用物理或化学方法在硅片表面有选择性地去除不需要的材料的工艺，在集成电路中需要被刻蚀的材料包括硅、二氧化硅和金属。刻蚀一般是在光刻工艺的下一步进行的，光刻过程中在硅片表面形成了一层有图形的光刻胶层。这层光刻胶作为掩蔽膜使得其覆盖的部分免受刻蚀剂的侵蚀，而未被光刻胶保护的部分将在刻蚀工艺中被去除。随后再除去表面残留的光刻胶，就将掩膜版上的图形完美复制到了硅片上面。

刻蚀工艺可以分为湿法刻蚀和干法刻蚀。湿法刻蚀也常被称为腐蚀，它是一种纯粹的化学反应过程，操作简单，成本低廉，生产效率很高，但是腐蚀一般是各向同性的化学反应，存在横向的钻蚀，是不希望出现的过度刻蚀。另外由于液体存在表面张力，对极细的线条腐蚀不够充分，化学反应中的产热和气体生成也会造成腐蚀不均匀，所以在对刻蚀质量要求较高的部分一般都是采用干法刻蚀。

在干法刻蚀方法中，可以仅通过物理作用或是化学作用，也可以通过物理和化学的共同作用来实现刻蚀。等离子体刻蚀就是一种纯粹的化学干法刻蚀方法，在等离子体形态的反应物中存在着大量处于激发态的游离基和化学性质活泼的中性原子团。这些游离基和中性原子团扩散到硅片表面与待刻物质发生反应并产生挥发性物质，随后反应产物被真空泵抽走。在刻蚀工艺中有一个重要的参数叫做选择比，是指在同一刻蚀条件下待刻材料与另一种材料的刻蚀速率的比值。我们往往希望能仅仅刻蚀掉需要刻蚀的材料而不影响周围其他材料，因此选择比是一种刻蚀工艺是否优越的衡量标准之一。为了获得高的选择比，等离子体刻蚀中的刻蚀气体都是经过精心挑选的（一般含有氯或氟），能够尽量减小与下层材料和光刻胶的反应。由于等离子体刻蚀是纯化学方法，所以它也和湿法刻蚀一样是各向同性的，在线宽控制方面的表现较差。

离子铣刻蚀是典型的物理刻蚀方法，在强电场下，等离子体中的带电粒子获得能量加速轰击材料表面，通过溅射作用将待刻材料的原子击出，一般选择惰性气体作为等离子体。通过控制电场的方向可以很好地控制离子入射的方向，因此这种方法具有很好的刻蚀方向性，从而能够得到良好的各向异性刻蚀剖面。同时由于离子的能量很高，故刻蚀速率也较快。但是离子铣刻蚀的选择比很差，容易发生过刻蚀。另一个问题是被溅射出的物质是非挥发性的，有一部分会重新淀积到硅片表面，引入了颗粒和化学污染。因此，目前很少单独使用物理刻蚀。

使用最为广泛的干法刻蚀方法是将物理作用与化学作用结合起来的反应离子刻蚀（RIE），这种方法兼具了高选择比和各向异性的优点。在反应离子刻蚀中既存在反应气体与待刻物质之间的化学反应，也有离子轰击作用。通过调整反应气体的成分和比例可以使刻蚀剖面由各向同性向各向异性转变。离子轰击可以提高表面层的化学反应活性，由于离子大部分是垂直入射的，材料底部比侧壁经受了更多的离子轰击，因此化学反应主要是沿着离子入射方向发生的，可以获得较好的各向异性刻蚀剖面。同时离子轰击还能打掉再次淀积在材料表面的反应产物，保证反应的持续进行。

七、金属化

在集成电路中广泛应用到了金属材料，如欧姆接触和互连金属线。芯片的金属化是通过物理或化学作用在硅片表面淀积金属层的过程。常用的金属化方法有蒸发、溅射、金属CVD和电镀，其中蒸发和溅射被统称为物理气相淀积（PVD）。

在早期的IC制造行业中，金属层都是通过蒸发方法得到的。将待蒸发的金属置入坩埚内，在真空环境中加热使金属蒸发，并以气体形式运动到硅片表面凝结成固态金属层。虽然蒸发所需设备较为简单，但随着芯片集成度不断提高，通过蒸发法制备的金属层质量已经不足以满足IC性能的需求，目前已经被溅射法所取代。蒸发的首要缺点是台阶覆盖能力差，在超大规模集成电路中，金属需要能够良好地填充高深宽比的沟槽，但是蒸发技术无法形成深宽比高于1∶1的连续薄膜。另外，在淀积合金时，蒸发法很难精确控制合金的组分。因为材料中的不同组分在同一温度时的蒸气压不同，在经过蒸发和凝结之后得到的金属膜组分很可能与蒸发源的组分不同。

溅射法是利用高能粒子轰击金属材料，使其原子被击出并淀积到硅片表面的技术。相比于蒸发法来说，溅射法在台阶覆盖能力上有巨大的改善；由于不需要使金属材料熔化或升华，故高熔点金属也能实现淀积；在合金材料的淀积方面也能够保持原组分不变。虽然溅射所需设备比蒸发更复杂，成本更高昂，淀积速率较慢，但显著的性能提高使得它最终取代了蒸发。常见的溅射方法有直流溅射、射频溅射、离子束溅射、磁控溅射和反应溅射等。

金属CVD是采用化学方法来实现金属淀积的，可用于钨、铜和氮化钛等的淀积。金属CVD有着LPCVD的优良的台阶覆盖能力，很适合用来填充高深宽比的通孔。钨常被用来做多层金属互连线，其所在的通孔常常有较大的深宽比，用溅射的方法淀积的钨塞会产生不均匀性，因此钨CVD是更优良的淀积钨塞的方法。铜CVD可以用来做铜电镀的种子层，对于成功的电镀而言，连续的、无针孔和空洞的种子层是至关重要的。而CVD极好的一致性恰好能满足这一需求。

为了降低金属互连延迟，在超大规模集成电路中的金属布线已经由铝互连转换到了铜互连，铜电镀是用于铜金属化的第一代淀积方法。电镀铜金属的方法是将带有种子层的硅片浸没在硫酸铜溶液中作为阴极，固体铜块浸没在溶液中作为阳极，通电后电流由铜块流动到硅片。在硅片表面发生还原反应生成铜金属，同时在铜块表面发生氧化反应生成铜离子来保持溶液的电中性。虽然铜电镀的原理很简单，但其工艺控制却很复杂，因为在填充高深宽比的槽时，保持槽中各处的电流密度的均匀性是很困难的，而电流密度的大小决定了铜沉积的速率，如果槽顶部的电流密度大，底部的电流密度小，顶部的铜会淀积得更快，形成空洞。

八、化学机械平坦化

随着IC集成度的不断增加，其表面的面积已经不足以容纳全部的金属互连线，后来发明的多层金属互连技术有效利用了芯片表面的垂直空间，使得集成度得以进一步提高。但随之而来的问题是较大的表面起伏，在不平整的表面上无法精确地制作图形，必须进行表面平坦化处理。

传统的平坦化技术包括反刻、玻璃回流和旋涂膜层，但这些方法都只能实现局部区域的平坦化，而无法实现整个表面的平坦化。20世纪80年代，IBM开发出了化学机械平坦化技术，这是一种全局平坦化方法。化学机械平坦化又称化学机械抛光（CMP），其原理既包含化学作用也包含机械作用。图3.2.7是CMP的示意图。硅片被固定在载片器上，面向旋转盘上的抛光垫，在硅片和抛光垫之间加磨料，同时施加了向下的压力，在硅片与抛光垫之间发生相对转动的时候，硅片表面就将被平坦化。在化学机械抛光中，高处的图形将比低处的图形以更快的速度被除去，从而能够获得均匀的硅片表面。磨料的作用主要有两点，一是与硅片表面的材料发生化学反应生成相对容易被去除的表面膜层，二是磨料中的研磨颗粒通过机械地摩擦去除表面材料。

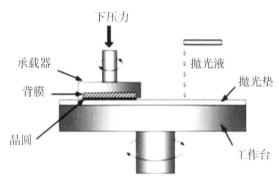

图 3.2.7 化学机械抛光示意图

图形的分布对 CMP 的抛光效果有显著的影响。在高图形密度的区域，CMP 抛光速率较快，在低图形密度的区域，CMP 抛光速率则较慢。芯片表面既存在图形密度很大的地方，也有几乎无图形存在的区域。在金属线排列较为密集的地方，CMP 过程可能会对金属产生不必要的侵蚀。发生侵蚀现象的原因是在对金属进行抛光时，其下方的 SiO_2 被轻微地过抛光。为了降低侵蚀程度，应该尽量地减少过抛光的时间。另外，在抛光过程中添加缓冲氧化层来平坦化凸出的氧化层区域，也可以减小侵蚀。

3.2.3 CMOS 制作工艺流程

CMOS 是互补金属—氧化物—半导体的缩写。而 CMOS 集成电路中的 C 代表互补的意思，即 CMOS 电路中 N 型 MOSFET 和 P 型 MOSFET 作为一对互补的对管出现在电路中。下面以 COMS 电路中最简单的 CMOS 反相器的 P 阱工艺的流程为例来介绍 CMOS 制作工艺前道工序中一些具体的流程。

一、衬底的选择

CMOS 集成电路有两种可以选择的衬底，一是选择轻掺杂的 N 型衬底，二是在重掺杂的 N+ 型衬底上外延一层 N- 层之后再进行电路的制作。

二、制成P阱

用干氧-湿氧-干氧的热氧化方法在硅衬底上生长一层 SiO_2 膜，接着用掩膜版光刻 SiO_2 刻蚀出P阱掺杂的区域，之后进行P型杂质的掺杂，最后进行退火激活杂质并使杂质再分布。其中退火需要在 N_2 与 O_2 的混合气氛中，所以会使得晶圆表面再生长出一层薄 SiO_2 层。

三、场氧氧化并确定有源区

去除薄 SiO_2 层后重新生长一层高质量的氧化层，之后淀积 Si_3N_4 作为阻挡层降低氧化速度。去除场氧区域的 SiO_2 层和 Si_3N_4 层。涂光刻胶后去除掉阱注入接触处的光刻胶，接着注入B离子，形成P阱的接触区。去除光刻胶后将场氧区较厚的 SiO_2 层作为隔离用的场氧化层。去除 Si_3N_4 层和 SiO_2 层。

四、生长栅极

生长 SiO_2 层，并光刻出场区注入孔，注入P离子调节P型MOSFET的开启电压。在HCl气氛中干氧氧化形成质量很好的栅氧化层。用化学气相淀积的方法在栅氧化层上淀积轻掺杂的多晶硅层，再光刻形成多晶硅栅。

五、P型MOSFET和N型MOSFET的源漏形成

光刻形成P型MOSFET的源漏的掺杂窗口，采用多晶硅的自对准工艺掺入P型杂质形成源漏区，去除光刻胶。

光刻形成N型MOSFET的源漏的掺杂窗口，采用多晶硅的自对准工艺掺入N型杂质形成源漏区，去除光刻胶。

六、生长磷硅玻璃（PSG）

用 PH_3 形成PSG，或者可以用 B_2H_6 形成BPSG。PSG和BPSG可以隔绝可动离子，保证电路的可靠性与保护芯片表面。

七、制成引线

光刻形成源、漏等区域的引线孔，之后采用蒸发或溅射的方法淀积金属，根据版图刻蚀掉不需要的金属形成金属引线，最后淀积 Si_3N_4 钝化层。

4

工程总体方案及工艺设计

4.1 概　　述

在过去的50多年里，集成电路工业一直在以摩尔定律的速度前进。即集成电路上可容纳的晶体管数量每隔18～24个月增加一倍，性能提升一倍，而价格保持不变。在集成电路主流的CMOS工艺中，通常用特征尺寸来表征栅长，即沟道长度，通过缩小特征尺寸来提高芯片工作速度，增加集成度及降低成本。当前特征尺寸已经从1971年的10μm缩减到5nm以下，集成电路容纳的晶体管数量已经超过10亿个。得益于制造技术的进步，相对于前一个技术节点，新技术节点的电路性能提升30%，功耗下降50%，面积缩减50%，可靠性基本保持不变。但是随着集成电路工艺进入5nm技术节点后，传统逻辑和存储器性能的继续提升遇到一系列技术瓶颈，集成电路发展正处于重大技术革新时期。

1998年成立的国际半导体技术发展路线图（International Technology Road-map for Semiconductors，ITRS）委员会是由欧洲、日本、韩国、中国台湾、美国五个主要的芯片制造国家和地区发起的。该委员会通过全球芯片制造商、设备供应商、研究团体的协作努力，以确定共同需求，识别关键挑战，鼓励创新解决方案，集体制定优先次序以便充分利用有限的研发资源。

近20年，ITRS一直对国际半导体技术发展路线提供预测。2015年，ITRS

报告指出，CMOS的尺寸和功能不断扩展，推动信息处理技术进入了一个新的应用领域。其中许多应用程序都是通过性能提升或通过扩展实现的复杂性增加来实现的。由于CMOS的尺寸缩放最终将接近基本极限，一些新的替代现有信息处理设备和现有微体系结构正在被探索，以扩展历史集成电路结构微缩的步伐，并保持CMOS结构微缩以外的性能增益。这引起了人们对信息处理和存储新设备、多功能异构集成新技术以及系统架构新模型的兴趣。

物联网时代的到来，将产生数以百亿计的连接设备，每台设备都需要相应的芯片。不同于PC和手机，很多物联网终端不需要太强的本地计算能力，半导体厂商并不需要继续突破硬件的物理极限，他们面前已经出现了软件与硬件结合越发紧密的新的市场和趋势。

在这种新常态下，云计算、软件以及全新的计算架构将成为未来计算技术进步的关键。

未来5～10年，半导体工业正面临着三类困难的挑战：

第一类是通过在CMOS平台上集成新的高速、高密度和低功耗存储技术，推动CMOS超越其最终密度和功能。

第二类是使用新器件、互连和架构方法的创新组合来扩展CMOS平台，并最终发明新的信息处理平台技术，从而大大超出目前CMOS平台所能实现的信息处理。

第三类是发明和发现长期替代解决方案的技术，解决现有的超过摩尔定律的技术。

集成电路工厂一直伴随着集成电路工艺技术和生产设备的发展而发展，目前已成为集成电路生产过程中重要组成部分。

在先进的集成电路生产中，工厂设施与生产设备、物料处理系统和工厂信息与控制系统一道成为紧密联系的整体，以共同实现缩短生产周期、提高产能、减少排放物、提高工艺可控性以及能耗的减少等目标。

先进的12英寸月产能4万片的集成电路工厂的建筑面积可达40万平方米以上，工程造价达60亿元以上，年产值超过100亿元。

根据IC Insights《2021—2025年全球晶圆产能报告》，截至2020年12月，全球前五大晶圆产能厂商分别为韩国三星、中国台湾台积电、美国美光、韩国SK海力士和日本铠侠。

三星月产能为306万片的8英寸当量晶圆，台积电为271万片、美光为193万片、SK海力士为187万片、铠侠为159万片。

不同线宽的晶圆产能分布如图4.1.1所示。

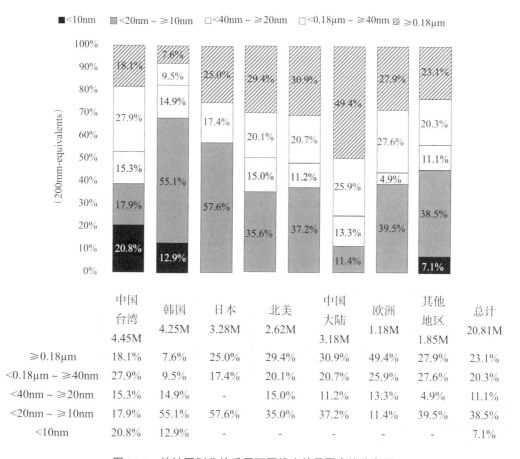

	中国台湾 4.45M	韩国 4.25M	日本 3.28M	北美 2.62M	中国大陆 3.18M	欧洲 1.18M	其他地区 1.85M	总计 20.81M
≥0.18μm	18.1%	7.6%	25.0%	29.4%	30.9%	49.4%	27.9%	23.1%
<0.18μm ~ ≥40nm	27.9%	9.5%	17.4%	20.1%	20.7%	25.9%	27.6%	20.3%
<40nm ~ ≥20nm	15.3%	14.9%	-	15.0%	11.2%	13.3%	4.9%	11.1%
<20nm ~ ≥10nm	17.9%	55.1%	57.6%	35.0%	37.2%	11.4%	39.5%	38.5%
<10nm	20.8%	12.9%	-	-	-	-	-	7.1%

图4.1.1　按地区划分的采用不同线宽的晶圆产能分布图

截至2020年12月，全球有63家公司拥有和经营8英寸晶圆厂，有23家公司拥有和经营12寸晶圆厂。

4.2　工程总体方案

集成电路工厂包括生产及配套厂房、机电系统以及工艺相关系统等。集成电路工厂的产品技术、产能目标、生产设备配置、环境安全和健康（ESH）要求、建筑规范和标准以及今后扩展的计划都将影响工厂的规模、成本及复杂性。

集成电路产品品种和技术要求对应不同的生产工艺，线宽从较早的 5μm 以上到最新的 5nm 以下工艺，加工硅片直径从 3 英寸、4 英寸、5 英寸、6 英寸、8 英寸到 12 英寸等，工程的复杂程度和投资金额存在巨大差异。根据产能不同，净化生产区面积也从数百平方米到最新的数万平方米不等，因此选择适合的工艺技术及配套设备是工厂设计的基础。

对于线宽在 0.35μm 以上工艺的集成电路的研发和生产，通常采用 4～6 英寸晶圆生产设备进行加工。对于线宽在 0.13μm 以上工艺的集成电路的研发和生产，通常采用 8 英寸晶圆生产设备进行加工。对于线宽在 90nm 工艺及以下的集成电路的研发和生产，通常采用 12 英寸晶圆生产设备进行加工。

6 英寸生产线主要用于模拟/混合信号电路、功率器件、分立半导体以及化合物半导体等的生产。

8 英寸生产线主要用于功率器件、特殊存储器、微控制器、模拟元件以及 MEMS 元件的生产。

12 英寸生产线主要用于逻辑电路、DRAM 与 NAND、影像感测器 CIS、显示驱动电路与电源管理等。

集成电路工厂在确定了产品技术和产能目标后，就要进行生产设备的配置。集成电路生产设备分为光刻设备、扩散及离子注入设备、薄膜生长设备、等离子刻蚀设备、湿法设备和工艺检测设备等几大类。

全球集成电路设备主要集中在欧美、日本和韩国等国家，国内近几年也投入大量资金，在技术上加速追赶，但与国外的差距较为明显，特别在光刻设备方面。表4.2.1为国内外光刻设备的主要技术指标对比表。

表 4.2.1　国内外光刻设备的主要技术指标对比表

公司	型号	曝光方式	最小分辨率/nm	曝光光源	最大数值孔径	晶圆尺寸/mm	套刻精度/nm	产出率（片/h）
ASML	NEX3300B	EUV	≤22	EUV13.5nm	0.33		≤3	125
	NXT1980i	双台浸没式步进扫描曝光	≤38	ArF准分子激光器193nm	1.35		≤1.6	275
	NXT1950i						≤2.5	175
	XT1450H	双台干式步进扫描曝光	≤65		0.93	300	≤5	162
	XT1000K		≤80	KrF准分子激光器248nm	0.93		≤6	180
	XT860K		≤110		0.8		≤12	210
	XT400K		≤350	高压汞灯光源365nm	0.65		≤35	220
	PAS5500/1150C	单台步进扫描曝光	≤90	ArF准分子激光器193nm	0.75		≤12	135
	PAS5500/850D		≤110	KrF准分子激光器248nm	0.8	200	≤15	145
	PAS5500/450F		≤220	高压汞灯光源365nm	0.65		≤25	150
NIKON	NSR-S631E	浸没式步进扫描曝光	≤38	ArF准分子激光器193nm	1.35		≤1.7	270
	NSR-S621D					200/300	≤2	200
	NSR-S322F	步进扫描曝光	≤65		0.92		≤2	230
	NSR-S210D		≤110	KrF准分子激光器248nm	0.82		≤9	176

公司	型号	曝光方式	最小分辨率/nm	曝光光源	最大数值孔径	晶圆尺寸/mm	套刻精度/nm	产出率（片/h）
CAN-ON	FPA-6300ES6a	步进扫描曝光	≤90	KrF准分子激光器248nm	0.86	200/300	≤8	200
SMEE（上海微电子）	SSA600/20	步进扫描曝光	≤90	ArF准分子激光器193nm	0.75	200/300	SMO≤15 MMO≤25	80
	SSA600/10		≤220		1：4		SMO≤25 MMO≤50	80

光刻类设备的主要厂家为荷兰的ASML，日本的尼康和佳能及国内的上海微电子；刻蚀类设备的主要厂家有美国的AMAT、LAM，日本的TEL及国内中微等；扩散类设备的主要厂家有日本的TEL、HKE及国内的中科信、北方华创等；CVD类设备主要有美国的AMAT、LAM及国内的北方华创等；离子注入类设备有美国AMAT、Axcelis及国内的中科信等；湿法类设备有美国TEL、DNS、KLA及国内的盛美、北方华创等；检测类设备的有美国的KLA，日本的爱德万及国内的长川科技、精测电子等。

根据确定的生产设备以及工艺平面布置确定生产区的面积以及各种动力需求，进行生产及辅助厂房、净化间及各种动力系统的配置。表4.2.2为ITRS关于集成电路技术进展对于生产环境及动力要求的预测。

表4.2.2 集成电路生产对工厂系统的要求

产品年代	2015	2017	2019	2021	2023	2025	2027	2029
DRAM 1/2PITCH（nm）	24	22	18	15	12	10	9	8
晶圆直径（mm）	300	300	300	300	300	300	300	300
光罩层数-DRAM	39	39	39	39	39	39	39	39
生产区面积 m2/每月晶圆投片/光罩层数（300mm）	0.0058	0.0058	0.0058	0.0058	0.0058	0.0058	0.0058	0.0058
生产下夹层与生产区的比例	0.6	0.6	0.75	0.75	0.75	0.75	0.75	—
厂务洁净等级（ISO14644）	不低于6级	不低于6级	不低于6级	不低于6级	不低于6级	不低于6级	不低于6级	不低于6级

续表

产品年代	2015	2017	2019	2021	2023	2025	2027	2029
厂务关键微振区域设计标准（光刻、量测、其他）(μm/sec)	6.25 (VC D)	6.25 (VC D)	6.25 (VC D)	6.25 (VC D)	6.25 (VC D)	6.25 (VC D)	6.25 (VC D)	6.25 (VC D)
厂务非关键微振区域设计标准(μm/sec)	50 (VC A)	50 (VC A)	50 (VC A)	50 (VC A)	50 (VC A)	50 (VC A)	50 (VC A)	50 (VC A)
关键区域（光刻、量测）空态温度范围+/-K	1.0	1.0	1.0	1.0	1.0	1.0	1.0	1.0
关键区域（光刻、量测）空态相对湿度范围+/-%	3.0	3.0	3.0	3.0	3.0	3.0	3.0	3.0
非关键区域（非光刻、量测）空态温度范围+/-K	2.0	2.0	2.0	2.0	2.0	2.0	2.0	2.0
非关键区域（非光刻、量测）空态相对湿度范围+/-%	5.0	5.0	5.0	5.0	5.0	5.0	5.0	5.0
ESD防护厂务设施表面最大允许静电场(V/m)	2 700	2 200	1 850	1 550	1 350	1 100	900	—
EMI敏感区域厂务设施允许低频(0-30kHz)磁场连续辐射释放限值(nT/)	80	60	40	20	10	8	6	5
EMI非常敏感区域的厂务设施允许低频(0-30kHz)磁场连续辐射释放限值(nT/)	8	6	4	2	1	1	1	1
EMI敏感区域（远场）厂务设施允许高频(30MHz-3GHz)电/磁场连续辐射释放限值(nT/)	0.3	0.3	0.3	0.3	0.2	0.2	0.2	0.2
EMI敏感区域（近场）厂务设施允许高频(30MHz-3GHz)电/磁场连续辐射释放限值(nT/)	1.0	0.8	0.7	0.7	0.5	0.5	0.5	0.5
EMI敏感区域（远场）厂务设施允许频段(30MHz-3GHz)电/磁场瞬态辐射释放限值(nT/)	1	1	0.8	0.8	0.7	0.7	0.5	0.5
EMI敏感区域（近场）厂务设施允许频段(30MHz-3GHz)电/磁场瞬态辐射释放限值(nT/)	2	2	1.5	1.5	1.0	1.0	0.8	0.7

产品年代	2015	2017	2019	2021	2023	2025	2027	2029
可接受连续噪声水平(9k～30MHz)的连续传导释放限值(dBuV)	90	90	80	80	70	70	70	—
300mm工厂生产用水量(L/产出每片晶圆面积cm²)	7.3	6.4	5.8	5.5	5.0	5.0	4.6	/
200mm工厂生产用水量(L/产出每片晶圆面积cm²)	7.0	5.8	5.0	4.8	4.1	3.9	3.5	/
纯水用水量(L/产出每片晶圆面积cm²)	6.5	6.0	5.0	5.0	4.5	4.5	4.5	/
城市给水的回用率	60%	70%	70%	75%	80%	80%	90%	/
未使用EUV的工厂能源利用率(kWh/产出每片晶圆面积cm²)	1.0	0.9	0.8	0.8	0.7	0.6	0.6	/
使用EUV的工厂能源利用率(kWh/产出每片晶圆面积cm²)	1.2	1.2	1.2	1.2	1.2	1.2	1.2	/
危险废物排放量(g/产出每片晶圆面积cm²)	8.0	7.5	7.2	7.2	6.5	6.5	6.0	/
挥发性有机物 VOCs(g/产出每片晶圆面积cm²)	0.06	0.055	0.05	0.05	0.045	0.045	0.045	/

注：上表为ITRS 2015报告中相关表格内的数据整合而成。

集成电路工厂在确定净化生产面积和各种动力需求后，需要在生产厂房内部和周边布置配套的办公、动力和仓储设施。

办公设施主要考虑工厂行政管理人员以及非净化间工作的技术人员的办公空间以及必要的会议、餐饮、休憩的空间。

动力设施包括供配电、消防系统、弱电系统、冷热源系统、净化间系统、纯水系统、废水处理系统、废气处理系统、工艺冷却水系统、大宗气体及特气系统、化学品供应处理、废液收集系统等。这些系统根据工厂的规模及生产设备的要求，在生产厂房内或动力厂房内进行设置。

集成电路生产需要原材料较多，其中很多为甲乙类易燃易爆或对人体有害的物品，在厂区内需考虑对应的库房进行存储，库房的设置需满足消防及安检部门的规定。

4.3 工艺平面布置

在集成电路制造过程中，为了降低生产成本，必须设计出合理的设备布局来缩短搬运的距离和时间，提高设备的利用率。

通过对工艺流程的步骤分析，计算芯片在生产过程中传送各功能区域的频次范例如图4.3.1所示。

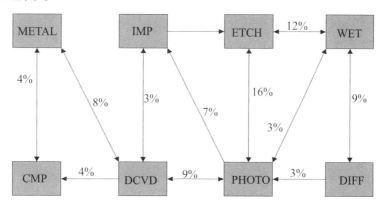

图4.3.1 某产品各工艺间芯片传送频次

通过分析频次的数量，为了减少硅片传送距离，传送次数较高的区域需相邻放置，如光刻区要靠近刻蚀区，刻蚀区要靠近去胶清洗区等。

前段工艺（FEOL）包括硅片编批，浅沟道隔离与有源区的形成，阱区离子注入，栅极形成，源漏极形成，硅化物形成。后段工艺（BEOL）包括器件与金属层间介电层形成，接触孔形成，多层金属层连接，金属层间介电层形成，铝压点，保护层形成，硅片验收测试等。进入后段工艺的硅片需避免与前段工艺混用设备，以免金属离子等污染前段工艺中的硅片，造成电气性能异常。

工艺布局应根据生产工序分为包含光刻、刻蚀、清洗、氧化/扩散、溅射、化学气相淀积、离子注入等工序在内的核心生产区以及包含更衣、物料净化、测试等工序在内的生产支持区。

核心生产区的布局应围绕光刻工序为中心进行布置，主要工序布置可按照图4.3.2集成电路生产工艺流程图进行，工艺布局应尽量缩短晶圆传送距离同时避免发生工序间交叉污染。

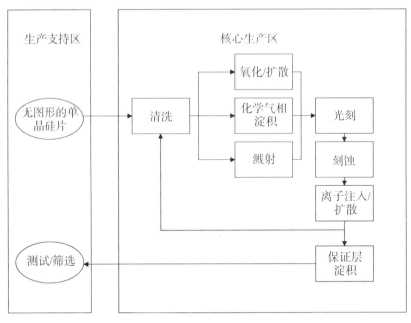

图 4.3.2　集成电路生产工艺流程

对于4英寸～6英寸晶圆生产，由于通常采用片盒开敞式生产，操作区的空气中的尘埃会直接影响晶圆电路的电气性能，因此对操作区的净化要求较高。为节省运行费用，保证净化要求，通常采用壁板将高洁净度要求的操作区和低洁净度要求的设备区分开。

随着晶圆加工尺寸向8英寸及12英寸发展，对于线宽的要求也越来越高，大面积高洁净度净化区的造价和运行成本越发昂贵，因此采用SMIF加微环境的生产方式成为8英寸及12英寸晶圆生产方式的主流。在这种方式中，晶圆放置在密闭的片盒中，在运输和加工过程中不会受到外界环境的污染，片盒通过设备自带的SMIF接口进出设备，因此操作区可以采用较低的净化等级。同时8英寸及12英寸的生产辅助设备通常可以放置在生产区的下技术夹层中，以减少在生产区占用的面积，可以提高净化区的面积利用率，扩大单位面积的产能，因此在生产区中取消隔墙，将操作区和设备区布置在大空间中隔开，同时也提高设备布置的灵活性。

8英寸～12英寸晶圆生产中会根据产能及投资设置自动物料处理系统（AMHS）提高生产效率。

某6英寸、8英寸、12英寸集成电路生产线设备平面布置如图4.3.3、4.3.4、4.3.5所示。

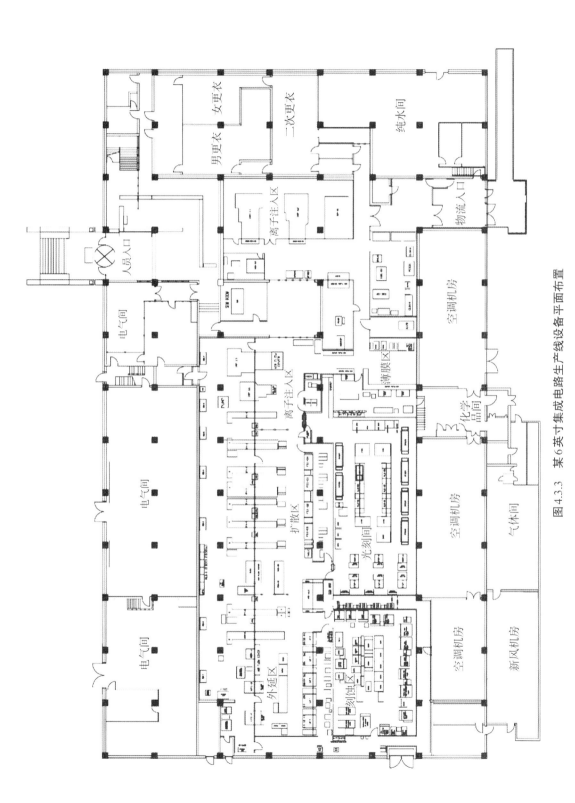

图4.3.3　某6英寸集成电路生产线设备平面布置

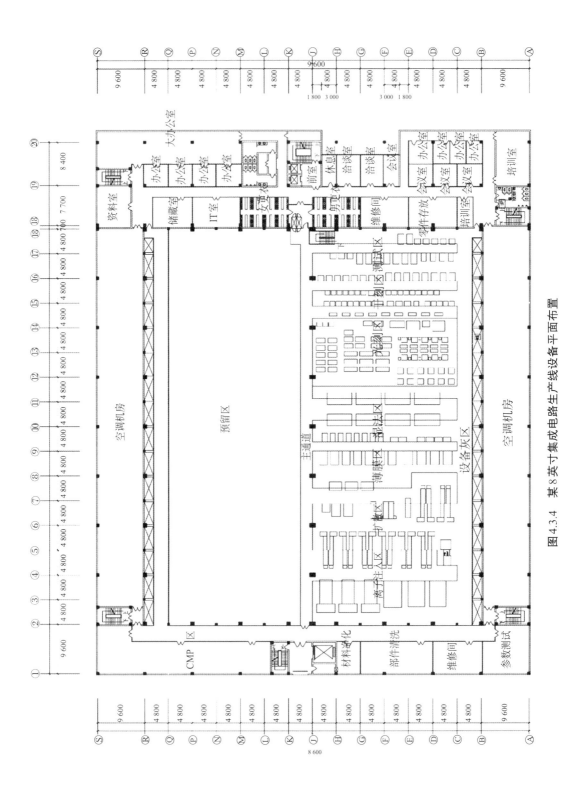

图 4.3.4　某 8 英寸集成电路生产线设备平面布置

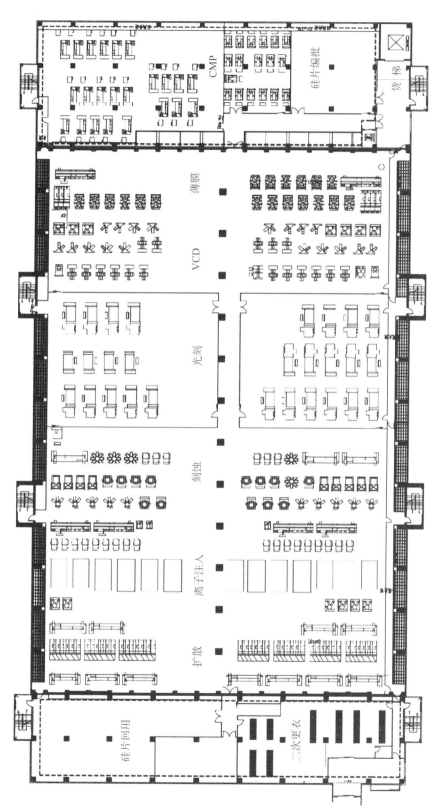

图 4.3.5　某 12 英寸集成电路生产线设备平面布置

4.4　工艺动力需求

集成电路生产设备对环境以及各种动力配置要求较高，正常运行时环境需满足洁净度、防静电、防微振、防电磁辐射等要求。对生产设备除了要提供满足设备运转所需的电力、压缩空气、循环冷却水外，还需提供芯片加工中进行各种物理及化学处理所需的高纯水、高纯气体和高纯化学品的供应及排放。这些都需要工厂设施提供稳定、安全、高效系统进行供应。

集成电路不同工序都有不同类型的生产设备进行对应，每类设备也有不同的生产厂家和不同的型号，其工艺动力的需求各不相同，要根据生产线所配置的设备厂家、型号、数量以及设备的具体规格来进行汇总配置。动力用量汇总统计时要区分峰值用量和平均用量，各系统的管线设置要满足峰值用量的需求，在各系统设备选择时应按照平均用量来考虑，还要兼顾生产设备的同时使用系数。

表4.4.1是某12英寸生产线部分设备的动力用量。

表4.4.1　某12英寸生产线部分设备的动力用量

动力种类	光刻机	匀胶显影	扩散炉	湿法台	干法刻蚀	中束流离子注入机	DCVD	溅射台	CMP	扫描电镜
电（kVA）	67	68	65	230	160	51	90	264	18	12
工艺冷却水PCW（m³/h）	8.3	3.8	1.2	6.3	14	8	25	32	1.2	0.3
纯水UPW（m³/h）	2.1	0.4	—	10	—	—	—	—	2.7	—
压缩空气CDA（m³/h）	18	120	—	130	1.8	19	16	28	108	1

续表

动力种类	光刻机	匀胶显影	扩散炉	湿法台	干法刻蚀	中束流离子注入机	DCVD	溅射台	CMP	扫描电镜
高压压缩空气 HPCDA (m³/h)	265	—	—	—	—	19	—	—	—	—
天然气NG (m³/h)	—	—	—	—	—	—	0.7	—	—	—
普通氮气GN₂ (m³/h)	—	—	0.06	—	4.8	—	24	15	20	—
工艺氮气PN₂ (m³/h)	9.2	7.6	3.2	122	—	21	4	1.8	0.8	0.2
工艺氦气PHe (m³/h)	0.03	—	—	—	0.03	—	8.4	—	—	—
工艺氩气PAr (m³/h)	—	—	1.8	—	—	—	2.8	1.2	—	—
工艺氧气PO₂ (m³/h)	—	—	2	—	2	—	1.4	1.8	—	—
工艺氢气PH₂ (m³/h)	—	—	—	—	—	—	2.8	—	—	—
一般排气 (m³/h)	1 800	—	320	40	—	150	160	140	5	70
酸性排气 (m³/h)	330	1 020	150	4 600	1 040	670	2 400	—	1 400	—
碱性排气 (m³/h)	—	—	—	3 700	—	—	—	—	120	—
有机排气 (m³/h)	—	1 720	—	3 700	—	—	—	—	150	—

5

土 建 工 程

5.1　总 图 规 划

集成电路工厂的总图规划一般包括总平面布置设计、竖向设计、道路交通设计、室外管线综合设计、绿化和美化设计，同时考虑项目的防微振的特殊要求需进行项目选址。

5.1.1　建设厂址选择影响因素

一、一般原则

厂址选择是工厂建设的重要环节，对项目前期可行性研究，方案设计影响重大。确定建厂选址是一项影响深远，具有高度科学性的重要工作。建设厂址选择需要综合考虑政治、经济、技术各个方面的影响因素，必须贯彻国家经济和产业布局的各项方针政策，进行大量的可行性研究，综合考量各个方面的影响，采取极为慎重的态度，多方案比较论证，选出投资省、建设周期短、运营成本低，具有最佳的经济、环境、社会效益的建设方案。

影响厂址选择的因素很多，各个因素的重要性也因项目不同各异，一般来说包括以下影响因素：地方政策、自然因素、产业配套、原料供给、人才资源、科研实力、交通条件、动力支撑等。厂址选择时应结合实际情况有侧重地选择。

二、影响因素

（一）地方政策

项目建设应符合国家产业政策及地方城市总体规划及控制性详细规划要求，宜选择在远离散发大量粉尘、有严重空气污染的区域，并应考虑市政给排水、动力供应、电力需求、通信设施完善和交通便利等因素。集成电路工厂对振动较敏感，厂址选择需要远离振动源。

（二）自然因素

厂址应具有满足建设工程需要的工程地质条件和水文地质条件。

厂址应满足近期建设所必需的场地面积和适宜的建厂地形，并应根据企业远期发展规划的需要，留有适当的发展余地。

厂址应满足适宜的地形坡度，宜避开自然地形复杂、自然坡度大的地段，应避免将盆地、积水洼地作为厂址。

厂址应位于不受洪水、潮水或内涝威胁的地带，当厂址不可避免地位于受洪水、潮水或内涝威胁的地带时，必须采取防洪、排涝的防护措施。

下列地段和地区不应选为厂址：

（1）抗震设防烈度为9度及高于9度的地震区；

（2）泥石流、严重滑坡、溶洞等直接危害的地段；

（3）采矿塌落区地表界限内；

（4）决堤或溃坝后可能淹没的地区；

（5）严重放射性物质污染的影响区；

（6）自然保护区和其他需要特别保护的区域；

（7）对飞机起落、机场通信和重要的天文、气象、地震观察、军事设施等有影响的范围内；

（8）严重的自重湿陷性黄土地段；

（9）具有开采价值的矿藏区；

（10）受海啸或湖涌危害的地区。

（三）产业配套

上下游产业配套和服务于工业企业的居住区、交通运输、动力公用设施及环境保护工程、施工基地等用地，应与厂区用地同时选择。

（四）原料供给

厂址选择应对原料、燃料及辅助材料的来源、产品流向、建设条件、经济、社会、人文、城镇土地利用现状与规划、环境保护、文物古迹、占地拆迁、对外协作、施工条件等各种因素进行深入的调查研究，并应进行多方案技术经济比较后确定。

（五）人才资源及科研实力

人才资源具有稀缺性，这一特征在集成电路行业表现得更为显著，因而人才资源具有更为重要的经济意义。科研实力是基于人才资源的更重要的能力，厂址选择应结合地区人力资源和科研实力综合选择。

（六）交通条件

厂址应有便利和经济的交通运输条件，与厂外铁路、公路的连接应便捷、工程量小。临近江、河、湖、海的厂址，通航条件满足企业运输要求时，应利用水运，且厂址宜靠近适合建设码头的地段。

厂址应有利于同邻近工业企业和依托城镇在生产、交通运输、动力公用、机修和器材供应、综合利用、发展循环经济和生活设施等方面的协作。

（七）动力支撑

厂址应具有满足生产、生活及发展所必需的水源和电源。集成电路工厂用水、用电量较大，企业宜靠近水源及电源地。考虑废水、废气对环境的影响，厂址应位于城镇、相邻工业企业和居住区全年最小频率风向的上风侧，并应满足有关防护距离的要求。

5.1.2　总平面布置设计

一、总平面布置原则和要求

（1）建设用地的规划设计应符合国家和当地的规划要求，以及消防、环保等部门的要求。

（2）满足总体规划，分期建设的原则，以达到布局合理、交通顺畅、方便发展、绿化和美化相结合。

集成电路工厂用地需求一般较大，工程选址时需充分考虑用地条件及扩建扩产的可能性，预留一定的发展空间。生产厂房应设环形消防通道或沿厂房长边的两侧设消防通道。厂区道路路面应采用整体性能好、发尘少的材料。厂区内绿化宜采用无飞絮的常绿树种和少虫害草皮。

（3）合理安排功能分区、人流和物流满足工艺生产流程和生产特点的要求。

厂区总平面布局应能适应生产工艺特点及技术升级。厂区宜按办公、生产、仓储、动力功能板块进行布局。厂区人流、物流出入口宜分开设置。厂区车辆停放场地应根据物流、人员数量及当地交通状况构成特点确定。

（4）厂区的建筑间距和通道宽度应符合下列规定：

满足通道两侧建筑物、构筑物及露天设施对防火、安全与卫生间距的要求，满足各种工程管线的布置要求，满足竖向设计的要求。

（5）总体规划布局突出集成电路工厂的特点，体现高科技企业的形象。

二、总平面设计的一般方法

总平面设计必须符合生产流程的要求、考虑防微振、环保以及消防和厂区管网敷设等方面的要求，采用将功能相近、生产联系紧密的建筑就近分区布局形式。

总平面设计应当将占地面积较大的生产主厂房布置在厂区的中心地带，以便各功能板块为其提供配合服务。

总平面布置时应首先确定各建筑的火灾危险性分类和耐火等级，根据建筑不同的火灾危险性分类，根据耐火等级确定各建筑基本的防火间距。其次，还应根据当地政府对建设用地确定的规划条件合理确定各建筑之间的间距。

总平面设计应充分考虑地区主风向的影响。

（一）办公研发及其他设施

宜布置在便于办公研发、环境洁净、靠近主要人流出入口的区域，同时有利于展示厂区形象。

行政办公及生活服务设施的用地面积，通常不得超过工业项目总用地面积的7%。

全厂性的生活设施可集中或分区布置。为生产厂房服务的餐厅等生活设施应靠近人员较多的作业地点，或职工上、下班经由的主要道路附近。

厂区出入口的数量不宜少于2个，主要人流出入口宜与主要货流出入口分开设置。

（二）主要生产厂房及动力站

总平面设计中应将占地面积较大的生产厂房和动力站相对集中布置在厂区的中心地带，以便其他辅助功能板块为其提供配合服务。

（三）公用设施

1. 主要动力站和公用设施的布置宜位于其负荷中心或靠近主要负荷建筑。

2. 总降压变电所的布置应符合下列规定：

（1）宜位于靠近厂区边缘且地势较高地段；

（2）应便于高压线的进线和出线；

（3）应避免设在有强烈振动的设施附近；

（4）应避免布置在多尘、有腐蚀性气体和有水雾的场所。

3. 氧（氮）气站宜布置在位于空气洁净的地段。

4. 压缩空气站的布置应位于空气洁净的地段、站内有良好的通风和采光。

5. 冷却塔宜布置在通风良好、避免粉尘和可溶于水的化学物质影响水质的地段。

6. 气站通常布置在邻近物流出入口区域。

7. 化学品库和硅烷站宜布置在厂区边缘，尽量远离办公研发和生活辅助用房。

8. 污水处理站的布置应符合下列规定：

（1）布置在厂区和居住区全年最小频率风向的上风侧；

（2）宜位于厂区地下水流向的下游，且地势较低的地段；

（3）宜靠近工厂污水排出口或城乡污水处理厂。

三、项目案例

1. 某单个生产厂房的项目（图5.1.1）

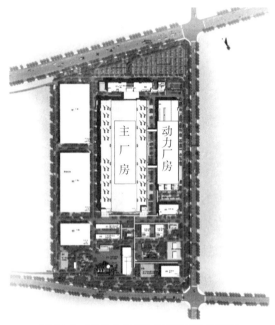

图5.1.1　某单个生产厂房的项目示意图

2. 某多个生产厂房的项目（图5.1.2）

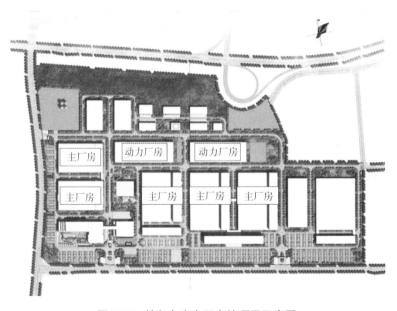

图5.1.2　某多个生产厂房的项目示意图

5.1.3 竖 向 设 计

一、一般原则

根据用地的特点及项目总平面布置，结合自然地形，规划地面形式可分为平坡式、台阶式和混合式。

场地竖向布置应因地制宜，确定合理的竖向布置形式及建筑物设计标高，尽量做到土石方工程量最小，尽可能满足土方工程量平衡。自然坡度小于5%时，宜规划为平坡式；用地自然坡度大于8%时，宜规划为台阶式；用地自然坡度为5%～8%宜规划为混合式。

二、土石方平衡

项目竖向设计中的土石方与防护工程应遵循满足用地使用要求、节省土石方和防护工程量的原则进行多方案比较，合理确定。在满足使用功能及建设需求的前提下，尽量做到土石方平衡。同时考虑尽量减少挡土墙、硬质护坡，场地高差处理宜采用一定坡度的斜坡绿地，控制水土流失，防止滑坡、塌方，到达生态、经济的场地环境。

三、竖向与防洪设计

建设项目用地竖向设计应首先满足现行国家标准《防洪标准》的规定，并结合项目特点满足相应等级的防洪（潮）标准。场地安全涉及两方面的情况，首先是临近江河湖海的场地环境要确保场地不被水淹，其次是防止场地内涝受雨水影响。

建设用地外围设防洪（潮）堤时，其用地高程应按排涝控制高程加安全超高确定；建设用地外围不设防洪（潮）堤时，其用地地面高程应按设防标准的规定所推算的洪（潮）水位加安全超高确定。

四、竖向与排水设计

建设项目用地竖向设计应结合地形、地质、水文条件及当地降水量等因素，与排水防涝、城市防洪规划及水系规划相协调；结合项目实际选择合理的场地排水方式及排水方向，重视与海绵城市设计和海绵城市设施相结合，同时与城市竖向总体方案相适应。

地面排水的自然排水坡度不宜小于0.3%；坡度过低时应采用多坡向或特殊措施排水，场地高程应有利于组织重力流排水。

由于全球天气变化，各地经常出现极端天气，城市交通、生活和工作环境时常出现雨水排放不及时导致人员和财产损失；同时由于经济发展的不平衡，一些地区市政设施设计等级低及维护不及时等情况，项目设计时须充分考虑各种因素，合理确定建设场地和建筑正负零标高，确保项目的安全可靠和人员安全。

五、竖向设计要满足生产工艺、物流、人流要求

不同规模的工程对场地竖向高程要求标准不一样。集成电路工厂往往主厂房占地面积较大、室外管线较多，各单体建筑之间联系较为紧密，对场地平整度要求较高。核心生产区竖向设计宜以平坡式为主，将生产联系紧密的建筑尽量布置于同一台地。

六、竖向设计要适应厂区景观和建筑形象的要求

厂区建设应注重场地环境和园区景观的结合，合理处理场地高差，保护必要的原生植被，采用斜坡绿地、生态挡墙等处理方式，尽量减少高大挡土墙等生硬的处理形式，以达到景观环境和经济效益相协调。

七、案例分析

1. 某项目总平面布局（图5.1.3）

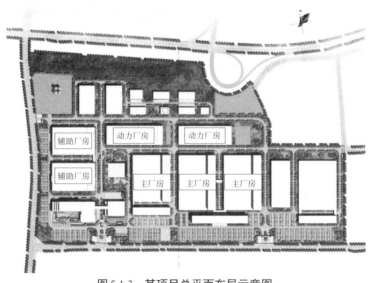

图5.1.3　某项目总平面布局示意图

2. 某项目竖向设计（图5.1.4）

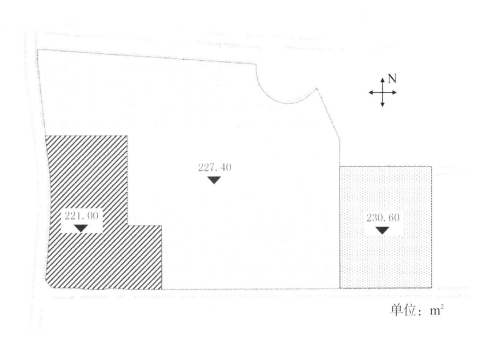

图5.1.4　某项目竖向设计示意图

此项目厂区较大，场地内有不同高差，如采用同一标高土方量大，而且与周围道路的高差较大。通过分析工厂各建筑之间的关系，采用了混合式竖向布置方式，生产联系密切的建筑物、构筑物布置在同一台阶上，同时也结合了实际的地形地势。

5.1.4　道路交通设计

一、道路设计

1. 道路设计一般要求

（1）应满足生产、运输、安装、检修、消防安全和施工的要求。

（2）道路的走向宜与区内主要建筑物、构筑物轴线平行或垂直，并应呈环形布置。

（3）应与竖向设计相协调，应有利于场地及道路的雨水排除。

（4）与厂外道路连接应方便、短捷。

2. 道路设计

结合总平面中出入口布置厂区道路，高层厂房，占地面积大于3 000m²的甲、乙、丙类厂房和占地面积大于1 500m²的乙、丙类仓库，应设置环形消防车道。确有困难时，应沿建筑物的两个长边设置消防车道，满足消防和生产运输的要求。

道路采用城市型，主要道路宽度宜为8～10m，次要道路宜为6～7m。道路转弯半径宜为9～12m，为保证厂区内洁净的环境要求，道路面层采用不起尘的沥青混凝土柔性路面。

二、交通设计

结合总平面布置合理规划厂内物流、人流、车流；尽量避免物流和人流、车流不同交通流线频繁交叉。厂区出入口的数量不宜少于2个，主要人流出入口宜与主要货流出入口分开设置。

物流路线应方便快捷、靠近主要物流出入口，避免长距离物流路线设计。

人流路线应结合厂区各个建筑主要人行出入口布置，满足人员快速进入各建筑和紧急疏散。

汽车库、停车场的布置宜靠近主要物流出入口或仓库区布置。考虑土地资源的重要性和规划的要求，尽量利用地下空间，设置合理数量地下停车空间。

汽车衡宜布置于物流出入口或有较多称重需求车辆行驶方向道路的右侧。

5.1.5　室外管线综合设计

集成电路工厂室外管线种类和数量较多，一般采取架空管廊、地下管沟和直埋相结合的方式。管线敷设方式应根据管线内介质的性质、工艺和材质要求、生产安全、交通运输、施工检修和厂区条件等因素，结合工程的具体情况，经技术经济比较后综合确定，并应符合下列规定：

（1）有可燃性、爆炸危险性、毒性及腐蚀性介质的管道，宜采用地上敷设。

（2）管线综合布置应在满足生产、安全、检修的条件下节约用地。当条件允许、经技术经济比较合理时，应采用共架、共沟布置。

（3）分期建设的项目，近期管线的布置尽量减少对远期用地的使用。

管线综合布置时，干管应布置在用户较多或支管较多的一侧，也可将管线分类布置在管线通道内。管线综合布置宜按下列顺序，自建筑外墙向道路方向依次为：电信电缆、电力电缆、热力管道、各种工艺管道及压缩空气（氧气、氮气、煤气等管道、管廊或管架）、生产及生活给水管道、工业废水（生产废水及生产污水）管道、生活污水管道、消防水管道、雨水排水管道、照明杆柱。

一、地下管线

类别相同和埋深相近的地下管线、管沟应集中平行布置，但不应平行重叠敷设。地下管线综合布置时，应符合下列规定：

（1）压力管应让自流管；

（2）管径小的应让管径大的；

（3）易弯曲的应让不易弯曲的；

（4）临时性的应让永久性的；

（5）工程量小的应让工程量大的；

（6）新建的应让现有的；

（7）施工、检修方便的或次数少的应让施工、检修不方便的或次数多的；

（8）电力电缆、控制与电信电缆或光缆不应与液化烃、可燃液体、可燃气体管道共沟敷设；

（9）凡有可能产生相互有害影响的管线，不应共沟敷设。

二、地上管线

地上管线的敷设可采用管架的支撑方式。敷设方式应考虑生产安全、介质性质、生产操作、维修管理、交通运输和厂容等因素后确定。管架的布置应符合下列规定：

（1）管架的净空高度及基础位置不得影响交通运输、消防及检修；

（2）不应妨碍建筑物的自然采光与通风；

（3）应有利厂容。

5.1.6　绿化及美化布置

工厂环境美化和绿化布置需结合城市规划总体要求进行设计，在厂区主要出入口及展示面区进行重点设计，为厂区营造良好室外景观环境，同时也能为厂区外部空间环境的形成起一定的作用。

一、工业企业的绿化布置原则

（1）绿化布置应根据项目特点、环境保护要求、园区功能分区，结合当地自然条件、植物生态习性，因地制宜进行布置。

（2）绿化布置应符合现行国家标准《城市居住区规划设计规范》的有关规定。

（3）绿地率宜控制在20%以内。

二、工业企业的绿化设计重点

重点景观区、厂区形象口部区、厂区一般地带和动力辅助区，三个部分相辅相成、各有主次，构成一个完整的厂区景观。

1. 园区主出入口及主干道景观

在主要建筑的主入口处结合建筑设计、精心设计绿地景观小品，种植具有观赏价值的乔灌木，并可在主入口配合水景、旗台等景观设施，烘托气氛。厂区主干道布置行道树及点缀灌木球。树木尽量采取常绿和不飞絮的树种。

2. 园区中心区域核心景观

利用集中的非建筑地段布置集中景观区，提升整个园区的景观品质。办公区景观追求简洁大气，层次感突出的效果，以烘托办公楼。

3. 园区厂房周边及辅助区域景观

应利用管架、栈桥、架空线路等设施下面及地下管线带上面的场地布置绿化；满足生产要求，应避免与建筑物、构筑物及地下设施的布置相互影响，不应妨碍水冷却设施的冷却效果；洁净度要求高的生产厂房、装置及建筑物区域景观设计以草坪和少量不飞絮植物点缀。散发有害气体、粉尘及产生高噪声的生产厂房、装置及堆场四周以有净化空气功能的绿篱植物作为隔离带；围墙内侧绿化以行道树、绿篱、灌木带为主要设计手段，打造干净整洁的临城市界面。

5.2 建　　筑

5.2.1 概　　述

集成电路工厂的规模各异，大型集成电路工厂总用地面积较大，有的在千亩以上。建设内容主要包括集成电路生产厂房（FAB）、动力站房（CUB）、变电站、大宗气站、废水处理站、储存区、水池及水泵房、柴油发电机房、办公科研楼、倒班宿舍、门卫、停车设施等。

根据集成电路生产的特点，大中型集成电路厂房主结构为3层或以上结构层，中小型也有两层结构层。

一般第一层是非净化辅助动力层，布置生产必需的配套系统，包括化学品配送、特殊气体及纯水抛光、车间变配电站等，有时该层兼作生产辅助设备（真空泵、Local Scrubber等）的布置层。

第二层是洁净下夹层，工艺服务系统管道基本布置在该层。生产辅助设备（工艺泵、UPS）也布置在该层，同时该层兼作生产层的回风层。

第三层是生产设备层，布置工艺生产设备。该层与第二层之间的结构楼板为穿孔楼板，穿孔楼板上安装600～1 200mm高的开孔活动地板，以满足回风和布置管线的要求；生产设备层的吊顶安装风机过滤器单元（FFU），以满足生产层净化要求。

生产层设计大面积黄光生产区和一般生产区，黄光生产区布置光刻、涂胶、显影等设备，一般生产区布置离子注入设备、湿法刻蚀设备、干法刻蚀设备、氧化扩散设备、金属化设备、薄膜工艺设备、铜制程设备和CMP设备等。这些工艺设备都按生产性质相对集中布置。

在核心净化生产区的两边设计回风竖井，形成净化空气的循环回路。净化生产区为密闭空间，温湿度要求较高，一般洁净室温度22～23±1℃，相对湿度45±3% R.H。

由于工艺生产的特殊需求，大型FAB厂房需要大面积的连续净化生产区域，因此建筑体量很大，以高层FAB厂房为例，洁净生产区的防火分区及疏散距离按照国家规范设置，防火分区可按工艺需求确定，疏散距离按丙类高层厂房疏散距离40m的1.5倍，最长60m。研发区和生产支持区的防火分区及疏散距离按照国家规范设置，防火分区最大6 000㎡，疏散距离最长40m。由于厂房体量巨大，考虑安全疏散的需求，通常厂房内部设置很多部楼梯，不靠外墙的疏散楼梯为防烟楼梯间，设置不小于6㎡的防烟前室。通常一层设置安全疏散走道（避难走道）以满足疏散要求。

建筑内设有各类库房，存储不同的化学物品和生产物品，设有4小时防火墙和甲级防火门隔离。厂房内物流和人流流线需要分离，以便于疏散。

考虑到防爆、泄爆，厂房一层靠外墙部分局部设有易燃易爆气体及溶剂、化学品暂存间，利用屋面及外墙泄爆，以满足规范的泄爆面积要求。

5.2.2　厂区主要建筑和材料、装修设计

一、集成电路生产（FAB）厂房设计

大型集成电路生产，按照目前的生产工艺要求生产厂房体型较大，长宽约在几百米，建筑占地面积约在4万㎡及以上，一座厂房建筑面积约在10万～20万㎡；建筑结构形式为钢筋混凝土框架、剪力墙加局部钢屋架结构；生产危险性类别为丙类，耐火等级为一级；屋面防水等级为Ⅰ级；建筑高度约为31m左右。

建筑按功能分为生产支持区、洁净生产区、管理辅助区几部分。其中一层为生产支持区，布置各种生产支持用的动力设备用房和厂务管理用房，有时设局部夹层，为设备用房。

厂房三层为洁净生产区，与二层技术下夹层通过穿孔楼板相互连通，局部四层布置空调机房。

为便于疏散，厂房内需布置多部疏散楼梯，并且在厂房一层设有多条安全避难通道。

考虑到设备搬入需要，建筑内设有多台10吨以上大型货运电梯分别位于建筑的不同部位，洁净生产区按需设置洁净货梯；另外厂房内部根据生产人员的流线要求在不同部位设置多部客梯。

通常在厂房内人流入口和货流入口分离设置。收、发货区，货物电梯和货物预处理区域是关键区域，所有从非洁净区进入洁净区域的货物必须通过货物预处理室。

厂房内一般根据需要设置访客出入的流动路线。

大型工厂需要总人数为两千人以上，其中包括管理人员，工程师，操作工人。根据工艺生产特点，管理人员和工程师采用单班制，每班工作8小时；操作人员采用连续四班二运转，每班工作12小时。

全厂全年工作日为360天，设备24小时连续运转。

建筑为钢筋混凝土框架和钢屋架结构。一般柱网尺寸为4.8 m或6m或7.2 m等。

二、动力厂房设计

按照生产工艺要求，大型动力厂房建筑占地面积约：1万～2万㎡，建筑面积约5万㎡或更大。通常动力厂房地下一层布置原水池及水泵房，一层布置纯水站、锅炉房、废水站等；二层及以上布置冷冻站、空压站、空调机房、变电站等；建筑设有多部疏散楼梯和一到两部5吨货梯直通屋面。

动力厂房结构形式一般为钢筋混凝土框架结构。生产的类别为丁类，耐火等级为一级，屋面防水等级为Ⅰ级。建筑高度为多层或高层，柱网开间一般在10m左右，柱网进深9.6m或12m。层高根据设备及管线的高度，确定在6～9m，室内外高差为0.30m左右。

三、库房设计

集成电路生产过程中需要较多化学物品，厂区内通常设有硅烷站和甲、乙、丙类库房和废品库房。

1. 硅烷站

一般为单层钢筋混凝土框架结构，生产的类别为甲类，耐火等级为一级，屋面防水等级为Ⅰ级。柱网开间采用7.2m+3.3m，柱网进深6m。

硅烷站布置硅烷储存、电气室、报警阀室。层高为5.10m，室内外高差为0.30m。

2. 储存区

储存区包括甲类库房、乙类库房、废品库和大宗特气站。分别储存甲类3、4项物品，甲类1、2、5、6项物品，乙类2、5、6项物品，丙类物品，甲类废弃物和丙类废弃物。

甲类库房一般为单层钢筋混凝土框架结构，耐火等级为一级，屋面防水等级为Ⅰ级，层高6.0m左右。

乙类库房一般分为单层和多层，单层可为轻钢结构。多层一般为钢筋混凝土框架结构，耐火等级为一级，屋面防水等级为Ⅰ级，层高为6.0 m左右，室内外高差为0.30m。

四、其他工业建筑设计

废水处理站一般为局部两层，其结构形式为钢筋混凝土框架结构。废水处理站内设有电气室等功能用房和疏散楼梯和电梯。

水池及水泵房建筑为钢筋混凝土框架结构。一般设地下一层，地上局部一层，生产的危险性类别为丁类，耐火等级为二级，地下一层布置水泵房和楼梯间等，地上局部一层布置设备平台等。

单独建造的柴油发电机房建筑结构形式一般为钢筋混凝土框架结构，也有布置在动力站房内部的。生产类别为丙类，耐火等级为一级，屋面防水等级为Ⅰ级。柴油发电机房布置柴油发电机房、油泵房、日用油箱间等。建筑设有疏散楼梯和货运电梯。

五、办公研发建筑设计及全厂建筑风格

集成电路厂房办公研发建筑通常在厂前区形象展示面位置独立建设，部分厂房办公研发建筑也有贴邻FAB厂房建造。独立建造时，柱网尺寸多为8.4m，通常为多层或高层钢筋混凝土框架结构建筑。

办公研发楼主要为公司行政，技术研发中心。主入口通常为一个挑高的大厅，大厅内有时会布置展示空间，访客由此入口进入大楼。一般员工由办公楼次入口进入，通过换鞋再进入大楼。生产人员换鞋后，通过一次更衣后进入二次更衣间再进入洁净生产厂房。通常办公楼布置有办公室，培训室，演讲厅和贵宾休息室。

厂房建筑设计时，考虑到对员工的关怀，办公区内部也营造人文生活、地域文化环境。办公区还设置咖啡区，员工用餐区及休憩活动区等。

厂房和办公建筑立面设计力求创造出新颖、活泼、大方，具有鲜明个性和时代气息的形象，体现出高科技公司的特点，立面设计模数化，保证建筑整体的统一感和形象的连续性。通过体量的相互贯穿、分解创造出多样的空间形态。

在外墙饰面的选材和色彩运用上，力求体现出现代工业建筑的性格特征。通常主厂房外墙采用灰白色岩棉夹心三明治彩钢板金属幕墙、玻璃幕墙或带形窗、氟碳漆外墙涂料等材料。一般情况，其他附属建筑外墙采用氟碳漆外墙涂料。

六、建筑主要材料和装修

1. 外墙

生产厂房外墙通常为钢筋混凝土墙、小型混凝土空心砌块墙和轻质泄爆墙（图5.2.1），外墙饰面一般采用灰白色岩棉夹心三明治彩钢板金属幕墙（图5.2.1）、玻璃窗、氟碳漆外墙涂料等材料。

其他建筑外墙采用小型混凝土空心砌块，浅色氟碳漆外墙涂料等。

图5.2.1 灰白色岩棉夹心三明治彩钢板金属幕墙和轻质泄爆墙

2. 屋顶防水隔热

屋面防水一般采用卷材防水做法，选用高分子防水卷材，保温材料选用挤塑聚苯保温板。

（1）混凝土屋面构造做法（由上到下）：

①白色反光涂料。

②面层：细石砼内配点焊钢丝网双向；设置分格缝，内嵌填塑乙烯泡沫棒，面嵌填建筑密封膏。

③隔离层：耐碱玻纤网格布一层。

④保温层：挤塑聚苯板保温层，板缝贴宽胶带。

⑤防水层：防水卷材两道。

⑥找坡层：轻集料混凝土找坡（用于非结构找坡处）。

⑦找平层：1∶2.5水泥砂浆。

⑧钢筋混凝土屋面板（钢屋架找坡）。

这种构造做法为保温层置于防水层上面的倒置式做法，也是目前常用的防水隔热做法，也有采用防水层在保温层上部的正置式做法。

（2）钢屋面构造做法（由上到下）：

①镀铝锌压型防水彩钢板（面板）。

②PVC隔气层。

③单面铝箔玻璃丝保温棉毡。

④冷弯型结构钢檩条。

⑤镀铝锌压型彩钢板内衬板。

⑥结构找坡5%。

这种构造做法是目前常用的一种钢屋面构造做法。有时为了加强屋面的防水性能也有在镀铝锌压型钢板上采用机械固定方式铺设一道高分子防水卷材的构造做法。

3. 内部隔间墙

内隔墙一般选用蒸压加气混凝土空心砌块和轻质隔墙，防爆墙采用钢筋混凝土防爆墙，洁净室部分选用洁净室专用金属夹心壁板，如图5.2.2、5.2.3所示。

图5.2.2 洁净室专用金属夹心壁板

图5.2.3　洁净室防静电高架地板，专用金属夹心壁板

4. 一般装修建材

地坪、地板：一般动力站房及仓储区采用环氧树脂耐磨地坪；易燃易爆气体间、溶剂间采用防静电环氧树脂地坪；酸碱化学品间、腐蚀性气体间采用防腐蚀环氧地坪；三层洁净生产区采用防静电高架地板（图5.2.3、5.2.4）；IT机房采用防静电高架地板；洁净下夹层和华夫板采用环氧树脂地坪（图5.2.5）；更衣区采用环氧树脂地坪；办公研发区域采用PVC地板或地毯。

图5.2.4　洁净室防静电高架地板

图5.2.5　洁净下夹层华夫板刷环氧树脂地坪

墙面：厂房墙面采用涂料墙面；三层洁净区的墙面、柱面均采用防静电金属壁板墙体；动力站等辅助厂房采用乳胶漆和无机涂料；办公研发区域及IT机房采用乳胶漆。

天花板：三层洁净区采用FFU洁净吊顶系统和金属板吊顶，非洁净区为金属板吊顶，办公研发辅助区及IT机房采用矿棉板吊顶。

5. 门窗/百叶

生产厂房的内门采用夹芯板钢门或防火钢门；化学品区域房间门须能抗酸碱的

侵蚀；洁净室窗均采用洁净室专用密闭窗。外门采用钢质保温外门和钢质保温卷帘门，外窗采用断热铝合金中空玻璃窗和铝合金防雨百叶窗；所有装修材料均为不燃或难燃材料；厂房的内隔断、吊顶材料等均采用彩钢板等不燃材料与难燃材料。办公研发辅助区内的内隔断、吊顶材料等均采用石膏板或矿棉板等难燃材料。

5.2.3　净化装修

一、洁净室天花板系统

FFU和盲板安装在天花板框架上。天花板框架通过镀锌可调吊杆悬吊在辅助钢结构上，可以通过可调装置调平天花板。洁净室天花板系统包括：天花板框架、支承结构、盲板、隔板、静压箱分隔墙、扩散面板。

1. 天花板框架

采用重载式（Heavy Duty）洁净室专用铝架，材质为T型铝合金型材，材料表面采用阳极雾化处理。网格尺寸为1 200mm×600mm，配有十字型和T字型连接件，十字接头预备可接消防喷淋头、烟感、广播以及其余动力管线等。吊顶网格外观尺寸公差不超过0.3mm。

2. 支承结构

十字接头单只每1m负荷为100kgf时，变形量在2mm以下，荷重消失时，变形量为0；十字接头抗拉420kgf以上；单点吊架抗拉800kgf以上。

吊杆需采用热浸镀锌螺杆，并附水平调节器，以调整水平精度，对吊顶支承系统中安装物料搬送（AMHS）系统的区域进行加强。

3. 盲板

尺寸：盲板尺寸应与天花板框架尺寸1 200mm×600mm相匹配；

强度：>200 kg/m²，以供维修人员走动，确保安全；

厚度：≥2.0mm钢板；

表面处理：双面烤漆；

气密处理：洁净室专用标准型干式密封。

4. 隔板

位置：安装于天花板框架与建筑物外墙之间；

作用：封闭天花板框架和外墙体及柱体之间的空隙，弥补施工误差；

材质：材料及表面处理与盲板相同。

5. 静压箱分隔墙

由于功能需求不同、温湿度要求不同、洁净度要求不同和洁净室内压力要求不同，应按照不同的洁净区域采用分隔墙将静压箱（上技术层）和Subfab（下技术层）进行有效分隔，形成相互独立的控制区域。

静压箱分隔墙采用U型钢（Unistrut）作为支承结构，分隔板采用蜂窝保温壁板。U型钢应为工厂生产的产品，表面应镀锌。安装中心距离为1 200mm，并应与天花板框架对齐。

6. 扩散面板

扩散面板采用经过阳极氧化的穿孔铝板。

二、洁净室墙/门系统

1. 洁净室墙系统

洁净室隔墙（技术规格见表5.2.1）由铝框架和蜂窝保温壁板（有防火要求的地方需根据防火时间对填充物进行调整）及配件组成，一些地方设置玻璃窗。铝型材框架（墙壁骨架）中心距离为1 200mm。为便于将来变更，洁净室隔墙采用模块化结构，尺寸应与天花板和架空地板尺寸相匹配，墙板宽度为1 200mm的标准模数，任何一块墙板的拆除和重新安装，不应造成相邻墙体受到损害，也不应影响相邻墙体的稳定性。

表5.2.1　洁净室隔墙技术规格

材料	蜂窝板
面板	烤漆防静电彩钢板
满足耐火极限	0.4h
板模数	600mm
表面静电电阻	$2.5×10^4Ω～1×10^9Ω$

洁净室隔墙应为防静电型双层壁板结构，壁板安装在壁板框架（壁骨）上，其内部不填充任何吸声材料。

洁净室隔墙应能承受100Pa的压差。

洁净室内每隔15m应设置防静电接地。

表面要求光滑、抗冲击、防水、免维护、质轻，空气流动产生摩擦时不产尘。

2. 洁净室门系统

洁净室人员通行门为单扇门，通常尺寸为1 200mm×2 100mm。

材料运输通道门为双扇门，通常尺寸为3 000mm×3 000mm。

特殊尺寸的门将按照实际需要确定。

一般门为钢质或铝质材料，所有门均装设把手和闭门器。

3. 架空地板系统

洁净室架空地板（技术规格见表5.2.2）应用区域是FAB洁净生产区。

架空地板系统包括：

①实体地板，带乙烯基PVC面层；

②穿孔地板，带乙烯基PVC面层；

③支柱；

④支座；

⑤支撑和加强件（在有要求的地方）；

⑥纵梁；

⑦伸缩缝；

⑧加强系统；

⑨架空地板分隔装置。

洁净生产区架空地板安装高度600～1 200mm，通常为600mm。地板规格为600mm×600 mm。架空地板开孔率约为17%或25%。架空地板布置应与天花板框架布置相协调。地板之上有一层导电性的乙烯基PVC面层。部分地板应为清扫真空阀门预留开口。房间压力通过改变实体地板的孔和穿孔板的数量来调整。

架空地板在所有方向上都是侧向稳定的，以确保下部结构的坚固性，以便取出或更换架空地板面板。地板由每个角落的高度可调整的基座支撑。架空地板支柱用锚栓锚固到混凝土楼板上。在每个基座上放置一块垫板，以减小脚步声并确保其导电性。

为了避免水平运动，许多基座使用支撑或加劲杆来固定。对于设备运输通道，将应设置加强型架空地板。

每15㎡的楼层区域提供一个接地装置。

表5.2.2　洁净室架空地板技术规格

高度	600mm；800mm；1 200mm
开孔率（穿孔地板）	约17%或25%
地板材料	压铸铝，无表面涂覆层。工厂钻孔后并进行彻底清洗后包装。空气流量为700m³/h时，空气阻力小于10Pa
地板面层	不燃乙烯基，耐化学品，耐磨，抗冲击，表面光滑，表面电阻率$2.5\times10^4\sim1\times10^9\Omega$
导电性	架空地板表面电阻及对地电阻$2.5\times10^4\sim$以$10^6\Omega$，摩擦起电电压不大于100V，静电半衰期不大于0.1s
尺寸	600mm×600mm×50mm
荷载	1 000～1 200 kg/m²（盲板/穿孔板）
支柱	铝质，底座带有螺孔
静调节装置	调节螺杆和调节螺母
纵梁	螺栓型或夹紧型
支撑/加强件	铝质或镀锌钢，静电喷涂，涂层厚度为0.06mm

5.2.4　建筑消防

一、生产类别及耐火等级

1. 集成电路生产厂房的火灾危险性类别为丙类，耐火等级为一级或二级。

2. 动力厂房的生产危险性类别为丁类，耐火等级为一级或二级。

3. 硅烷站的生产危险性类别为甲类，耐火等级为一级。

4. 储存区：包括甲类库房、乙类库房、丙类库房、废品库，分别储存甲类3、4项物品，甲类1、2、5、6项物品，乙类2、5、6项物品，甲类废弃物和丙类废弃物。耐火等级为一级或二级。

5. 大宗特气站的生产危险性类别为乙类库房，耐火等级为一级。

6. 废水处理站的生产的火灾危险性分类为戊类，耐火等级为二级。

7. 柴油发电机房的生产的火灾危险性分类为丙类，耐火等级为一级。

二、防火分区、安全疏散

1. 生产厂房

集成电路厂房生产类别为丙类，耐火等级为一级或二级，体量较大，整栋厂房设有自动灭火系统；洁净生产区设有火灾报警和灭火装置以及回风气流中设有灵敏度严于0.01%obs／m的高灵敏度早期火灾报警探测系统。

洁净生产区的防火分区及疏散距离按照国家规范设置，防火分区可按工艺需求确定，疏散距离按丙类高层疏散距离40m的1.5倍，最长60m，应加强厂房先期防火的检测能力。

不靠外墙的疏散楼梯为防烟楼梯间，设置不小于6㎡的防烟前室。

厂房一层设置多条安全疏散走道（避难走道），以满足疏散要求。

防爆、泄爆：一层支持区靠外墙部分局部设有易燃易爆气体及溶剂、化学品暂存间。因易燃易爆气体间对泄爆面积要求较大，将其需要泄爆的房间向外扩建，利用屋面及外墙泄爆，以满足规范的泄爆面积要求。

建筑一层通常设有多种暂存库房，根据存储物品的类别，设有防火墙和防火门。物流和人流流线分离，以便于疏散。

厂房消防设计特别加强措施，针对建筑体量巨大带来的消防设计的特殊性，除了建筑、给排水、防排烟、供配电、照明、消防报警等各系统严格执行国家有关规范设计外，还通过以下措施加强建筑消防性能，降低火灾危险性。

避难走道采取严格的防火措施，无危险管线穿越，楼梯间及一层房间通向避难走道都设有防烟前室和防火吊顶。

由于生产人员主要集中在三层，增加从三层到屋顶的疏散路线，人员可以通过疏散楼梯先到屋顶，再通过屋顶边侧的疏散楼梯疏散至室外地面。

在FAB厂房四周都设置消防人员扑救口，扑救口间距不大于80m。

建筑的柱、梁、墙体、楼板、吊顶采用不燃烧体材料，其中局部钢屋架结构部分均刷防火涂料，屋顶承重构件及混凝土结构构件的燃烧性能和耐火极限均满足耐火等级一级的要求。

2. 动力厂房

建筑防火分区根据规范划分，通过封闭楼梯进行疏散。锅炉间的外墙上设置的外门窗作为锅炉间的泄压出口，泄压面积应满足窗地比的面积要求。变配电站、空调机房、CO_2间用2小时防火墙和1.5小时楼板分隔，变配电站、空调机房通向室内为甲级防火门，CO_2间通向室内为乙级防火门。建筑的柱、梁、墙体、楼板、吊顶采用不燃烧体材料。

3. 柴油发电机房

一般设有自动灭火设施和疏散楼梯。油箱间用3小时隔墙和甲级防火门，1.5小时楼板分成多个$1m^3$的日用油箱间。建筑的柱、梁、墙体、楼板、吊顶采用不燃烧体材料。

4. 硅烷站

单层钢筋混凝土框架结构，轻钢屋面，生产的危险性类别为甲类，设有自动灭火设施。硅烷站房为开放性房间，电气室和报警阀室以防爆墙与其隔开，整个建筑为一个防火分区。建筑的柱、梁、墙体、楼板、吊顶采用不燃烧体材料。

5. 储存区

甲类库房：通常为单层钢筋混凝土框架结构，轻钢屋面，耐火等级为一级，储存甲类3、4项物品或1、2、5、6项物品，防火分区按60或$250m^2$设置，设有自动灭火设施时可增加一倍。屋面采用轻钢屋面作为泄爆口。

乙类库房：单层轻钢结构或多层钢筋混凝土框架结构，储存乙类2、5、6项物品，防火分区按700或$1\,500m^2$设置，设有自动灭火设施时可增加一倍。多层设置疏散楼梯。

废品库：单层轻钢结构建筑。耐火等级为二级，为开敞式建筑。

5.3 结构设计

一、概述

随着集成电路工艺的不断发展，对生产环境要求越来越高。对比其他行业，集成电路工程建筑结构体系较为复杂，对结构主体的抗震性能、防微振性能、防火性能、防水性能、密闭性能和变形性能都有较高要求，同时对结构主体竖向构件的布置以及建筑空间也有更为严格的需求。

（一）厂房选址

集成电路厂房为保证工艺生产精密设备和仪器的正常运行，对环境微振动的控制工作是结构设计中的重要环节。为实现对环境微振的控制，首先集成电路厂房建设的选址应合理，应根据场地环境和自然条件，进行综合评估、论证后确定。厂房选址应远离强振源、强噪声、强风等不利地段，避开市区繁华地段或机械设备较多的工业区域，远离机场、铁路、地铁和主要公路，以实现安静清洁的外部环境。

厂房应选择地质条件较好的地段，宜选择有较高承载力和较好抗变形能力的地基区域，不应选择有较厚填土、软弱土层或不良地质条件的地段。不良地质主要包括：湿陷性、地基液化震陷特性、滑坡崩塌风险、岩溶强发育、突出孤立的山地、河流湖海岸边、常年冻土区域等。建设所在地区地震烈度宜控制在不大于8度，同时应避免位于地震活动断裂带300m范围内。

（二）结构特点

集成电路厂房结构形式宜采用钢筋混凝土结构、钢结构或者混合结构。常见的集成电路厂房多为三层结构，从下到上分为：非洁净下技术夹层、洁净下技术夹层、洁净生产层和上技术夹层（上技术夹层通常不是一个结构楼层）。

1. 地基基础多采用筏板基础或桩筏基础，筏板厚度不宜小于500mm。地基宜选用较完整的基岩，当采用桩基础时，桩端应进入较完整的基岩的全断面深度不小于0.4d和0.5m的较大值。筏板采用有限元方法计算，单元剖分应合理规则，避免出现异常数据，造成计算结果过大。

2.集成电路厂房工艺生产需要大空间，而防微振需要结构有较大的刚度，因此洁净生产层楼面以上采用大柱网，生产层楼面以下的两个技术夹层采用密柱网，为配合后期标准构件，柱网尺寸宜为600mm的模数。总结国内已建多个集成电路厂房柱网（密柱网）的常用尺寸为：4.2m×4.2m、4.8m×4.8m、6.0m×6.0m和7.2m×7.2m等，洁净生产层以上采用大柱网常见的开间向尺寸为8.4m、9.6m、12.0m等。随着结构技术发展和经验的积累，新建的集成电路厂房多倾向于采用较大的柱网尺寸，以获得较大的结构空间，有利生产工艺的布置。

洁净生产层采用垂直层流，上技术夹层（送风静压箱）中的空气通过FFU（风机过滤机组）输送至洁净生产层，气流通过生产层楼板送至洁净下技术夹层，再经过回风夹道中的干冷盘管回到上技术夹层，循环往复，这种特有的三层结构保证了洁净空气气流的均匀性和稳定性。由于气流要通过生产层楼板，同时生产层楼板直接承载工艺生产精密设备和仪器，防微振性能要求高，所以常采用华夫板或格子梁结构形式，其上再设置高架地板。

上技术夹层即为结构中钢桁架屋架空间，洁净生产层以上结构主体跨度方向常抽去微震柱，仅留下主框架柱伸至屋面，以此形成30～60m的大跨度空间。钢屋架下在洁净生产层范围内吊挂有静压箱和风机过滤机组（FFU）以及机电管线和设备，钢屋架内和钢屋架上会设置废气处理设备、MAU机房和机电机房等，同时为保证建筑的气密性能、防水性能以及承载能力，钢屋架上部宜采用钢筋混凝土组合楼板，这也就造成钢屋架整体受荷较大，钢屋架的设计也就成为集成电路工程建筑结构设计中的一个重点和难点。

3.随着集成电路制造技术和水平的日益发展进步，集成电路厂房的规模也越来越大。目前国内已建或新建的部分12寸集成电路厂房建筑长度已达300m以上，由于工艺特点，集成电路厂房生产区是不能设置结构缝的，属于平面投影尺寸很大的空间结构，超长建筑带来一系列建筑结构设计施工的难题。

（1）超长建筑温度应力影响巨大，在进行结构设计时，考虑温度作用的影响，特别对温度应力影响大的区域和构件，应进行重点分析。温度对结构的作用首先是热传导问题，只有当构件变形受到约束时，温度作用才以力的形式表现出来，产生结构设计问题。导热状态不同，约束内力计算结果差异明显，导热计算正确与否将直接影响结构计算及结构设计的正确性。

（2）长度大于300m的超长建筑结构设计时应根据结构形式和支撑条件，分别按单点一致、多点、多向单点或多向多点输入进行抗震计算。按多点输入计算时，应考虑地震行波效应和局部场地效应。

（3）洁净生产层范围内不设缝，选用低水化热水泥，严格控制砂石骨量、含泥量和级配，掺加粉煤灰，利用60d后期强度，并控制降温和加强养护措施；采用纤维混凝土，宜掺入纤维素纤维或玄武岩纤维；施工阶段采用分区跳仓施工工艺以控制施工阶段变形，同时控制主体结构合拢温度，通过后浇带封闭温度的合理计算，最大程度降低温度的影响。

4. 在集成电路厂房结构设计中，楼地面使用活荷载较其他工业项目相比要大一些。非洁净技术下夹层地面使用活荷载一般在20kN/m²左右，纯水站房可以达到50kN/m²以上。洁净技术下夹层楼面使用活荷载一般在10～15 kN/m²左右。洁净生产层使用活荷载一般在20～30kN/m²左右。

5. 在集成电路厂房中，工艺设备、机电设备复杂，各种管线纵横交错，需要在各类构件上进行留洞、预埋件或采用后植锚栓进行安装，结构设计应设置合理的规划管线支撑体系，包括大量的二次安装的管道综合支吊架、洁净生产层下的吊挂预留槽或吊挂刚夹层、上技术夹层下的吊挂支架等。其中由于防微振设计的需求，部分管线支座应加装阻尼装置，常见的采用弹簧支座等形式。

二、基础工程

基础是建筑物十分重要的组成部分，应具有足够的强度、刚度和耐久性以保证建筑物的安全和使用年限。地基虽不是建筑物的组成部分，但它的好坏将直接影响整个建筑物的安危。实践证明，建筑物的事故很多是与地基基础有关的，轻则上部结构开裂、倾斜，重则建筑物倒塌，危及生命与财产安全。集成电路工业厂房有明显区别于其他工业项目的特点，其地基基础设计关乎整个项目的成败，重要性不可小觑。

（一）集成电路厂房的地基基础特点

1. 在集成电路项目中，生产厂房和实验室对外部环境振动干扰所引起的有害振动要求很高，这对拟建场地提出了较高的要求。《电子工业防微振工程技术规范》中明确指出，选择厂址的地基宜避开各种不良地质条件，如软土、自重湿陷性黄土、河流、湖泊、海岸、沙滩及会发生不均匀沉降等地区；避开有较大环境振动影响的地区；应避开地震烈度8度区以上的强震地区，避开地震活动的断裂带并相距一定距离，避开饱和沙土的液化区。若无法避开以上环境，要进行专门的研究，并采取必要的措施，减弱或消除外部环境（包括地震）对建筑物的影响。

2. 集成电路生产厂房的荷载大。厂房的结构自重和设备使用荷载相比普通工业项目要大，使得建筑物的柱下轴力大。一般来说，支持区的柱下轴力设计值为 10 000kN，若是带生产层的支持区，柱下轴力设计值可能达到 15 000kN；生产区的微振柱只承担两层楼面荷载，柱下轴力设计值约 4 000kN，但中柱需要承担大跨度屋面的荷载，其柱下轴力设计值约 12 000kN，若遇屋面设置转换桁架，即将二～四个开间的屋面荷载导算至一个中柱时，此时该柱柱下轴力设计值可达 35 000 kN。

3. 生产厂房建筑占地面积大，大型单体建筑占地面积 4 万～9 万 m²，其外轮廓总长度可达 450m 以上，是普通工业厂房的好几倍。这样的建筑底盘面积，可能使得单体建筑下出现地质条件复杂化，其至出现地质条件突变。

（二）集成电路项目工业厂房的地基基础设计

由于集成电路项目对场地的特殊要求，使得项目所选场地地基条件一般较好，适宜建设。在这样的前置条件下，地基基础设计只需在满足建筑物本身承载的同时，加入主厂房的防微振设计即可。

1. 集成电路厂房和实验室地基基础的设计等级不应低于乙级。

2. 地基基础设计中采取的防微振措施。集成电路工业的生产厂房设计中，建筑结构防微振体系是为保证精密设备及仪器正常运行，对建筑结构采取减弱环境振动影响的综合措施。地基基础设计的防微振措施是整个建筑结构防微振体系中的一部分，目前的已建或在建工程，基本上都是采用设置基础筏板的这种方式。其目的是增加建筑物的质量和刚度，对防微振设计的整体计算做出贡献。根据建厂要求所提出的防微振标准，以及整体模型指标，防微振筏板厚度可取 500mm～1 500mm。同时，作为基础构件的一部分，筏板也应用于地基基础设计中，根据地基承载力的计算结果调整其厚度。

3. 常见的集成电路生产厂房和实验室基础形式有桩基础+筏板、桩基础+承台+筏板、筏板基础等。桩基础+筏板和桩基础+承台+筏板是较为常见的两种方式，适用于我国绝大多数建设场地。防微振等级标准较高，要求筏板厚度较厚时，可采取桩筏共同作用的桩基础+筏板，成本也相对较低。而对防微振等级标准较低，防微振筏板厚度较小时（按 500mm 厚考虑），可采用桩基础+承台+筏板，此时筏板在承载力设计中不起作用，可仅按结构地坪考虑。在一些地质条件非常好的建设场地，比如持力层承载力高、埋深浅，且无下伏软弱层时，也可直接采用筏板基础，筏板的厚度可根据防微振等级标准和地基承载力计算结果确定。

4. 集成电路生产厂房单体建筑面积大，对于地基基础带来的影响也是巨大的。

（1）地质条件复杂化。由于单体建筑底面轮廓尺寸最大达到 450m 以上，在建筑物范围内的地质条件可能发生变化，出现不同的持力层，甚至出现局部暗河、深沟、断层。当选址不可避免时，应采取强有力的地基处理措施，消除不均匀地基的危害。在保证建筑物安全的同时，亦要保证在该场地条件下的抗微振要求，若非如此，应另择场址。

（2）集成电路厂房所需工程耗材量也是巨大，当工程全面开展时，需要保证材料供应及时。所以桩基础多采用预应力管桩或混凝土灌注桩，这两种桩型都是成熟的桩基础工艺，各个城市都有充足的施工队伍和机械，可以保证工程建设安全快速推进。两种桩型宜优先选用预制桩，预制桩在节约成本和工期上有巨大的优势。但在选用预制桩时，应充分考虑大面积打入预制桩的挤土效应，若场地土可能存在明显的挤土效应，导致后面的桩打入困难，无法达到设计的持力层，则不宜选用预制桩。

（3）生产厂房的基础筏板属于超长连续混凝土结构，需要设置多条后浇带，且宜在筏板内添加膨胀剂或抗裂纤维，以减少或消除混凝土收缩形成的裂缝。

5.针对生产厂房的荷载大致使建筑物柱下轴力大的情况，可根据地质情况，选用直径较大的桩型，减少桩的数量，也减小了预制桩的"挤土效应"。若是选用的混凝土灌注桩，还可采用后注浆的方式，增大单桩承载力，达到减少桩数的目的。抗微振墙和承担大跨度屋架荷载的中柱，是轴力较大的位置，它们和周边框架柱的轴力相差两三倍，此时需要注意的是将沉降差控制在规范的限制之内。

（三）案例分析

某集成电路项目，主厂房为多层工业厂房，建筑平面轴线总尺寸为412.8m×172.8m，三层～四层钢筋混凝土框剪结构。上部结构为一个结构单元，其中核心生产区轴线尺寸为412.8m×96m，其两侧支持区轴线尺寸为412.8m×38.4m。支持区基本柱网为9.6m×9.6m，核心生产区一、二层基本柱网为4.8m×4.8m，屋面桁架层扩大为9.6 m×（48m+48m）。

1.地质条件

场地的选择过程是复杂多变的，单从工程角度来考虑，拟建场地通过了防微振的素地测试，适宜建设芯片厂房。具体分析如下：

（1）拟建场地地处我国西南部，所在区域地壳为一稳定核块，距离褶断带最近距离20km，区内断裂构造和地震活动较微弱，历史上从未发生过强烈地震，区域性良好。

（2）拟建场地位置地势平坦，位于城市近郊，周围无强振动源。

（3）场地内地层以部分填土和卵石层为主，卵石层分为松散卵石、稍密卵石、中密卵石、密实卵石四个亚层，其中中密和密实卵石层是理想的桩基持力层。

（4）场地内土层中局部含有细砂，该土层存在地震液化的可能，须将其处理。

2. 基础选择

防微振设计建模计算后，提出该厂房在拟建场地建设的情况下，防微振筏板基本厚度不小于0.5m。故基础设计选用了桩基础+承台+筏板的形式，上部结构荷载由桩基础和承台共同作用承担，筏板作为结构地坪板，承担一层地面荷载。

3. 桩基选择

根据勘察资料，该场地采用预应力管桩，以中密或密实卵石层为桩端持力层，桩径600mm，单桩承载力标准值2 400kN，桩长8～15m。主厂房桩数约6 800根，有一定的挤土效应，但优化了打桩工艺、打桩顺序后，成桩顺利。管桩穿越了液化细砂层，消除了地震液化。拟建场地内土层分布均匀，在主厂房内并未出现地质条件突变。

4. 抗微振墙下基础

抗微振墙底部轴力、剪力都很大，特别是温度荷载引起房屋两端混凝土抗微振墙底部剪力、弯矩巨大，应在抗微振墙下设置局部桩筏基础，并集中布置桩位。

三、上部结构设计

（一）柱的设计

目前，集成电路厂房对柱的设计主要有2种：混凝土柱和钢柱。在考虑柱的选择上，主要在于厂房对微振等级的要求。对于生产厂房，目前的光刻区主流微振等级要求是VC-D，这种对微振等级有较高要求的厂房，通常采用的都是混凝土柱。

1. 混凝土柱

图5.3.1为混凝土柱方案下的典型厂房剖面示意图。

目前，大部分的芯片厂采用的形式是洁净室下面采用比较密的柱网，洁净室以上用大跨度钢屋架，下面柱网采用4.8m×4.8m、6×6mm、7.2m×7.2m，一般是1.2m的倍数，柱子大小按微振等级要求确定，柱子大小一般是600mm×600mm和800mm×800mm，支撑钢屋架的柱为1 000mm×1 000mm左右。

随着集成电路产业快速发展，对集成电路厂房建设周期也要求越来越短，为了

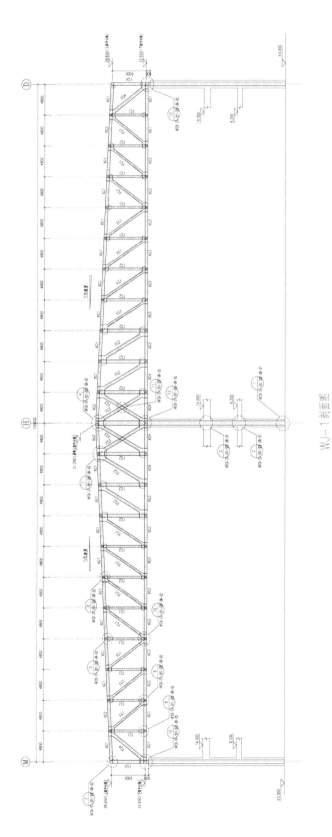

图 5.3.1　混凝土柱方案厂房剖面示意图

缩短施工周期，目前也在采用逆作法施工，在支撑桁架的混凝土柱里加钢柱，类似于钢骨混凝土柱，但计算中不考虑钢柱的作用，相对于传统的钢屋架滑移，这样的施工可以加快大概2个月的时间。

2.钢柱

钢柱只是作为逆做法施工的措施，一般不作为混凝土中的受力构件，计算中考虑屋面恒载、施工荷载和风荷载作用下的受力，钢柱与桁架柱顶一般采用铰接连接。钢柱上一般采用钢筋接驳器与混凝土梁上的钢筋连接，混凝土梁的最外排纵筋一般考虑弯折过钢柱，保证钢筋的连续性。

（二）华夫板和Cheese板的设计

一般洁净等级较高的洁净室，均设有净化下夹层，使得洁净室中含微粒的气流经由高架地板及洁净室板进入净化下夹层，再由抽风设备将净化下夹层气流抽至洁净室天花板的滤网，重新过滤并产生稳定气流，而形成一个循环系统，这使得洁净室楼板须留有足够的回风孔，使洁净室气流经由回风孔送到净化下夹层。再加上具有足够强度以承受生产机台的重量，以及抑制微振影响产品的质量，因此衍生出洁净室楼板的特殊设计。目前高科技厂房洁净室楼板统称为格子梁板，其格子梁板回风孔的制作在市面上使用两种材质，一种为玻璃纤维材质，另一种为铁板烤漆。

目前，集成电路厂房设计用的主要是华夫板和Cheese板，主要区别如表5.3.1所示。

表5.3.1 华夫板与cheese板对比表

序号	板类型	跨度（m）	荷载（kN/m²）	整体高度（mm）
1	华夫板	4.2～7.2	15.0～32.0	1 000～1 300
2	Cheese板	4.2～7.2	15.0～32.0	700～1 000

1.华夫板构造

华夫板构造、现场安装示意以及成品示意如图5.3.2、5.3.3、5.3.4所示。

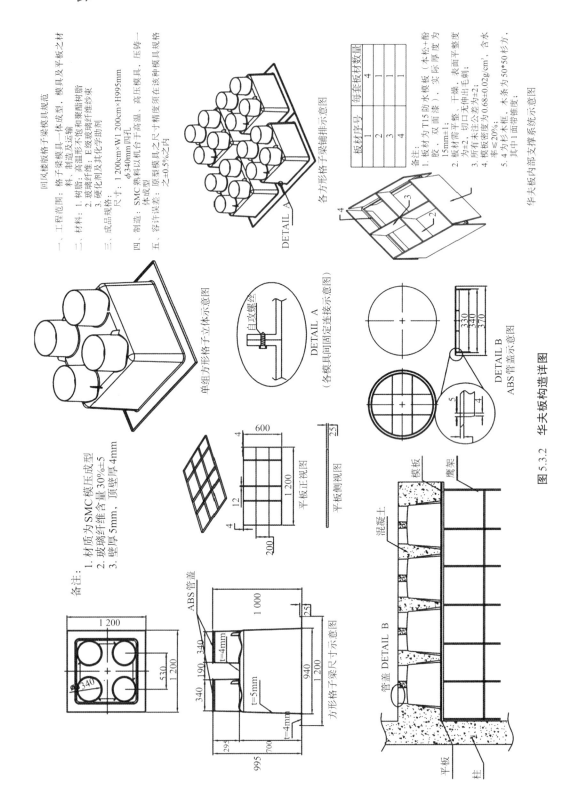

图 5.3.2　华夫板构造详图

图5.3.3　华夫板施工示意图

图5.3.4　华夫板成品示意图

2. Cheese板构造

Cheese板构造、现场安装示意如图5.3.5、5.3.6所示。

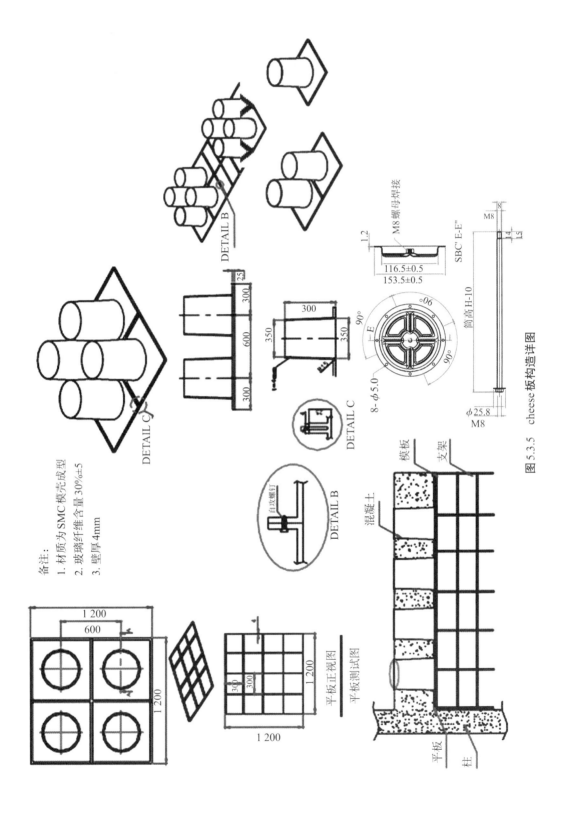

图 5.3.5　cheese 板构造详图

图 5.3.6 cheese板现场安装示意图

从上面的表格和构造上不难发现，在同样的微振等级下，Cheese 板能比华夫板节省净空 200mm 左右，但华夫板的优势在于工艺配管方便，而且重量更轻，这也是不少项目采用华夫板的原因。

（三）钢屋架的设计

1.桁架+组合楼板

洁净室漏水对设备会有很大的风险，考虑到防水的效果，目前许多集成电路厂房屋面都是采用大跨度钢桁架，上面用钢承板混凝土的形式。

2.桁架+柔性屋面

有些厂房屋面会避免开孔和做设备平台，这样屋面因为漏水隐患很少，也可以用钢屋架加柔性屋面的方式。

3.屋面钢桁架施工方案比较

（1）现场拼装方案

现场拼装方案是传统的施工方案，技术上成熟可靠，其具有以下主要优点：

①运输方便；

②施工速度快；

③场地要求小；

④施工措施费用少，难度小。

现场拼装方案缺点：

①现场焊接质量不如工厂焊接，后者质量有保证；

②华夫板（cheese板）层需上荷载较大的起吊设备（图5.3.7），运作不方便，且需要对华夫板（cheese板）层的结构做保护，避免损伤结构构件；

③安装过程中对保障协调一致性要求高，现场吊装施工如图5.3.8、5.3.9所示；

④要求构件加工精准，避免现场拼接时存在对不上位。

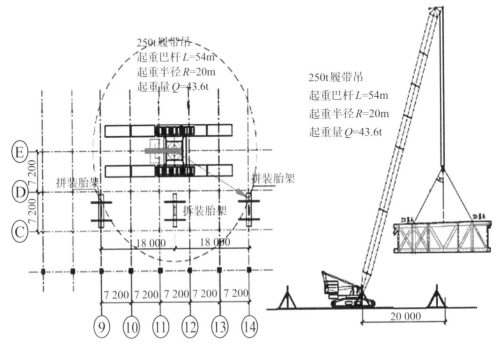

图5.3.7　屋架吊装方案图

图5.3.8　屋架现场吊装示意图一

图5.3.9　屋架现场吊装示意图二

（2）整体滑移方案

整体滑移是随着工程经验的不断增长，配合设备的升级产生的新兴方案，技术上成熟，整体滑移施工现场如图5.3.10所示，其具有以下主要优点：

①构件在工厂焊接，质量有保障；

②计算机系统通过传感器检测液压爬行器（图5.3.11）在滑移轨道上（图5.3.12）的推进力及速度，各爬行器之间的协调同步，定位准确，施工质量可测可控；

③设备体积小、重量轻，可扩展组合，施工上更安全，灵活可靠；

④每榀拼装的屋面结构与累积滑移可同时施工，互不影响。

整体滑移方案缺点：

①构件工厂整体加工，相对运输不方便；

②整体安装，现场协调工作量相对大；

③需要额外的滑移施工措施，设计上需配合额外的构造设计，产生额外的施工费用；

④对施工单位要求高。

图5.3.10　整体滑移现场施工示意图

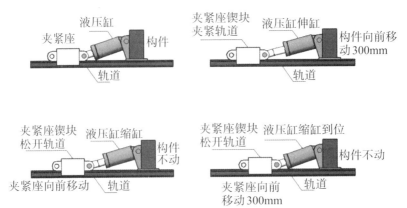

图 5.3.11　液压爬行器

图 5.3.12　滑移轨道

四、防微振设计

集成电路工程建筑结构设计的核心是为工艺生产提供所需建筑结构环境。其中为工艺生产所需大空间采取的大跨钢屋架、为洁净生产层所需环境采用的多孔楼层结构、为控制挥发性有机化合物和氨等空气污染所采用水性低 VOC 涂装材料、为防微振所采用的密柱体系以及防微振剪力墙体系等均是集成电路工程结构设计中的特殊考虑的地方。随着集成电路工艺的不断发展，集成电路生产精度不断提高，生产设备的防微振需求也越来越严苛，洁净生产层最高防微振需求可达 VC-D+ 或 VC-E。

（一）设计标准和规范

由 Colin Gordon 和 Eric Ungar 开发的通用振动准则（VC）曲线被用作振动敏感技术设施的基础，如图 5.3.13 所示。

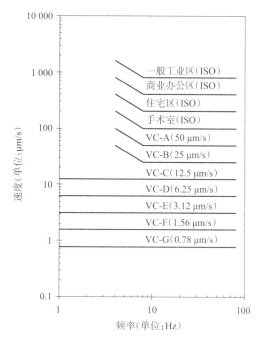

图5.3.13　振动敏感设备及制程通用振动规范曲线图

VC曲线的主要要素如下：

1. 振动以其均方根（RMS）速度（相对于位移或加速度）表示。

2. 比例带宽（1/3倍频程的带宽为中心频率带频的百分之二十三），而不是使用固定带宽。

3. 比VC-C要求更严格的曲线在低于8 Hz时不会降低要求，曲线向下延伸到1Hz；

4. 该标准假定设备将被支撑在刚性构造和阻尼的底座上，使得由于共振引起的放大的频率被限制在一个小的值或位于非临界频率。

5. 对于微电子工艺和设备，其振动环境一般是连续的和稳态的，标准适用于在适当的时间段内获得的数据样本的"线性平均"。在环境受到诸如车辆运动、"阶段"运动（工具）、附近经过的火车等偶然干扰影响的情况下，这些可以在测量出的"峰值"或"最大有效值"模式下进行评估。如果干扰事件足够长（即"准静态"，或在平均时间期间的稳态），则应当使用线性平均模式。

6. 对于光电子工艺和设备而言，它们的工作环境显著地受到由自动物料处理系统（AMHS）运动的影响。AMHS运动的瞬态事件所产生的影响，可以用"线性平均"来评价。在光电子设备的AMS振动中应用VC曲线时，应注意以下几点：

（1）光电子设备的AMHS振动显著高于由其他来源产生的振动，例如机械设备；

（2）在设备进行大规模生产之前，应进行AMHS振动测试评估；

（3）在1～80 Hz的中心频率范围内的1/3倍频程频段，应对由AMHS振动产生的最大振幅RMS（或峰值）与VC曲线进行比较（VC曲线一般适用于评价AMHS一定距离外区域）；

（4）由于工具和设备的振动灵敏度，在AMHS振动控制中使用VC曲线可能比较保守。另一种做法是允许在离AMHS一定的距离处的振动在某些频率处超过VC曲线一小部分，例如小于3~4分贝，但仍低于设备要求。VC曲线对应标准如图5.3.13所示，VC曲线简要说明如表5.3.2所示。

表5.3.2　VC曲线应用简要说明

标准曲线	最大振动值微英寸/秒（dB）	加工尺寸微米	建议适用环境描述
一般工业区（ISO）	32 000（90）	不适用	明显振动，适用于一般工厂与无振动管制区。
商业办公区（ISO）	16 000（84）	不适用	有感振动，适用于办公室与无振动管制区。
住宅区（ISO）	8 000（74）	75	微感振动，适用于住宅区、电脑机房、一般检测设备与多数20倍内的光学显微镜。
手术室（ISO）	4 000（72）	25	无感振动，适用于敏感住宅区、实验室、精密检测设备与多数100倍内的光学显微镜。
VC-A	2 000（66）	8	适用于微量天平、光学天平、近接式和投射式调准器（aligner）与多数400倍内的光学显微镜等。
VC-B	1 000（60）	3	适用于解析度为3微米的步进式检验机（Stepper）或平板印刷机与多数1 000倍内的光学显微镜。
VC-C	500（54）	1	适用于解析度为1微米线宽的平板印刷机和检验机与大部分光电厂精密设备。
VC-D	250（48）	0.3	适用于TEMs、SEMs等高要求的电子显微镜、E-Beam、Scanner等系统与大部分晶圆厂精密设备。
VC-E	125（42）	0.1	适用于激光路径长、对准目标极小、特殊动态稳定需求的精密仪器与纳米级制程设备。为多数厂房环境难以达成的规准。

注：此表中提供的信息仅供参考，在大多数情况下，建议寻求设备应用和振动要求相关人员的建议。

1. 以1/3倍频谱（Octave Bands）分析带宽8-100Hz的振动值（dB值的基准速度为1微英寸/秒）。

2. "加工尺寸"是参考精密电子制造业的线宽、医学和药学研究的粒子（细胞）尺寸等，所列数值参考多数有相同振动要求项目的振动观测值。

3. 本表只对一般性精密设备的微振动需求作建议，如果精密设备已有微振动规范，当以精密设备微振动规范为依据。

（二）微振控制指南

以下是微振控制时应考虑的一些主要问题：

1.选址

（1）选择一个场地进行高端技术设备的建设，设备对振动非常敏感，则必须对场地环境振动进行调查，特别是周边交通（道路和铁路）的影响，要对振动进行量化。

（2）场地的环境振动数据应根据所选设备的振动标准进行测量和分析，测量应充分考虑稳定状态和瞬时振动源，如附近的铁路交通。

（3）如果现场测量值等于或超过相关标准要求，那么通常必须放弃该场地，除非有经济合适的方法对现场场地进行修复改造。

（4）在选择过程中，必须考虑将来对场地的使用和场地周围的可能发展。

（5）振动点对场地的可接受性取决于：

A. 场地土的自振特性，振源，频率和振幅；

B. 设施建设；

C. 工具和过程中的振动水平。

2. 建筑物几何条件

对于集成电路厂房，建筑物几何形状是与振动控制、建造成本有关的关键参数，它包括柱网、桁架跨度和间距、楼层和建筑物高度。一般情况下，建议使用小柱网，小桁架跨距和间距进行振动控制。

3. 设备布局

设备布局对振动控制和振动控制的成本非常重要。例如，通常建议将振动敏感地板和主要振动源分开一段距离。例如，并不建议将动力设备放置在洁净生产层下方。除此之外，关键工艺设备的选址应该考虑周围动力设备和交通荷载的影响。

4. 工艺设备平面布局

设备布局是设施振动控制中最重要的因素，尤其是集成电路设备，它决定了振动控制水平。为了达到最小的振动控制成本实现最佳效果，设备布局需要进行优化。如AMHS（STK / AGV / RGV）此类振动敏感的工具布局就成了实现最佳控制振动性能的关键因素。

5. 基础和结构

支撑振动敏感设备的建筑基础，采用桩+筏板基础及洁净生产层华夫板或格子梁对于实现振动性能至关重要，以下几点因素需要考虑：

（1）建筑物的基础是为建筑物结构提供刚性的支撑，保证建筑物在整个使用寿命期间沉降最小。常见的地基形式有：筏板基础，预制桩或钻孔灌注桩，或桩+筏板基础。上述基础形式适用于不同的土层或场地土条件。

（2）建筑物基础必须坚硬，如采用桩+大筏板。上部结构采用华夫板+小柱网（微振柱），这可以最大限度地减少竖向振动。上部结构适当增加一些剪力墙或柱间支撑可以最大限度地减少水平振动，并降低频遇地震风险。

（3）采用大柱网+桁架支撑的楼板的型式时，楼板需要高度阻尼刚性。这时，评估桁架模式动态响应和平板模式动态响应非常重要，主要是要避免桁架模式、平板模式和设备中主要振动源产生共振。

6. 机械系统设计

为了有效地控制机械系统设备传递给建筑物的振动，设备的主要部件的设计和安装至关重要，同时还包括机械系统，如管道系统和管线系统，因为这些系统可能通过湍流产生并传递振动。管道隔振应遵守分级制。表5.3.3为风管管线隔振分级表，表5.3.4为风管管架隔振分级表，图5.3.14为管线安装位置分类图。

表5.3.3　风管管线隔振分级表

隔振要求	微振分区			
	I	II	III	IV
不需要隔振	直径<100mm	直径<200mm	直径<300mm	直径<400mm
要隔振	100mm<直径<200mm	200mm<直径<300mm	300mm<直径<400mm	400mm<直径<600mm
不许与楼板相连	直径>200mm	直径>300mm	直径>400mm	直径>600mm

表5.3.4　风管管架隔振分级表

隔振要求	微振分区			
	I	II	III	IV
不需要隔振	直径<450mm	直径<800mm	直径<1 200mm	直径<1 700mm
要隔振	450mm<直径<800mm	800mm<直径<1 200mm	1 200mm<直径<1 700mm	1 700mm<直径<3 000mm
不许与楼板相连	直径>800mm	直径>1 200mm	直径>1 700mm	直径>3 000mm

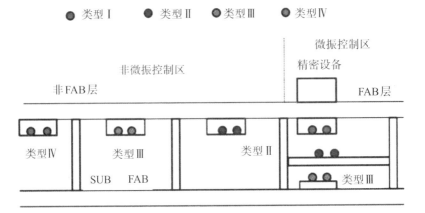

图5.3.14　微振控制区域楼板管线安装位置分类图

（三）防微振测试

1.**第一次测试**：场地环境微振动测试。在开工前进行，测试场地自身的微振动条件。

2.**第二次测试**：集成电路厂房内环境振动测试。在建筑物土建工程（含楼面）完工后，工艺设备安装前进行，测试楼面和工艺设备台座在所有动力设备处于停机状况下的微振动条件。

3.**第三次测试**：集成电路厂房内动力设计试运行时环境振动测试。在工艺设备安装后进行，测试工艺设备台座在所有动力设备处于开机状况并使搬运装置也处于开启状态的微振动参数，是否满足工艺设备的防微振条件。

4.**最终测试**：集成电路厂房内环境振动最终测试。

四次测试对应设计程序如图5.3.15所示。

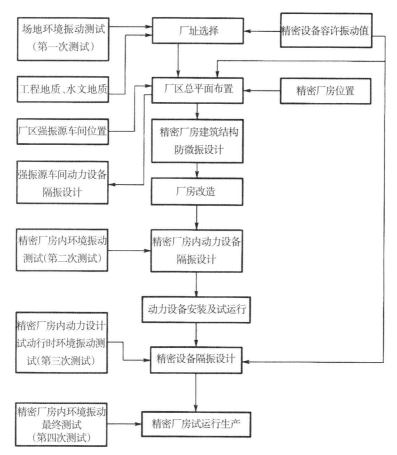

图5.3.15　微振控制工程设计程序

6

暖通及净化

　　随着大规模集成电路设计和加工技术的快速发展，加工线宽越来越小，目前3 nm制程技术已经进入量产阶段，生产工艺和加工设备对生产环境要求（温度、相对湿度、洁净度和AMC控制等）越来越高，同时由于生产过程中使用各种化学品和特种气体以及生产过程中工艺自身产生各种污染物，需设置相应的工艺排气系统进行有效收集和处理后，排入室外空气中。因此需要在厂房内设置不同级别的净化区域以及根据不同的排气种类设置排气处理系统。

6.1 空 气 净 化

6.1.1 定　义

一、洁净室

空气悬浮粒子浓度受控的空间，其建造和使用方式使房间内进入的、产生的和滞留的粒子最少，房间内温度、相对湿度和压力等其他相关参数按要求受控。

二、洁净度等级

以 ISO N 级别表示。洁净室或洁净区内按空气悬浮粒子浓度划分的洁净度水平。洁净度等级代表关注粒径粒子的最大允许浓度。

三、单向流

通过洁净室（区）整个断面的风速稳定、大致平行的受控气流。

四、非单向流

送入洁净室（区）的送风以诱导方式与室（区）内空气混合的气流分布类型。

6.1.2 洁净度等级标准

一、洁净度等级

目前国家相关设计规范规定了洁净室及洁净区内空气中悬浮粒子空气洁净度等级，该相关规范等效采用对应的国际标准，如表6.1.1所示。

表6.1.1 洁净室及洁净区空气洁净度整数等级

空气洁净度等级N	大于或等于表中粒径的最大浓度限值（pc/m³）					
	0.1μm	0.2μm	0.3μm	0.5μm	1μm	5μm
1	10	2				
2	100	24	10	4		
3	1 000	237	102	35	8	
4	10 000	2 370	1 020	352	83	
5	100 000	23 700	10 200	3 520	832	29
6	1 000 000	237 000	102 000	35 200	8 320	293
7				352 000	83 200	2 930
8				3 520 000	832 000	29 300
9				35 200 000	8 320 000	293 000

各种要求粒径 D 的最大浓度限值 C_n 应按下式计算：

$$C_n = 10^N \times (0.1/D)^{2.08}$$

式中：

C_n——大于或等于要求粒径的最大浓度限值（pc/m³）。C_n 是四舍五入至相近的整数，有效位数不超过三位数；

N——空气洁净度等级，数字不超过9，洁净度等级整数之间的中间数可以按0.1为最小允许递增量；

D——要求的粒径（μm）；

0.1——常数，其量纲为μm。

二、空气分子污染物分级

洁净室及相关受控环境关于空气分子污染（AMC）分级国家制定有相关的GB/T规范，规范规定了空气分子污染物浓度和ISO-AMC等级之间的关系，该规范等效采用了ISO国际标准，如表6.1.2所示。

表6.1.2 ISO-AMC等级

ISO-AMC等级	浓度（g/m³）	浓度（μg/m³）	浓度（ng/m³）
0	100	10^6（1 000 000）	10^9（1 000 000 000）
−1	10^{-1}	10^5（100 000）	10^8（100 000 000）
−2	10^{-2}	10^4（10 000）	10^7（10 000 000）
−3	10^{-3}	10^3（1 000）	10^6（1 000 000）
−4	10^{-4}	10^2（100）	10^5（100 000）
−5	10^{-5}	10^1（10）	10^4（10 000）
−6	10^{-6}	10^0（1）	10^3（1 000）
−7	10^{-7}	10^{-1}（0.1）	10^2（100）
−8	10^{-8}	10^{-2}（0.01）	10^1（10）
−9	10^{-9}	10^{-3}（0.00 1）	10^0（1）
−10	10^{-10}	10^{-4}（0.00 01）	10^{-1}（0.1）
−11	10^{-11}	10^{-5}（0.000 01）	10^{-2}（0.01）
−12	10^{-12}	10^{-6}（0.000 001）	10^{-3}（0.001）

ISO-AMC描述符的格式为：ISO-AMC $N(X)$

其中：

N——ISO-AMC等级，它是浓度c_x的常用对数值，其限定范围为0～-12，c_x的单位为g/m³。N可以是非整数，最多保留小数点后一位数；$N=\log10[c_x]$；

X——（与产品相互作用的）污染物类别，包括但不限于：

酸（ac）、碱（ba）、生物毒素（bt）、可凝聚物（cd）、腐蚀物（cr）、掺杂物（dp）、有机物总量（or）、氧化剂（Ox）或一组物质，或某种物质。

例1："ISO-AMC-6（NH₃）"，表示空气中氨的浓度10^{-6}g/m³。

例2："ISO-AMC-4（or）"，表示空气中总有机物浓度10^{-4}g/m³。

例3："ISO-AMC-7.3（cd）"，表示空气中总可凝聚物浓度$5×10^{-8}$g/m³。

6.1.3 洁 净 原 理

按照洁净室气流流型不同，洁净室可分为单向流洁净室和非单向流洁净室。

一、单向流洁净室

单向流洁净室：在整个送风侧满布高效空气过滤器或超高效空气过滤器，在送风侧相对方向均匀布置回风口，洁净空气从高效空气过滤器或超高效空气过滤器出风面均匀流入洁净室内，整个洁净室断面上空气流速均匀，气流流线基本平行，不存在相互掺混现象，就好像活塞一样，上流侧的空气将下流侧的空气不断向前推进，挤压至回风口，流出房间。单向流洁净室具有以下两个显著特点：一是可以将污染源散发出来的颗粒污染物沿着气流方向挤压出洁净室外，二是洁净空气对于污染源有效约束，阻断颗粒污染物的侧向扩散。单向流适用于ISO 1级～ISO 5级的高级别洁净室。按照气流方向不同，单向流洁净室分为垂直单向流洁净室和水平单向流洁净室两种形式。

二、非单向流洁净室

非单向流洁净室：洁净空气由送风口送入洁净室内，通过与洁净室内空气混合，将污染源释放出来的颗粒污染物稀释，从而达到一定的洁净度等级。非单向流洁净室内气流流线相互交叉，气流相互混合，在洁净室内存在回流和涡流，污染源释放出来的颗粒污染物会向周边扩散。非单向流洁净室内空气混合越充分，洁净室内污染物浓度越均匀；非单向流洁净室室内污染物浓度与送风换气次数呈反比例，随送风换气次数增大，洁净室内含尘浓度降低。由于非单向流洁净室空气净化原理依赖于稀释作用，非单向流洁净室不适用高级别洁净室，通常适用于ISO 5级～ISO 9级洁净室。

6.1.4　集成电路洁净室形式

随着集成电路生产技术和工业技术的发展和进步，集成电路洁净室形式也在不断演化。最早期的洁净室为全面净化单向流洁净室，后过渡到港湾式洁净室，再进化为非单向流洁净室+微环境。全面净化的单向流洁净室、港湾式洁净室和非单向流洁净室+微环境布局的洁净室布局形式，如图6.1.1所示。

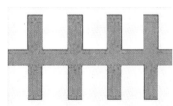
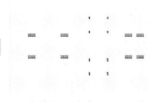

a. 全面净化的单向流洁净室　　　　b. 港湾式洁净室　　　　c. 非单向流洁净室+微环境

图例 ■单向流洁净区　　非单向流洁净区

图6.1.1　洁净室布局形式

一、全面净化的单向流洁净室

全面净化的单向流洁净室：顾名思义是整个洁净室均为高洁净度等级的单向流洁净室，制程设备全部安装在高洁净度等级的单向流洁净室内。这种高洁净度等级的单向流洁净室建造费用很高，运行费用也很高。

二、港湾式洁净室

港湾式洁净室：集成电路生产过程中直接暴露在生产环境中的区域称之为操作区，其毫无疑问应该为高洁净度等级的洁净区。而非操作区的设备本体并不要求太高的洁净度等级，通常采用非单向流洁净室，这一区域称之为设备维护区。根据这一特点，将操作区与设备维护区划分为不同洁净度等级的区域，操作区为高洁净度等级的洁净区，设备维护区为低洁净度等级的洁净区，采用金属壁板将操作区和设备维护区分隔开来，操作区为单向流洁净室，设备维护区为非单向流洁净室，平面布局好像港湾一样，故称之为港湾式洁净室。单向流洁净室建造费用和运行费用很高，非单向流洁净室建造费用和运行费用相对较低。港湾式洁净室相对于全面净化的单向流洁净室，其建造费用和运行费用相对较低。

三、非单向流洁净室+微环境

非单向流洁净室+微环境：为了进一步提高生产效率，开发了SMIF技术（标准机械接口技术），生产过程直接暴露区域设置微环境，通过SMIF将硅片盒由低洁净度等级区域转移到高洁净度等级的微环境内，这样可有效避免操作人员对工艺生产区域的干扰和影响。同时，也可以将高洁净度等级的微环境面积降低到更小，一般可控制在5%左右。微环境内为单向流洁净区，其余环境为非单向流洁净区，非单向流洁净室+微环境是目前建造费用和运行费用最低的洁净室形式，也是最有利于提高成品率和产量的方式。大空间洁净室+微环境方式是目前新建集成电路工程洁净室的主流形式。

典型集成电路工厂洁净室结构形式示例如图6.1.2所示。洁净室为三层结构形式，分别由生产区、上技术夹层和下技术夹层组成。FFU（风机过滤单元）布置在天花板上，工艺制程设备布置在架空地板或者华夫板上，架空地板支承在华夫板上，生产区两侧布置回风道，DCC（干盘管）安装在回风路径上。洁净空气由FFU送入生产区，经架空地板、华夫板流入下技术夹层，再由回风道经干盘管冷却降温后，回至上技术夹层内，由FFU过滤循环送入洁净室内，维持洁净区的洁净度等级。

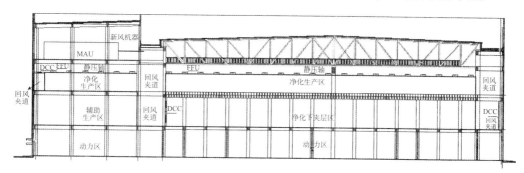

图6.1.2 典型集成电路工厂洁净室结构形式示例

6.1.5 洁净室构成

洁净室由围护系统、空气净化系统和电气控制系统等组成。

一、围护系统

洁净室围护系统包括顶棚、隔墙、地板、门和窗等，通过洁净室围护系统形成封闭的气密空间，为洁净室温度、相对湿度、洁净度、压差等控制创造了前提条件。洁净室围护材料应具备表面光滑、不产尘、不积尘、气密和难燃等特性。

二、空气净化系统

空气净化系统包括空气净化设施和调节设备以及空气输送管路等。空气净化设施包括初效过滤器、中效过滤器、高效过滤器（HEPA）、超高效空气过滤器（ULPA）、化学过滤器、空气吹淋室和洗手机等。空气调节设备包括新风机组、循环空调机组、冷却盘管、加热盘管、加湿器、干盘管和送风机等。空气输送管路包括送风管道、上技术夹层、下技术夹层和回风夹道等。

三、电气控制系统

电气控制系统由现场仪表、传感器、执行机构（调节阀）和控制器等组成。

6.1.6 净化空调系统

净化空调系统为洁净室提供温度、相对湿度、正压调节和AMC控制等的实现途径，实现洁净室的温度、相对湿度、正压、AMC控制和洁净度控制等目标。

净化空调系统包括新风系统和循环风系统。

一、新风系统

新风空调系统的主要功能：补偿制程排气量、维持洁净室正压、对新风进行调温控湿、降低新风含尘量和降低新风AMC含量等。

新风空调系统由新风机组、室外进气小室、新风送风管路、冷热源管道和调节与控制系统等组成。

新风空调机组（MAU）过滤器设置初效过滤器、中效过滤器、高效过滤器等，去除室外空气中的绝大部分颗粒物，以延长洁净室FFU（风机过滤单元）使用寿命。

新风空调机组设置水洗喷淋室（Air Washer）/湿膜加湿器和化学过滤器。水洗喷淋室/湿膜加湿器全年运行，采用RO水作为水源，根据水洗喷淋室循环水电导率信号调节RO水调节阀开度，控制RO水补水量，降低室外空气中的水溶性AMC化学物质浓度。根据室外空气中化学物质种类、含量及洁净室AMC控制目标，设置相应种类的化学过滤器，以去除新风中敏感AMC化学物质。

新风空调机组换热器设置预热盘管、预冷盘管、再冷盘管、再热盘管。夏季根据预冷盘管出风焓值信号调节预冷盘管冷冻水调节阀开度，控制预冷盘管供冷量，维持预冷盘管出风焓值稳定；根据送风含湿量信号调节再冷盘管冷冻水调节阀开度，控制再冷盘管供冷量，维持送风含湿量稳定；根据送风温度信号调节再热盘管热回收水调节阀开度，控制再热盘管再热量，维持送风温度稳定。冬季根据送风含湿量信号调节预热盘管热回收水调节开度，控制预热盘管加热量，维持送风含湿量稳定；根据送风温度信号调节再热盘管热回收水调节阀开度，控制再热盘管再热量，维持送风温度稳定。对于相对湿度敏感区域，可以采用相应区域的相对湿度信号串级控制，重置送风含湿量设定值，以实现敏感区域的相对湿度控制。

新风空调机组送风机设置变频器，根据洁净室正压信号或送风集管静压信号调节送风机供电频率，控制送风量，维持洁净室内正压稳定。

二、循环风系统

循环风系统的主要功能为洁净室提供充足的洁净空气，实现洁净室设计洁净度等级，提供洁净室温度控制。

循环风系统由 FFU（风机过滤单元）、DCC（干冷却盘管）、化学过滤器、中温冷冻水冷源管道、调节和控制等组成。

FFU 设置群控系统，根据送风量需求，调节相应 FFU 运行转速，维持送风量稳定。

根据洁净室功能分区，划分温度控制区，每个温度控制区分别设置 DCC 和温度传感器，根据相应区域的温度传感器信号分别调节相应分区的 DCC 中温冷冻水调节阀开度，控制 DCC 供冷量，实现相应区域的温度控制。

6.1.7　冷热源参数选择

集成电路工厂生产过程中消耗大量电力，产生大量余热，空气侧余热由 DCC（干冷却盘管）消除，设备侧余热由 PCW（工艺冷却水）消除，即使冬季也需要供冷，而冬季新风机组加热加湿需要供热，因此，集成电路工厂目前一般设置热回收冷水机组在供冷的同时回收热量，作为新风加热加湿、一般空调和 UPW 系统（超纯水系统）原水加热的热源。

目前实际工程设计中，为提高冷水机组 COP 值，设置低温冷冻水系统和中温冷冻水系统两种温度的冷源系统，其中中温冷冻水设置中温热回收冷水机组，回收中温冷冻水余热，制取热回收水。

一、低温冷冻水系统

低温冷冻水供水温度应根据新风机组再冷盘管出风温度确定，工程设计中通常比该温度低 4℃左右，供回水温差为 7～8℃，低温冷冻水作为新风机组再冷盘管冷源。

二、中温冷冻水系统

中温冷冻水供水温度应根据 DCC 进风露点温度确定，工程设计中通常比该露点温度高 1℃及以上来选取，供回水温差为 6～7℃，中温冷冻水作为新风机组预冷盘管、DCC、PCW 和 UPW 和电气室空调的冷源。

三、中温热回收水系统

中温热回收水通常采用中温热回收冷水机组制备，供水温度通常为 38℃，供回水温差为 7～8℃，用户为新风机组预热盘管、再热盘管、UPW 原水加热和一般空调系统加热盘管等。

6.1.8 空气净化系统主要设备

一、空气过滤器

按照过滤效率分类分为初效、中效和高效过滤器，空气过滤器的主要技术性能包括过滤效率、额定风量、阻力和容尘量等。

过滤效率是指在额定风量下，空气过滤器去除流通空气中颗粒物的能力，即空气过滤器上、下风侧气流中颗粒物浓度之差与上风侧气流中颗粒物浓度之比。

额定风量是指在标准空气状态下，空气过滤器在标称单位时间内通过的空气体积流量。

阻力是指空气过滤器在特定风量下的静压损失。在初始状态下，空气过滤器在额定风量下的静压损失称之为初阻力。随着过滤时间增加，过滤阻力逐渐增加，通常在额定风量下过滤器阻力达到初阻力的1.5～2倍时，应更换过滤器。

容尘量是指在额定风量下，空气达到终阻力时所捕集的标准试验尘总质量。

空气过滤器GB/T规范中规定了粗效、中效、高中效和亚高效空气过滤器的性能限值，如表6.1.3所示。

高效空气过滤器GB/T规范中规定了高效和超高效空气过滤器的性能限值，如表6.1.4所示。

表6.1.3　空气过滤器分类

效率	迎面风速 m/s	额定风量下的效率(E)%		额定风量下的初阻力(ΔP_1) Pa	额定风量下的终阻力(ΔP_2) Pa
粗效1	2.5	标准试验尘计重效率	50>E≥20	≤50	200
粗效2			E≥50		
粗效3		计数效率（粒径≥2.0μm）	50>E≥10		
粗效4			E≥50		
中效1	2.0	计数效率（粒径≥0.5μm）	40>E≥20	≤80	300
中效2			60>E≥40		
中效3			70>E≥60		
高中效	1.5		95>E≥70	≤100	
亚高效	1.0		99.9>E≥95	≤120	

表6.1.4 高效、超高效空气过滤器分类

效率级别	额定风量下的计数效率 %	备注
35	≥99.95	高效
40	≥99.99	高效
45	≥99.995	高效
50	≥99.999	超高效
55	≥99.999 5	超高效
60	≥99.999 9	超高效
65	≥99.999 95	超高效
70	≥99.999 99	超高效
75	≥99.999 995	超高效

各种空气过滤器如图6.1.3所示。

a.纸框板式初效过滤器　　　　　　　　b.金属框板式初效过滤器

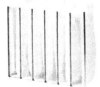

c.袋式初效过滤器　　　　　　　　d.袋式中效过滤器

e.有隔板亚高效、高效空气过滤器　　　　f.大风量高效空气过滤器

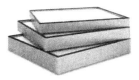

g.无隔板高效、超高效空气过滤器

图6.1.3　各种空气过滤器

二、新风空调机组

新风空调机组（MAU）由初效空气过滤器、中效空气过滤器、高效空气过滤器、化学过滤器、加热盘管、冷却除湿盘管、水洗喷淋室、湿膜加湿器、送风机及箱体等组成。集成电路工厂洁净室系统新风机组常规配置如图6.1.4所示。图6.1.5为某集成电路工厂洁净室系统新风机组实景图。

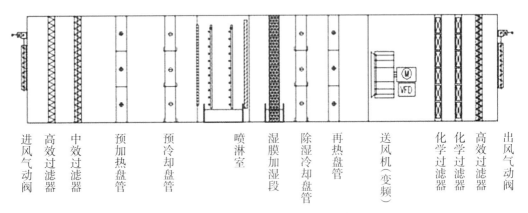

进风气动阀　高效过滤器　中效过滤器　预加热盘管　预冷却盘管　喷淋室　湿膜加湿段　除湿冷却盘管　再热盘管　送风机（变频）　化学过滤器　高效过滤器　出风气动阀

图6.1.4　集成电路工厂洁净室系统新风机组典型配置图

图6.1.5　某集成电路工厂洁净室系统新风机组实景图

初效空气过滤器、中效空气过滤器安装在新风空调机组的进风入口端，用于去除室外空气中大颗粒粉尘，保护下流侧加热盘管和冷却盘管，延长高效空气过滤器使用寿命。

高效空气过滤器安装在新风空调机组的送风出口端，降低送入洁净室新风的含尘浓度，延长洁净室FFU高效空气过滤器或超高效空气过滤器的使用寿命。

化学过滤器安装在新风空调机组正压段，并位于高效空气过滤器的上流侧，化学过滤器用于降低新风中的气载AMC污染物（如酸、碱、有机物和掺杂剂等），这些气载污染物影响集成电路制造成品率。化学过滤器一般选配MA、MC其中一种或两种都配，其后可配中效过滤器用以保护下游的高效/超高效过滤器。

加热盘管/冷却除湿盘管均由铜管和铝肋片构成。当向铜管内输送热水，流经铝肋片的空气被加热。当向铜管内输送冷水，流经铝肋片的空气被冷却，当铝肋片表面温度低于进风露点温度，空气中的部分水分被冷却并析出液态水，出风中的含湿量低于进风含湿量，从而达到除湿目的。冷却除湿盘管下部设置集水盘，收集冷凝水并通过管道排除至新风空调机组箱体外部，集成电路工厂新风机组风量较大，一般冷凝水量也较大，冷凝水应收集回用。冷却除湿盘管用于新风除湿，加热盘管用于新风加热。

水洗喷淋室由喷嘴、循环喷淋水泵、管道和控制盘组成。空气流经喷淋室与喷淋室内细小水滴充分接触，进行热湿交换，空气温度降低，空气含湿量增大。水洗喷淋室可以实现对空气加湿。集成电路工厂新风空调机组水洗喷淋室采用RO水作为水源，通过循环水水质控制排污和补水，可以降低空气含尘浓度和气载AMC污染物浓度。

湿膜加湿器由湿膜填料和布水器组成，加湿水通过布水器均匀分布到湿膜填料表面，由于湿膜填料比表面积大，增加了空气与水膜的接触面积，提高热湿交换效率，湿膜加湿器可以实现对空气加湿。集成电路工厂新风空调机组湿膜加湿器采用RO水作为水源，可以降低空气含尘浓度和气载AMC污染物浓度。

送风机为新风系统提供动力，克服新风系统阻力，为洁净室系统提供新风。送风机一般采用后倾叶片离心风机，风机与电动机直连传动，风机与电动机安装在整体隔振支座上。

三、干盘管

干盘管（DCC）由铜管和铝肋片组成。因进水温度较高，盘管表面温度高于进风空气露点温度，盘管表面无冷凝水形成，换热过程仅为显热交换，潜热交换量为零，因此，称之为干盘管。为保证干盘管表面无冷凝水形成，工程设计中通常干盘管供水温度比洁净室室内设计状态空气露点温度高1℃及以上来选取。

四、风机过滤单元

风机过滤单元（FFU）由送风机、高效空气过滤器/超高效空气过滤器和箱体及控制器组成。高效空气过滤器/超高效空气过滤器框架上下两侧配置整体注塑成型密封垫片，通常安装在洁净室吊顶龙骨上。集成电路工厂内常用规格为1 200mm×1 200mm和1 200mm×600mm。电动机分为交流、EC两种型式，EC电动机效率为75%～80%，交流电动机效率约为40%。

集成电路工厂洁净室面积大，FFU安装数量多，通常配置FFU集中控制系统。FFU风机过滤单元实景图如图6.1.6所示。

图6.1.6　风机过滤器机组实景图

五、化学过滤器

化学过滤器是一种去除空气中气载污染物的空气净化设施，通过物理吸附或化学吸附方式捕集空气中特定的气载污染物。吸附剂通常为活性炭、浸渍活性炭和离子交换树脂等。各种化学过滤器如图6.1.7所示。

a.弹筒式化学过滤器

b.箱式化学过滤器

c.复合式化学过滤器

d.板式化学过滤器

图6.1.7　各种化学过滤器

其中，弹筒式化学过滤器是将颗粒状吸附剂和球形吸附剂填充在弹筒夹层内，箱式化学过滤器是将颗粒状吸附剂和球形吸附剂填充在吸附剂箱体内，复合式化学过滤器和板式过滤器是由吸附剂与过滤材料复合制作而成的。

六、空气吹淋室

空气吹淋室是一种利用高速洁净气流吹落并清除进入洁净室人员或物料表面附着粒子的小室。空气吹淋室由初效空气过滤器、高效空气过滤器、风机、风道、喷嘴、围护结构、门、照明及控制装置组成。按照人员通过吹淋室的方式不同可分为小室式空气吹淋室和通道式风淋室。按照喷嘴安装位置不同可分为单侧吹淋空气吹淋室和双侧吹淋空气吹淋室。目前市场上可以按照需求提供异型定制的人员空气吹淋室和货物空气吹淋室。图6.1.8为双侧吹淋空气吹淋室示意图。

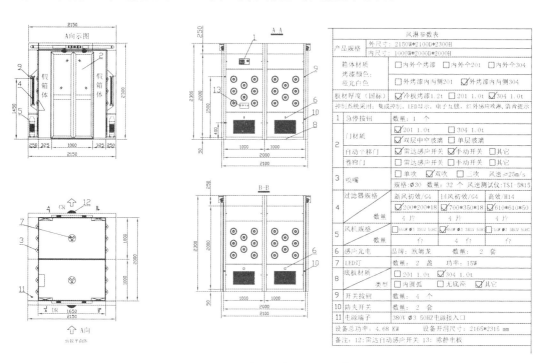

图6.1.8 双侧吹淋空气吹淋室示意图

6.2 工艺排气

6.2.1 工艺排气系统分类

集成电路工艺排气按照有害物种类可分为：酸性排气、碱性排气、有机排气、一般排气和有毒排气系统等。

不同种类的工艺排气系统应分别设置独立的排气系统，不应混入其他排气系统。

不同种类的工艺排气系统应分别设置排气处理设备。

6.2.2 工艺排气系统风管

工艺排气系统风管应按照排气性质选择不同材质的排气风管，可参考下列原则执行：

酸性排气系统风管采用全焊不锈钢内衬ECTFE或ETFE风管。

碱性排气系统风管采用全焊不锈钢内衬ECTFE或ETFE风管。

有机排气系统风管采用全焊不锈钢风管。

一般排气系统风管采用全焊镀锌风管或螺旋镀锌风管。

有毒排气系统风管采用全焊不锈钢内衬ECTFE或ETFE风管。

各排气风管壁厚应根据风管设计压力和风管管径计算确定，并遵照相关的设计规范执行。目前集成电路工厂建设单位考虑财产商业保险的需求，一般均要求酸性、碱性、有机和有毒排气管道需要满足国际保险组织的FM认证要求。

6.2.3 工艺排气系统处理设备

一、酸性排气系统

酸性排气系统通常采用填料洗涤塔进行处理，塔体有卧式和立式两种形式，具体如图6.2.1卧式洗涤塔和图6.2.2立式洗涤塔。填料洗涤塔主要包括塔体、填料、循环泵、喷淋管道、喷头、集水槽、补排水管路、除雾器、加药装置和自动控制系统等。塔体、填料、循环泵、管道及配件为耐腐蚀性材质。酸性排气在洗涤塔内与碱性中和液（如氢氧化钠溶液等）进行气液接触、吸收、中和反应，生成无害的盐类物质，使排气中酸性有害物浓度低于排放标准，通过风机和烟囱高空排放。

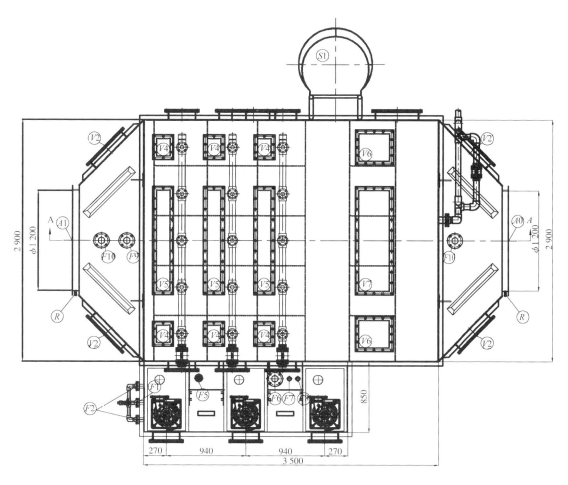

平面图

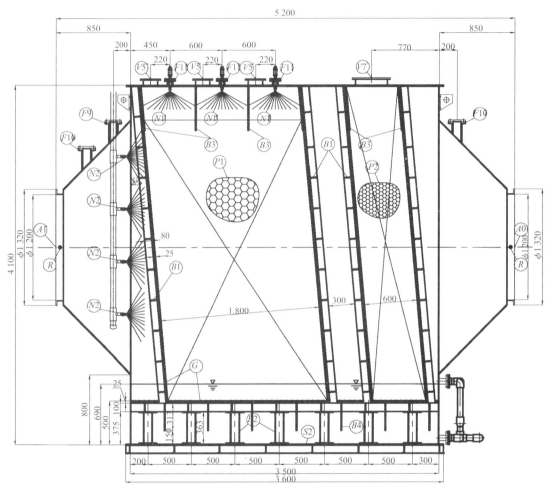

剖面图

图 6.2.1　卧式洗涤塔

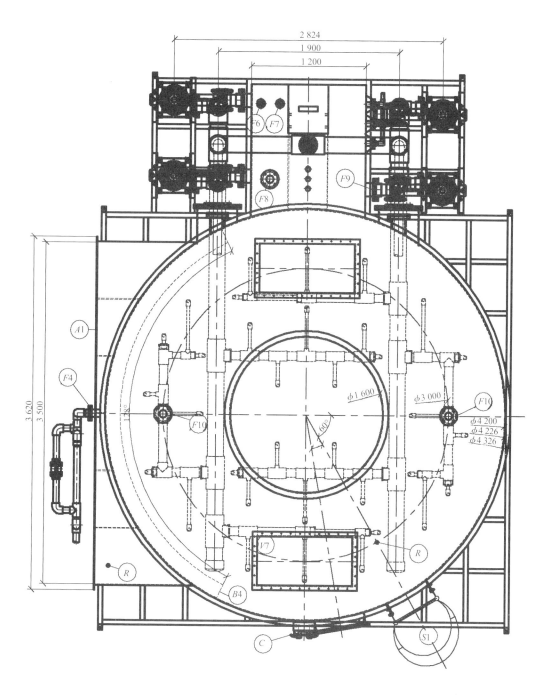

平面图

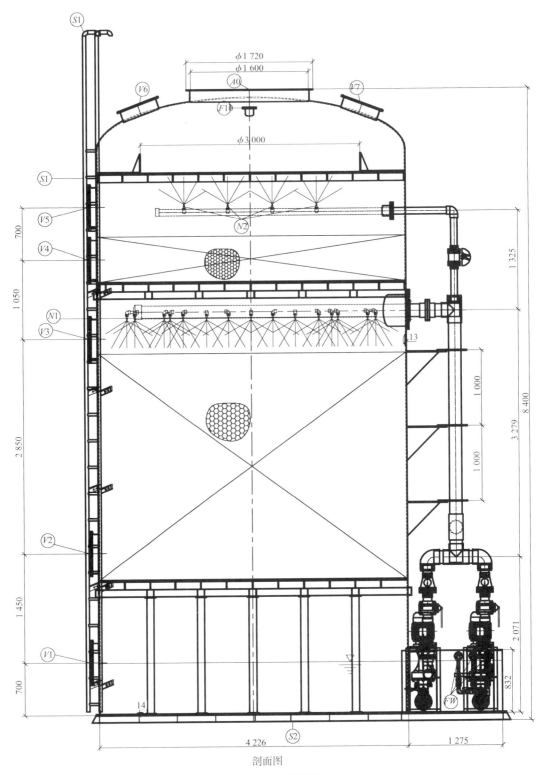

剖面图

图 6.2.2　立式洗涤塔

二、碱性排气系统

碱性排气系统通常采用填料洗涤塔进行处理，塔体有卧式和立式两种形式。填料洗涤塔主要包括塔体、填料、循环泵、喷淋管道、喷头、集水槽、补排水管路、除雾器、加药装置和自动控制系统等。塔体、填料、循环泵、管道及配件为耐腐蚀性材质。碱性排气在洗涤塔内与酸性中和液（如硫酸溶液等）进行气液接触、吸收、中和反应，生成无害的盐类物质，使排气中碱性有害物浓度低于排放标准，通过风机和烟囱高空排放。

三、有机排气系统

有机排气系统通常采用沸石转轮浓缩+热力氧化装置进行处理。沸石转轮由多孔吸附材料制成，转轮被分为吸附区、脱附区和冷却区三个分区。低浓度有机排气进入沸石转轮吸附区，其中有机废气被吸附，清洁排气通过风机和烟囱达标排放；吸附有机废气的转轮转动至脱附区，被较小流量的高温脱附空气加热，转轮中吸附的有机废气被加热和挥发，形成有机废气进入脱附空气中，成为浓缩有机废气，进入热力氧化装置，有机废气被燃烧，反应产物为无毒无害的二氧化碳和水分。被脱附的转轮转动至冷却区，被冷却空气冷却降温后，再次转动至吸附区，继续循环吸附有机排气。热力氧化装置采用天然气作为补充燃料。有机废气燃烧后成为高温空气，与脱附气体进行热交换，再与冷却区排气热交换，被冷却后汇入烟囱排放，脱附空气被加热后进入热力氧化装置，冷却区的排风被加热后进入脱附区。这样，通过热交换有效利用了热力氧化装置的余热。沸石转轮浓缩+热力氧化装置原理图如图6.2.3所示。沸石转轮浓缩+热力氧化装置实景图如图6.2.4所示。

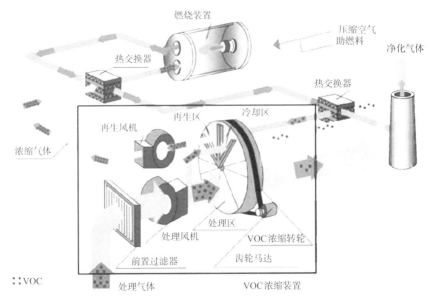

图6.2.3 沸石转轮浓缩+热力氧化装置原理图

图6.2.4 沸石转轮浓缩+热力氧化装置实景图

四、有毒排气系统

有毒排气系统通常在工艺端设置就地处理装置（POU）对制程设备腔室排气进行燃烧、喷淋、吸附处理后，排入有毒排气系统收集风管。由于POU处理设备处理后的排气中NO_x浓度较高，无法达标排放。因此，一般设置两级洗涤塔进行氧化、还原、中和吸收，使排气中有害物浓度低于排放标准，通过风机和烟囱高空排放。

6.3　消　防　排　烟

6.3.1　排烟系统设置的必要性

集成电路生产厂房火灾危险性为丙类，洁净室气密性强，无可开启外窗。空气循环换气次数大，生产过程中使用大量的特气和化学品，因生产规模和工艺制程要求，防火分区面积大于建筑设计防火规范限值，通常按照电子工业洁净厂房设计规范执行，其中在关键生产设备设有火灾报警和灭火装置以及在回风气流中设有灵敏度严于0.01%obs/m的高灵敏度早期烟雾报警探测系统后，其每个防火分区的最大面积可按生产工艺要求确定，安全疏散距离可按工艺需要确定，但不得大于建筑设计防火规范规定的安全疏散距离的1.5倍。不仅防火分区面积大，安全疏散距离长，且生产层与上技术夹层、下技术夹层相互连通，潜在火灾危险性大，若发生火灾，烟气扩散速度快。因此，集成电路生产厂房设置机械排烟设施是十分必要的，且应与机械排烟系统对应设置补风系统，补风量不应小于排烟量的50%。为了降低洁净室被污染风险，通常可采用新风空调机组和新风送风管道兼作消防补风系统。

6.3.2　排　烟　系　统

一、排烟系统设置原则

集成电路生产厂房下列场所或部位应设置排烟设施：面积大于300m²的生产房间；建筑高度大于32m的高层厂房内长度大于20m的疏散走道；其他厂房内长度大于40m的疏散走道。

集成电路厂房防烟分区的最大允许面积及其长边最大允许长度如表6.3.1所示。洁净厂房内疏散走道宽度不大于2.5m时，其防烟分区的长边长度不应大于60m。

表 6.3.1　防烟分区的最大允许面积及其长边最大允许长度

空间净高 H (m)	最大允许面积 (m²)	长边最大允许长度 (m)
$H \leqslant 3.0$	500	24
$3.0 < H \leqslant 6.0$	1 000	36
$H > 6.0$	2 000	60

集成电路生产厂房设置的机械排烟系统担负多个防烟分区的排烟，其系统排烟量应根据相应设计规范计算确定，设计风量不应小于该系统计算风量的 1.2 倍。

二、排烟系统组成

集成电路生产厂房机械排烟系统由排烟风机、排烟管路、排烟防火阀、排烟阀和排烟口等组成，其配电及控制系统电源应采用消防电源，确保消防应急状态下能及时投入使用。排烟风机应满足 280℃时连续工作 30min 的要求，排烟风机应与风机入口处的排烟防火阀联锁，当该阀关闭时，排烟风机停止运转。按照相应的设计规范，排烟风机应布置在专用的机房内，机房内不得设置用于机械加压送风的风机与管道，排烟风机与排烟管道的连接部件应能在 280℃时连续 30min 保证其结构完整性。

动力系统工程设计

7.1 制 冷 站

制冷站是集成电路工厂的重要能源供应设备站房，提供的冷冻水主要用于空调系统的新风空调机组（MAU）、循环空调机组（AHU）、空调干盘管（DCC）、工艺冷却水系统（PCW）、纯水系统（UPW）。其目的是通过换热装置带走这些系统的热量，这些热能的一部分通过热回收型冷冻机或冷冻站内的换热器回收后，用于空调或纯水系统，剩余部分热能通过制冷站屋面的冷却塔向大气排放热量。

制冷站的设备主要有：低温冷冻机、中温冷冻机、热回收型冷冻机、冷冻水泵、冷却水泵、冷却塔、冷却水加药系统、冷冻站排风系统、制冷站控制系统。

制冷机按照制冷原理一般分为溴化锂吸收式制冷机、蒸汽压缩式制冷机。蒸汽压缩机一般分为活塞式压缩机、涡旋式压缩机、螺杆式压缩机、离心式压缩机。集成电路工厂较多地使用离心式制冷压缩机，制冷量较小的项目会使用到螺杆式制冷压缩机。

蒸汽压缩制冷分为空气冷却式和水冷式两种，集成电路工程由于制冷负荷较大，一般都使用水冷式制冷压缩机组。有的工程因为分期投入或其他原因，在一些独立使用的办公楼、实验室会使用风冷式制冷压缩机，有的集成电路工厂的数据中心会配置工厂制冷机和数据中心配套风冷机组双供冷模式。

7.1.1　制冷站的工作原理与设计

一、制冷站的工作原理

单级蒸汽压缩制冷系统，是由制冷压缩机、冷凝器、节流阀和蒸发器四个基本部件组成。它们之间用管道依次连接，形成一个密闭的系统，制冷剂在系统中不断地循环流动，发生状态变化，与外界进行热量交换。

液体制冷剂在蒸发器中吸收被冷却物质热量之后，汽化成低温低压的蒸汽，被压缩机吸入压缩成高压高温的蒸汽后排入冷凝器，在冷凝器中向冷却介质（水或空气）放热，冷凝为高压液体，经节流阀节流为低压低温的制冷剂，再次进入蒸发器吸热汽化，达到循环制冷的目的。这样制冷剂在系统中经过压缩、冷凝、节流、蒸发四个基本过程完成一个制冷循环。

在制冷系统中，蒸发器、冷凝器、压缩机和节流阀是制冷系统中必不可少的四大件，这当中蒸发器是输送冷量的设备。制冷剂在其中吸收被冷却物体的热量实现制冷。压缩机是心脏，起着吸入、压缩、输送制冷剂蒸汽的作用。冷凝器是放出热量的设备，将蒸发器中吸收的热量连同压缩机做功所转化的热量一起传递给冷却介质带走。节流阀对制冷剂起节流降压作用、同时控制和调节流入蒸发器中制冷剂液体的数量，并将系统分为高压侧和低压侧两大部分。实际制冷系统中，除上述四大件之外，还有一些辅助设备，如电磁阀、分配器、干燥器、节能器、易熔塞、压力控制器等部件，它们是为了提高运行的经济性、可靠性和安全性而设置的。

二、制冷站的设计

1.项目冷（热）负荷一览表是冷冻站设计的基础数据（表7.1.1），综合分析暖通、给排水等专业的冷热负荷需求、得出制冷站的计算冷负荷。

表7.1.1 项目冷（热）负荷一览表

名称	品质	负荷数量	单位	备注
夏季中温冷冻水	12/18℃		RT	
冬季中温冷冻水	12/18℃		RT	
夏季低温冷冻水	5/12℃		RT	
冬季低温冷冻水	5/12℃		RT	
热回收水	38/28℃		kW	
纯水用热水	60/40℃		kW	或90/70℃
锅炉供热水	90/70℃		kW	

2. 制冷站的计算冷负荷

$$Q_c = K_2 * \Sigma Q_{max}$$

式中，K_2：负荷同时使用系数，通过不同负荷的工作情况计算得出，一般可以按照0.6～0.8选取。

ΣQ_{max}：负荷最大使用量。

3. 制冷设备的单台容量及台数的选择，应能适应工厂空气调节负荷全年变化规律，既满足工厂满负荷的需要，也满足部分负荷要求，兼顾工厂分期投运、产能爬坡、满产等各种生产工况对冷负荷的需求。同时，制冷机应考虑1～2台的备用机组。

4. 集成电路工厂一般设置集中冷源供冷，工厂规模较大或有多个生产厂房（FAB）分期建设时，也会设置几处集中制冷站为生产厂房及其附属建筑提供冷源，如果集成电路工厂作为电子工业区统一考虑能源供应方案时，可以考虑用燃气三联供机组为工业区提供、冷、热、电三种能源。

5. 由于机组较多时间运行在70%～95%的额定制冷工况范围，为节约能源，工厂可以采用变频式离心冷水机组。

（1）在非额定工况时，变频式离心冷水机组将导流叶片控制与变频控制有机结合，共同控制压缩机，既能扩大机组的运行范围，又能达到良好的节能目的。一般来说，与非变频式离心冷水机组相比，采用变频控制的离心机组每年可节约20%～30%的运行费用。

（2）变频式离心冷水机组可有效利用低温冷却水，提高机组的能效比。在有昼夜温差和四季温差，冷却水温度低于设计值，非额定工况下长时间运行的场合，采用变频式离心冷水机组就可达到节能目的。在集成电路工程设计中，由于维护结构的冷负荷在全厂冷负荷中所占比例较小，考虑项目初期投入、负荷变化、产能爬坡等情况，配置一定比例的变频机组，可以达到节能效果。制冷站管道布置图如图 7.1.1 所示。

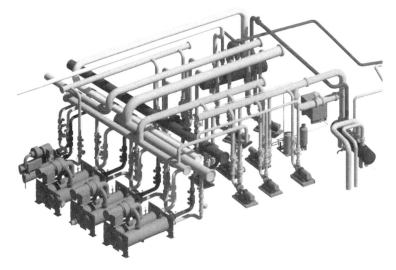

图 7.1.1　制冷站管道布置图

6. 冷冻水供水有一次泵供水系统和二次泵供水系统两种方式，一次泵供水适用于冷负荷较小及各环路负荷特性或压力损失相差不大的工程。优点是减少机房面积、系统简单、初投资费用低，缺点是控制系统复杂、调节难度增加。二次泵供水适用于冷负荷较大及各环路负荷特性或压力损失相差较大的工程（如高层建筑和远距离输送系统），二次变频泵的流量与扬程可以根据各个环路的负荷特性分别配置，如对于阻力较小的环路，就可以降低二次变频泵的设置扬程。

7.1.2　制冷站的能源节约

制冷站为集成电路工厂的能耗大户，仅次于工艺用电，最大负荷时的用电量占据全厂用电的 20%～25%，因此，系统设计尽可能做到冷热平衡，回收余热，无论从 LEED 认证、绿色建筑认证，还是节约能源、减少运行费用都十分必要。

1. 电机驱动压缩机的蒸汽压缩循环冷水机组，在额定制冷工况和规定条件下性能系数（COP）不应低于表7.1.2的规定。

表7.1.2 冷水机组额定制冷量性能系数（COP）

类型		额定制冷量 [(kW)/台]	性能系数 （W/W）
水冷	活塞式/涡旋式	<528	4.40
	螺杆式	<528 528～1 163 1 163～2 110	4.70 5.30 5.60
	离心式	528～1163 1 163～2 110 >2 110	5.60 5.80 5.80
风冷或蒸发冷却	活塞式/涡旋式	≤50 >50	2.80 3.00
	螺杆式	≤50 >50	3.00 3.20

2. 蒸汽压缩循环冷水机组的综合部分负荷性能系数(IPLV)不宜低于表7.1.3的规定。

表7.1.3 冷水机组综合部分负荷性能系数（IPLV）

类型		额定制冷量 [(kW)/台]	性能系数 （W/W）
水冷	活塞式/涡旋式	<528	3.90
	螺杆式	<528 528～1163 1 163～2 110	6.30 7.00 7.60
	离心式	528～1 163 1 163～2 110 >2 110	7.00 7.60 7.60
风冷或蒸发冷却	活塞式/涡旋式	≤50 >50	3.60 3.70
	螺杆式	≤50 >50	3.60 3.70

注：额定制冷工况为：蒸发温度为 $t_0=+5℃$、$t_k=30℃$。

水冷式电动压缩式冷水机组的综合部分负荷性能系数（IPLV）按下式计算和检测：

$$IPLV = 2.3\%A + 41.5\%B + 46.1\%C + 10.1\%D$$

式中

A——100%负荷时的性能系数（W/W），冷却水进水温度30℃；

B——75%负荷时的性能系数（W/W），冷却水进水温度26℃；

C——50%负荷时的性能系数（W/W），冷却水进水温度23℃；

D——25%负荷时的性能系数（WIW），冷却水进水温度19℃。

冷冻水的供回水温差不宜小于5℃，当采用大温差小流量空调水系统方案时，选择的冷水机组应能在较宽的蒸发温度与冷凝温度范围内可靠地运行，并保持较高的制冷效率。

3. 水冷冷水机组热回收方式分类

目前水冷冷水机组有冷却水热回收与排气热回收两种方式。

（1）冷却水热回收是在冷却水出水管路中加装一个热回收换热器，通过该换热器从冷却水出水中回收一部分热量，虽然热水的出水温度小于冷却水的出水温度，但是冷水机组的制冷量与COP基本不变，且系统简单。

（2）采用排气热回收的冷水机组就是在普通制冷机组增加热回收冷凝器，在冷凝器中增加热回收管束以及在排气管上增加换热器的方法。从压缩机排出的高温、高压的制冷剂气体会优先进入热回收冷凝器中将热量释放给被预热的水。

4. 排气热回收热量控制原理

利用从压缩机排出的高温气态制冷剂向低温处散热的原理，提高标准冷凝器的水温，促使高温气态制冷剂流向热回收冷凝器，将热量散给热回收冷凝器的水流中。通过控制标准冷凝器的冷却水温度或冷却塔供回水流量，可以调节热回收量的大小。值得注意的是热水的出水源度越高，冷水机组的COP就越低，制冷量也会相应地衰减。两个冷凝器可以保证热回收水管路与冷却水管路彼此独立，防止相对不干净的冷却塔的冷却水污染换热装置。

5. 热回收机组相关事项的分析

（1）热回收冷水机组的热回收量，理论上是冷水机组制冷量与压缩机电功之和，在部分负荷时其热回收量随冷水机组的制冷量减少而减少。以8万片12英寸集成电路工厂为例，通过冷冻机热回收的热量可以达到年平均80t/h蒸汽的热量，折算成锅炉用天然气的费用，年节约费用为15 000万元。

（2）由于热回收冷水机组的主要任务是制冷，通过热回收供热仅是其制冷过程中的副产品，热水温度过高将影响冷水机组制冷效率，甚至造成冷水机组运行不稳定，一般应通过辅助热源进一步提高热水的温度。

（3）如果冬季热回收负荷大于冬季冷负荷，热回收机组设计台数为冬季最大冷负荷机组的台数，热负荷不足部分由锅炉或其他热源提供；冬季运行机组为热回收冷水机组+锅炉。

（4）如果冬季热回收负荷小于冬季冷负荷，热回收机组设计台数为热回收负荷机组的台数，冷负荷不足部分由单冷型冷水机组提供。冬季运行机组为热回收冷水机组+单冷型冷水机组。

（5）宜采用控制热水回水温度的方式控制热量。

7.1.3　制冷站的冷却水系统

冷却塔是冷却水系统的主要装置，它利用水作为循环冷却剂，将从冷冻机中吸收热量排放至大气中，冷却水经过空气降低温度后再回至冷冻机循环使用。冷却塔由水和空气的使用产生的冷和热交换，以及热蒸发、对流换热和辐射传热的蒸发。冷却塔带走的热量约为冷冻机制冷量的120%，为此，如果条件许可，该部分热量应尽可能回收。

1. 下列情况可设置冷却水集水箱（回水池）

（1）寒冷地区冬季运行的冷却塔为避免集水盘和补水管冻结。

（2）设置多台冷却塔的大型冷却水系统。

集成电路工厂冷却塔的回水池通常设置在中央动力厂房（CUB）的屋面，用钢筋混凝土建造，回水池应设计成多个独立的回水池，或一个回水池能隔成多个独立的水槽，目的是在需要时停运某一台或几台冷却塔，进行池内的淤泥清理。

2. 对进水需有余压的冷却塔，应在每台冷却塔进水管上设置电动阀，并宜与冷却水泵台数相对应。

3. 冷却塔的选用和设置，应符合下列要求

（1）冷却塔的出口水温、进出口水温和循环水量，在夏季空气调节室外计算湿球温度条件下，应满足冷水机组的要求，当实际工程参数与冷却塔名义工况不同

时，应对其名义工况下的冷却水量进行修正。

（2）冷却塔设置位置应通风良好。当冷却塔用围墙、顶板等遮挡时，宜采用能将高温气流送至远离冷却塔进风处的塔型，并应配合生产厂进行冷却塔气流组织计算，避免热空气回流，确保足够的进风面积。

（3）冷却塔应远离厨房排风等高温或有害气体。

（4）冷却塔应避免飘水、噪声等对周围环境的影响。

4. 冷却水系统应采取下列防冻、保温、隔热措施

（1）冬季不使用的冷却水系统有冻结危险时，应设置将冷却塔集水盘及设于屋面的补水管、冷却水供回水管内水泄空的装置。

（2）冬季运行的冷却塔有冻结危险时，且应采用防冻型冷却塔。设在室外的补水管、冷却水供回水管应保温并做伴热，存水的冷却塔底盘或集水箱应设置伴热。

5. 冷却水系统还应设计如下装置

（1）冷却水水质应符合有关标准和产品对水质的要求，应进行过滤、缓蚀、阻垢、杀菌、灭藻等水处理。

（2）冷却塔补水总管上应设置水流计量装置。

7.1.4　制冷站的供水方式

集成电路工厂的制冷站系统电路需要量较大，其冷冻水主要用于提供空气调节系统、工艺冷却水系统（PCW）、纯水系统用冷需求，制冷站通过管道将冷量输送至各个系统，制冷站的供水方式一般选择如下：

1. 冷冻机直接供水系统

采用制冷站的冷冻机直接供应冷冻水。集成电路工厂一般供应低温冷冻水和中温冷冻水，低温冷冻水用于新风空调器（MAU），而中温冷冻水用于新风空调器（MAU）、循环空调器（AHU）、洁净室内的干盘管（DCC）、工艺冷却水（PCW）换热器等设备，低温冷冻水温度可取5/12℃，中温冷冻水温度可取12/18℃，在集成电路工厂由于中温冷冻水负荷远大于低温冷冻水负荷，采用低温冷冻机与中温冷冻机分别供冷，由于约80%作用的冷冻水负荷由中温冷冻机供冷，这种系统可以节约大量冷冻机的电力消耗。

2. 冷冻机+热交换器系统

冷冻机供应低温冷冻水（5/12℃），一部分低温冷冻水直接供应新风空调器（MAU）等用冷设备，同时在冷冻站或生产厂房设计水—水热交换器，制取中温冷冻水（12/18℃），设计要点是选择合适的热交换器、循环泵、补水定压装置、中温冷冻水控制系统和管道布置设计，可选择结构紧凑、占地面积小、带控制系统的组合式换热机组。

3. 冷冻机+混水系统

冷冻机供应低温冷冻水（5/12℃），一部分低温冷冻水直接供应新风空调器（MAU）等用冷设备，同时在冷冻站或FAB厂房设计混水热系统，制取中温冷冻水（12/18℃），如让部分中温冷冻回水（如18℃）经过二通（或三通）调节阀与来自低温冷冻机的低温冷冻水供水（5℃）进行混合，获得中温冷冻水（18℃）的循环供水，用于FAB厂房的中温冷冻水用水设备。这种系统设备较少、管道系统也简单，重点是关注系统的稳定性和系统的初次温度调节。

4. 冷却塔+换热器系统（Free Cooling）

我国幅员辽阔、南北东西一年四季温差较大，为此，在北方或温度合适的地区进入深秋至初春时段，为节约冷冻机的电力消耗，集成电路工厂会设计冷却塔+换热器系统（Free Cooling），停运部分中温冷冻机，在制冷站房设计冷却水与中温冷冻水的换热器，低温侧为冷却水（7/12℃），高温侧为中温冷冻水（12/18℃），该系统可以节约冷冻水系统70%的用电量，具有极大的企业效益和经济效益。

7.1.5 制冷剂的选用

1. 制冷剂的定义

制冷剂是制冷机中完成热力循环的工质，它在低温下吸取被冷却物体的热量，然后在较高温度下将热量转移给冷却水或空气。在蒸气压缩式制冷机中，使用在常温或较低温度下能液化的工质为制冷剂，如氟利昂（饱和碳氢化合物的氟、氯、溴衍生物）、共沸混合工质（由两种氟利昂按一定比例混合而成的共沸溶液）、碳氢化合物（丙烷、乙烯等）、氨等；在吸收式制冷机中，使用由吸收剂和制冷剂组成的二元溶液作为工质，如氨和水、溴化锂和水等。

2. 制冷剂选择与环境保护

氟利昂大致分为三类，包括氯氟烃类、氢氯氟烃类、氢氟烃类。

（1）氟利昂氯氟烃类

氯氟烃类产品，简称CFC，主要包括R11、R12、R13、R14、R15、R500、R502等。该类产品对臭氧层有破坏作用，被《蒙特利尔议定书》列为一类受控物质。

（2）氟利昂氢氯氟烃类

氢氯氟烃类产品，简称HCFC，主要包括R22、R123、R141、R142等，臭氧层破坏系数仅仅是R11的百分之几。因此，目前HCFC类物质被视为CFC类物质的最重要过渡性替代物质，在《蒙特利尔议定书》中R22被限定2020年淘汰，R123被限定2030年淘汰。

（3）氟利昂氢氟烃类

简称HFC，主要包括R134a（R12的替代制冷剂）、R125、R32、R407C、R410A（R22的替代制冷剂）、R152等，臭氧层破坏系数为0，但气候变暖潜能值很高，在《蒙特利尔议定书》没有规定使用期限，在《联合国气候变化框架公约》京都协议书中定性为温室气体。

3. 基加利修正案

2016年10月15日，《蒙特利尔议定书》197个缔约方在卢旺达首都达成基加利修正案，就导致全球变暖的强效温室气体氢氟碳化物（HFCs）的削减达成一致。

根据基加利修正案设定的削减时间表，大部分发达国家将从2019年开始削减HFCs，到2036年在基线水平上削减85%。包括中国在内的绝大部分发展中国家将在2024年对HFCs生产和消费进行冻结，2029年在基线水平上削减10%，到2045年削减80%。图7.1.2显示的是制冷剂产品。

图 7.1.2　制冷剂图例

7.2 锅炉房与热交换站

锅炉房与换热站是集成电路工的热能供应设备站房，热能介质包括饱和蒸汽、高温热水、中温热水。锅炉燃烧需要的主要能源包括煤炭、柴油、天然气、液化石油气或其他燃料，由于国家环境保护政策和集成电路厂房对工厂环境的要求，集成电路工厂锅炉房不会使用煤炭作为燃料，而一般使用天然气、液化石油气作为燃料，柴油作为备用燃料，饱和蒸气压力一般小于1.3MPa，如果选用热水锅炉，热水供应供回水温度一般小于90/70℃。

由于集成电路工厂在生产中较少直接使用蒸汽，当热力供应为园区、城市蒸汽，或工厂自建蒸汽锅炉房，或工厂自建热水锅炉温度不能满足部分工序的要求时，工厂应建设汽/水换热站或水/水换热站，换热站将提供符合热量与温度要求的热水。

7.2.1 锅炉房与换热站的设备组成

燃油燃气锅炉房的主要设备有：锅炉、鼓风机、引风机、循环泵、软化水装置、水箱、除氧器、天然气调压装置、储油罐、日用油箱、油泵等设备和仪表控制系统，其中锅炉是主体。锅炉房设备布置图如图7.2.1所示。

图 7.2.1　锅炉房设备布置图

换热站的主要设备有：换热器、循环水泵、蒸汽调压装置、疏水装置等设备和仪表控制系统。

7.2.2　锅炉房的设计

1.锅炉房总装机容量应按下式确定：

$$Q_B = Q_0/\eta$$

式中，Q_B：锅炉房总装机容量（kW）；

　　　Q_0：锅炉负担的设计热负荷（kW）；

　　　η：室内外管网输送效率，一般取0.95。

2.燃气锅炉直接供热系统的锅炉供、回水温度和流量的限定值，与负荷侧在整个运行期间对供、回水温度和流量的要求不一致时，应按热源侧和用户侧配置二次泵水系统。

3.锅炉台数和容量的选择，应根据锅炉房的设计容量和全年负荷峰、谷期工况，合理确定锅炉的台数和单台锅炉容量的配置。锅炉房的台数，宜采用2～3台，一般不应多于6～9台，同时至少应考虑1台锅炉作为备用。多台锅炉联合运行时，最小热负荷工况下，单台燃煤锅炉的运行负荷不应低于锅炉额定负荷的60%，单台燃油、燃气锅炉的运行负荷不应低于额定负荷的30%。

4.由于集成电路工厂建成后，工艺生产设备完全安装完毕及产量完全达产有较长的时间，就是我们常说的产品爬坡时间。为了兼顾生产初期工厂用热量较少的情况，锅炉房会设计两台产能较小的锅炉，用于工厂运行初期的热量供应。

5.燃气燃油锅炉的选择

燃油、燃气锅炉应选用带有比例调节燃烧器的全自动锅炉，有条件时，应选用冷凝式燃气锅炉，冷凝式燃气热水锅炉热效率较高，适合用于低温供热系统。

7.2.3　锅炉燃烧及风烟系统

1.锅炉燃烧系统

（1）控制排烟温度。排烟温度是表征锅炉经济运行的主要指标之一，一般而言，同类型的锅炉，排烟温度越低，相应的锅炉热效率越高。在锅炉设计选型时，锅炉排烟温度宜作为比较重要的节能指标加以考虑。

（2）控制锅炉的过量空气系数。在一定的煤种和运行负荷下，每台锅炉都存在最佳的过量空气系数，此时热效率达到最高。实现燃烧过程自动调节是获得最佳的过量空气系数的有效措施。

（3）控制锅炉的散热损失，需要正确计算和选择设备与管道的保温材料及厚度。

2. 风烟系统

（1）锅炉鼓、引风机宜单炉配置，风机应优先采用变转速调节控制方式，以达到节能效果。

（2）锅炉风烟道系统设计。

①风烟道阻力分别与空气及烟气流速的平方成正比，与风烟管道的几何形状及布置方式关系很大。合理地布置风烟管道，合理地选择风烟流速，可减少风烟系统阻力，从而降低鼓、引风机电机功率。

②全自动燃油燃气锅炉宜每台锅炉独立设置烟囱，使各锅炉均可调节在最佳效率的运行状态。其烟囱的高度在满足相关国家标准、地方标准要求的前提下，不宜设置过高，以免抽力过大，使锅炉能耗增加。

7.2.4　热水锅炉循环水系统

1. 热网循环水泵的台数，应根据供热系统规模，结合管网设计和运行调节方式确定。循环水泵应设1台备用。

2. 热网系统应避免采用"大流量、小温差"的供热方式。

3. 在热网循环水泵出口母管和热网供水母管之间加设调节阀，根据温度补偿器调控阀门开度，控制混水量和供应热量。同时，锅炉供、回水管之间需加设循环水泵以保证锅炉的循环水量和锅炉回水温度。

4. 热网循环水泵宜采用变速调节控制方式，实现系统流量调节。

7.2.5　水处理及除氧系统

1. 蒸汽锅炉和汽水两用锅炉的给水一般应采用锅外化学水处理，水质应符合表7.2.1的规定。

表7.2.1 工业锅炉水质标准

项 目		给 水			锅 水		
额定蒸汽压力, MPa		≤1.0	>1.0 ≤1.6	>1.6 ≤2.5	≤1.0	>1.0 ≤1.6	>1.6 ≤2.5
悬浮物, mg/L		≤5	≤5	≤5			
总硬度, mmol/L		≤0.03	≤0.03	≤0.03			
总碱度, mmol/L	无过热器				6~26	6~24	6~16
	有过热器					≤14	≤12
pH(25℃)		≥7	≥7	≥7	10~12	10~12	10~12
溶解氧, mg/L		≤0.1	≤0.1	≤0.05			

2. 承压热水锅炉给水应进行锅外水处理，对于额定功率小于等于4.2MW非管架式的承压热水锅炉和常压热水锅炉，可采用锅内加药处理。

3. 额定功率大于等于7.0MW的承压热水锅炉给水应除氧，额定功率小于7.0MW的承压热水锅炉，如发现氧腐蚀，需采用除氧，提高pH或加缓蚀剂等防腐措施。

4. 锅炉给水除氧设备的选择可参照如下原则：

（1）蒸汽锅炉宜采用旋膜式热力除氧器或喷雾式热力除氧器。

（2）热水锅炉可采用海绵铁除氧器、解吸除氧器或真空除氧器。

7.2.6　锅炉烟气余热回收

1. 锅炉烟气的余热回收装置后的排烟温度不应高于100℃，同时应采取措施防止锅炉尾部受热面低温腐蚀。

2. 热媒供水温度不高于60℃的低温供热系统可以设计锅炉烟气的余热回收装置。

3. 增加烟气的余热回收装置的燃气锅炉，必须复核其燃烧器（燃烧系统）对尾部受热面增加的烟气阻力的适应性。

7.2.7　热水热交换站系统

1. 热交换站的供热半径、规模、数量，应根据具体方案的技术经济比较确定。应充分考虑节能、节省电费的因素，将热交换站的规模和供热半径控制在节能、合理的参数范围内。

2.采暖供热系统，应按热水连续采暖进行设计。散热器系统供回水温度宜为85/60℃，风机盘管系统供回水温度宜为55/45℃。

3.水—水换热系统中，推荐采用结构紧凑、传热系数高的板式换热器。当供热管路一、二次侧水温差相差较大时，因流量也相差较大，为保证换热器两侧流速接近，宜采用不等流道截面的板式换热器。在选择换热器时，需进行热力计算，选择高传热系数的换热器。

4.正确选择循环水泵是节能的重要环节。

（1）应通过详细的水力计算，确定合理的采暖和空调热水循环泵的流量和扬程，并确保水泵设计工作点在高效率区间。

（2）并联运行的循环水泵应设计一台或两台备用。

5.二次热网系统补水量为系统循环水量的2%。

6.减小换热器的水循环阻力，把换热器中水的流速控制在0.2～0.5m/s，除污器前、后设压力表，及时发现有堵塞，及时清理，以降低阻力损失。

7.2.8　凝结水回收系统

1.采用蒸汽为热媒时，经技术经济比较合理时应回收用气设备产生的凝结水。

2.应根据疏水器、所用安全系数、压差、最大允许压力、设置位置，按规范和使用要求，选择适用、可靠的疏水阀。

3.宜选用蒸汽作动力的机械式凝结水回收泵。

4.疏水管路应合理设计，保证凝结水回收系统的顺利运行。

5.凝结水回水管的管径计算时应考虑凝结水管道内存在的闪蒸汽量。

6.若有几路回水，应根据压力的不同，分别接至凝结水回收泵。

7.2.9　热 工 控 制

1.蒸汽锅炉应设置给水自动调节装置，额定蒸发量小于等于4t/h的蒸汽锅炉可设置液位给水自动调节装置，等于或大于6t/h的蒸汽锅炉宜设置连续给水自动调节装置。

2.热水系统应设置自动补水装置，加压膨胀水箱应设置水位和压力自动调节装置。

3.燃油、燃气锅炉应装设燃烧过程自动调节装置。

4.热力除氧设备应装设水位自动调节装置和蒸汽压力自动调节装置。

5.真空除氧设备应装设水位自动调节装置和进水温度自动调节装置。

6.减温、减压装置应设置蒸汽温度和压力自动调节装置。

7.2.10 热力管道支架的设计及计算

1.热管道的热补偿设计

（1）充分利用管道的转角等进行自然补偿。

（2）采用弯管补偿器或轴向波纹管补偿器，安装时应考虑管道的冷紧，冷紧的系数一般取0.5。

（3）采用套筒补偿器时，应计算各种安装温度下的安装长度，保证管道在可能出现的最高和最低温度下，补偿器留有不小于20mm的补偿预留。

（4）采用波纹管轴向补偿器时，管道上应安装防止波纹管失稳的导向支座；当采用其他形式补偿器，补偿管段过长时，亦应设导向支座。

（5）但设计直埋敷设管道，如果现场条件许可，且经过技术复核后，宜采用无偿的敷设方式。

2.管道热膨胀长度计算

（1）补偿器的分类

①方形补偿器

方形补偿器通常用管道加工成"Π"字形，加工简单、造价低廉，补偿量可以通过不同的长短边长度设计来满足要求。但是由于其尺寸较大，在一些建筑中或室外管廊上的使用受到了空间的限制，方形补偿器适合于较小直径管道。

②套筒补偿器

套筒补偿器的最大特点是补偿量大、推力较小、造价较低，缺点是密封较为困难，容易发生漏水现象，因此在工厂空调系统中的应用不多。

③波纹管补偿器

通常采用高性能不锈钢板制造成波纹状，其优点是安装方便、补偿量和管径均可根据需要选择、占用空间小、使用可靠，缺点是存在较大的轴向推力、造价较高。

（2）管道补偿设计原则

管道补偿设计的出发点是应能保证管道在使用过程中具有足够的柔性，防止管道因热胀冷缩、端点附加位移、管道支撑设置不当等造成管道泄漏、支架损坏、相连设备破坏和管道破坏等现象发生。

①首先应考虑利用管道的转向等方式进行自然补偿。

②应根据不同的使用要求合理选择补偿器的类型，保证使用可靠、安全。

③合理地设置固定支架、滑动导向支架等措施。

④应对管道的热伸长量进行计算。

（3）管道热膨胀量计算

各种热媒在管道中流动时，管道受热膨胀使其管道增长，其增长量应按下式计算：

$$\Delta X = 0.012(t_1 - t_2)L$$

式中：ΔX——管道的热伸长量，mm；

　　　t_1——热媒温度，℃；

　　　t_1——管道安装时的温度，℃；

　　　L——计算管道长度，m；

　　　0.012——钢管的线膨胀系数，mm/（m·℃）。

3. 管道活动、固定支架跨距的计算

管道的允许跨度应按强度及刚度两个条件确定，取其最小值作为最大允许跨距。

（1）按强度条件确定管道活动支架的跨距

对于连续敷设的水平管道跨距宜按下式计算：

$$l_{max} = 2.24\sqrt{\frac{1}{q}w\varphi[\sigma]_t}$$

式中：l_{max}——管道支吊架最大允许跨距，m；

　　　q——管子单位长度计算荷载，N/m；

　　　W——管子截面系数，（cm）³；

　　　φ——管道横向焊缝系数；

　　　$[\sigma]_t$——钢管热态许应力，MPa。

（2）按刚度条件确定管道的活动支架跨距

根据管道的允许挠度确定的管道允许跨距，即按刚度条件确定的管道活动支架跨距。

对于连续敷设的水平直管，因管道自重产生的弯曲挠度不应超过支吊架间距的 0.005，管道允许跨距，可用下式计算：

$$l_{\max} = 0.19 \sqrt{\frac{100}{q} E_t I i_{\mathrm{o}}}$$

式中：l_{max}——管道支吊架最大允许跨距，m；

$\quad\quad\quad q$——管子单位长度计算载荷，N/m；

$\quad\quad\quad E_t$——计算温度下钢材弹性模量，MPa；

$\quad\quad\quad I$——管子截面二次矩，$(\mathrm{cm})^4$；

$\quad\quad\quad i_0$——管道坡度，$i_0 \geqslant 0.002$。

7.3 压缩空气系统

1. 压缩空气的用途

压缩空气作为一种重要的动力源，被广泛用于各种风动工具、气动设备、仪表控制及自动化装置、管道吹净。在集成电路工厂中，压缩空气（CDA）与普通氮气（GN2）一样，是工厂使用最为普遍的气体动力介质，使用量较大。同时，集成电路工厂使用的压缩空气，品质要求较为严格，对含油量、水分、杂质等都有较高的要求。

2. 压缩空气系统的组成

压缩空气系统包括压缩空气站和压缩空气输送管道。

压缩空气站的设备由空压机、贮气罐、后冷却器、压缩空气干燥装置、多段过滤器、连接管道、阀门附件等组成，其典型流程如下：

压缩空气输送管道是指从空压站至各使用点的供气管道、阀门附件。在实际的工程设计中，依据工艺设备的平面布置和动力配置表（UM表）设计主干管、支干管和支管上的预留阀门，预留阀门位于设备使用点附近。从预留阀门至工艺或其他设备的管道在设备布置完成后进行二次设计，预留阀门至使用设备的连接管道为二次配管。压缩空气站设备布置图如图7.3.1所示。

图 7.3.1 压缩空气站设备布置图

7.3.1　压缩空气系统的设计

1. 用气量及品质要求

压缩空气量（m³/min）是指在自由状态下，即温度20℃，压力98 066.5Pa时的流量。

品质要求包括对压缩空气压力（MPa）、露点（℃）、含油量（ppm）、含尘粒径（μm）的限制。压缩空气品质要求如表7.3.1所示。

表7.3.1　压缩空气品质要求

压缩空气种类	品质要求	备注
普通压缩空气	空气压力：110 PSIG $H_2O \leqslant 100$ PPB THC$\leqslant 2\,000$ PPB $H_2 \leqslant 100$ PPB 杂质含量：@ 0.3μm，小于OR = 5 PCS/ SCF	D.P=−90℃
高压压缩空气	空气压力：150 PSIG $H_2O \leqslant 100$ PPB THC$\leqslant 2\,000$ PPB $H_2 \leqslant 100$ PPB 杂质含量：@ 0.3μm，小于OR = 5 PCS/ SCF	D.P=−90℃

集成电路工厂的压缩空气站有两种布置方式，其一是布置在大宗气站内，由专业气体公司进行施工与管理；其二是布置在动力厂房（CUB）内，业主自行管理。

2. 空压站设计容量的计算

设计容量的确定按设计手册推荐的公式进行计算，但各种系数的选取要根据行业特点，对实际用气负荷进行分析确定。

对电子行业工厂，可参考如下经验公式计算：

$$Q = K_1 \cdot K_2 \cdot \Sigma Q_{max}$$

其中：ΣQ_{max} 为同时使用的各台设备用气量的叠加；

K_1 为压缩空气同时使用系统，与集成电路工厂使用点位的运行情况相关，在无相关数据的情况下，一般可按照0.5～0.8选取。

K_2为综合耗损系数，该系数与压缩空气按照装置的选择、项目所在地的海拔高度、项目所在地的冬季与夏季的温度、空气压缩机房的通风换气方式、压缩空气干燥装置的耗气量等因数密切相关，在无相关数据的情况下，一般可按照1.2～1.4选取。

3. 空压机容量、台数的确定

按照《压缩空压站设计规范》的相关规定，应确定备用容量或备用机组，并根据设计容量、备用容量或备用机组确定空压机的台数及单机容量。由于集成电路工厂建成后，工艺生产设备安装完毕及产量达产有较长的时间，为了兼顾生产初期工厂压缩空气用量较少的情况，压缩空气站一般会设计两台螺杆式无油空气压缩机或两台变频离心式无油空气压缩机，用于供应产量较低时的压缩空气使用量。

大规模集成电路工厂压缩空气使用量较大，所以空气压缩机按照其用量一般会设计6～10台，同时应设计1～2台的空气压缩机及其附属设备作为备用机组。普通压缩空气的压力一般为0.7～0.8 MPa，集成电路工厂会依据工艺要求设计高压压缩空气（HPCDA）供应系统，供气压力一般为1.0～1.1MPa，

有的工厂也会设计专门的呼吸压缩空气系统，一般设计较小容量的2台空气压缩机及相关的后处理设备。呼吸压缩空气系统按照国标《呼吸防护用压缩空气技术要求》GB/T 31975-2014的技术要求进行设计。呼吸防护用压缩空气质量指标如表7.3.2所示。

表7.3.2　呼吸防护用压缩空气质量指标

质量指标	指标要求
氧气（O_2）	19.4%～23.5%（体积分数）
一氧化碳（CO）	≤10mL/m³
二氧化碳（CO_2）	≤1 000mL/m³
露点	≤-45.6℃
油雾与颗粒物	≤5.0mg/m³
异味	无明显异味

各项指标要求均是在标准状态下（20℃，101.3kPa）

7.3.2 设备选择

1. 空压机的类型选择

空气压缩机按照结构分为活塞式空压机、隔膜式空压机、滑片式空压机、螺杆式空压机、轴流式空压机、离心式空压机等类型，按照压缩机的润滑方式又分为有油润滑和无油润滑空压机。集成电路工厂根据其压缩空气的使用性质，较多地选用无油润滑的螺杆式空压机和离心式空压机，排气量多在10m³/min以上。

由于集成电路工厂的空气耗量较大，单台空压机出气量多在每分钟几十立方米以上，所以空气压缩机及后冷却器一般采用水冷却系统进行冷却。

2. 贮气罐和冷却器的配置

活塞空气压缩机、隔膜空气压缩机后应设置储气罐，其排气口与储气罐之间应设置后冷却器，各活塞空气压缩机或隔膜空气压缩机不应共用后冷却器和储气罐。

除非对压缩空气温度有特殊要求，离心空气压缩机和螺杆式空气压缩机的排气口应设置后冷却器。

储气罐宜布置在空气压缩机与干燥净化装置之间，当负荷要求储气罐瞬间释放超过干燥净化装置处理量的压缩空气时，应在干燥净化装置后另行设置储气罐。

离心空气压缩机的排气管上应装设止回阀和切断阀，空气压缩机与止回阀之间，必须设置放空管，放空管上应装设防喘振调节阀和消声器。储气罐上必须装设安全阀。储气罐与供气总管之间，应装设切断阀。

3. 后处理装置的配置

压缩空气站的后处理装置是指干燥机和过滤器，压缩空气有多种去除水分的方法，集成电路工厂的压缩空气一般采用吸附法和冷冻法去除压缩空气中的水分。

冷冻法是利用制冷设备中的制冷剂将压缩空气冷却到一定露点，一般为+2～+10℃（P.D.P），析出过饱和水分，从而达到压缩空气脱水的目的。

吸附法是利用吸附剂：硅胶、活性氧化铝、分子筛吸附空气中的水分，达到干燥空气的目的。该方法可以使压缩空气的露点达到–20～–70℃，采取某些措施后甚至可以使露点低达–80℃以下。

当压力露点（P.D.P）在2～10℃时，可设计冷冻式干燥机，析出过饱和的水分。

当压力露点（P.D.P）3℃以下（而集成电路工厂工艺生产线用压缩空气露点通常

小于−70℃），应设计吸附式干燥机，吸附式干燥机分为加热再生、无热再生、微热再生等几种方式。

加热再生压缩空气干燥机采用两个吸附剂储罐，工作时一个储罐对压缩空气进行干燥，另一个对储罐内的吸附剂进行加热脱水再生，加热方式有电加热与蒸汽加热，加热温度为200～300℃，当吸附剂升温后，导入占总量10%左右的压缩空气带走吸附剂的水分，其后对再生罐体进行冷却，通常6～12h切换一次。

无热再生压缩空气干燥机的结构原理与加热再生压缩空气干燥机基本一致，只是吸附剂再生不需要加热，而是导入占总量12%～30%的压缩空气带走吸附剂的水分，其罐体较小，工作罐体与再生罐体切换较为频繁，通常30～600s切换一次，对于切换阀门的可靠性要求较高。

微热再生压缩空气干燥机的工作原理介于上述加热再生压缩空气干燥机和无热再生压缩空气干燥机之间。

根据对压缩空气的含油量、含尘粒径的限制要求配置相应的除油、除尘过滤器。一般应在空气干燥装置前、后分别设置前置过滤器和后置过滤器，同时在空气干燥装置后设置精密过滤器，洁净气用气设备处也应设置压缩空气过滤器。

7.3.3　管　道　设　计

1. 管道流速选择

支管DN≤25时，取5～10m/s；干管和支干管DN＞25时，取8～15m/s。管径大小可根据流量、压力、流速通过计算或查表选定。

2. 管道材料选择

干燥压缩空气的露点低于−76℃时，应采用内壁抛光低碳不锈钢管或内壁抛光不锈钢管；当露点低于−40℃时，可采用不锈钢管或镀锌无缝钢管，阀门可采用与管道同材质的波纹管密封截止阀或球阀。

3. 管道布置

厂房内压缩空气管道一般为架空敷设，由于集成电路工厂压缩空气系统使用量较大，使用点位较多，所以，生产厂房内的大宗压缩空气系统设计为环状供气管网，等距离或按照工艺使用点位预留阀门接头；当使用点较少时（高压压缩空气和呼吸空气系统），可设计为树枝状供气管网，在使用点附近预留阀门接头。

压缩空气站内的局部压缩空气管道含水量较高，因此必须对含水的压缩空气管道和设备进行自动排水，目的是防止压缩空气带水增加后段压缩空气干燥装置的负担、并防止压缩空气管道的振动与共振。

室外压缩空气管道可架空敷设，也可沿管沟敷设或直接埋地敷设，埋地敷设管道须做防腐处理；压缩空气管道布置应整齐有序、便于施工、利于操作与维修。

7.3.4　压缩空气站的注意事项

1. 由于集成电路工厂压缩空气使用量较大，大型集成电路工厂的压缩空气使用量约为40 000～50 000m³/h，当压缩空气站布置在二楼及以上楼层时，应考虑压缩空气设备及管路系统与建筑的共振问题，通过调整管道支架位置、设置固定支架、及时排出压缩空气管道内的积水等手段防止压缩空气站共振的发生。

2. 空气压缩机使用了大量电力，45 000m³/h的压缩空气站使用的电力约为5 500kW。如果工厂冷热平衡计算符合压缩空气站的热回收条件，应对空气压缩机的余热进行回收，考虑回收电力使用量的70%，上述工厂一年可以回收热量31 878MW，相当于节约2 230万元的电力供应。

3. 集成电路工厂一般都采用水冷式空气压缩机，但是仍然有空气压缩机的部分热量会散发在压缩空气站的室内，从而造成空气压缩机附近的室内温度升高。如果这部分热量不能排至室外或使其温度降低，空气压缩机吸入空气温度较高，特别是在夏天会导致出力有较大幅度下降。为此，压缩空气站应考虑室内空气的降温与排风措施，提高空气压缩机的出力，节约能源。

7.4　中央工艺真空系统

中央工艺真空（PV-Process Vacuum）系统是由真空泵、储气罐、真空管道、真空阀门、控制仪表等组成。目前，工艺真空系统广泛应用于集成电路工程，其控制系统由先进的PLC控制系统经过编程后组成，以触摸屏为人机界面，实现对真空系统、工件行走、工艺设定和执行、报警保护系统等的全自动化控制。

中央工艺真空系统通常包含两个要素：第一，集中的真空抽气单元，它通常会布置在集成电路生产厂房的一个或多个房间。第二，真空系统可以同时抽吸若干个真空工艺点，通常这些真空工艺抽气点是遍布整个生产厂房的所有使用真空工艺需求点，通过真空管道与中央真空系统连接。

7.4.1　中央工艺真空设备

为达到系统内各处的真空度（即真空稀薄程度平均分布）始终在其允许范围内上下波动，工艺真空系统必须选择合适的真空泵。集成电路工厂的工艺真空都属于粗、低真空的范围。真空泵有螺杆式真空泵、水环式真空泵、罗茨真空泵、爪式真空泵及旋片真空泵多种型号，集成电路工厂使用较多的是螺杆式真空泵、水环式真空泵。

水环真空泵机组由水环真空泵、真空稳压罐、电磁真空阀、止回阀、汽水分离器、电接点真空表、手动阀门、不锈钢波纹管、真空管、控制柜及机组底盘组成。该机组安装方便、使用安全，整机吊装就位后，接连气管、水管和配电电缆就可以使用。

螺杆式真空泵属于干式真空泵，分为有油润滑螺杆式真空泵和无油润滑螺杆式真空泵，集成电路工厂多采用无油润滑螺杆式真空泵，它具有结构简单、操作容易、维护方便的特点。

7.4.2　中央工艺真空系统的设计

1.抽气量

抽气量是真空泵的重要参数，在集成电路工程中，工艺设备的抽气量是指空气泄漏量与抽出气体量的总和。

2. 空气泄漏量

在抽真空过程中，因管件、设备密封性能等因素的影响，不能保证系统完全密闭，总是有空气泄漏入真空系统，对任何真空系统都应确定其空气泄漏量。

3. 真空管道的流导

在选择真空泵时，除工艺设备被抽气量外，另一重要参数为真空泵的抽气压力，其大小决定着系统的真空度。真空泵入口的压力应根据工艺容器的真空度要求和工艺设备与真空泵之间管道的压力降来确定。为使真空管道的压力降在允许的范围内，必须核算管道的管径。此处采用真空管道流导来核算管径，现以图7.4.1中工艺设备出口（1点）与真空泵入口（2点）之间的管道为例计算。

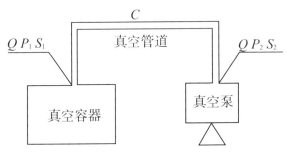

图7.4.1　工艺真空系统示意图

抽气速率是指单位时间内真空泵在其入口压力下从系统中抽走的气体体积，其计算式如下：

$$S_2 = 17.325 WT/(P_2 M)$$

式中：S_2 为真空系统2点处抽气速率，L/s；

　　　P_2 为真空系统2点处的压力，mmHg；

　　　T 为被抽气体的温度，K；

W为工艺设备的总抽气量；

M为被抽气体的平均分子量。

真空泵的气体流量Q为入口抽气速率与入口压力相乘。

真空系统某点的抽气速率与气体流量的关系：

$$Q=S_1P_1=S_2P_2$$

式中：Q为气体流量，mmHg L/s；

S_1为真空系统1点处抽气速率，I/s；

P_1为真空系统1点处的压力，mmHg。

真空系统两点间的气体流量：

$$Q=(P_1-P_2)C=\Delta PC$$

式中：C为真空系统1点与2点间管道流导，L/s；

ΔP为1点与2点之间管道压力降，mmHg。

上式即是真空系统管道流导的公式，表示真空系统中气体沿管段的流通能力，是确定管道阻力满足要求的重要参数。集成电路生产厂房设备使用点的工艺真空压力在没有使用条件时，可以按照800～900mbar（23.84～26.82mmHg）选取。

7.4.3　工艺真空主要设备选择

1. 工艺真空泵

真空泵的有效抽气速率，即满足真空腔室工作真空压力时真空泵的实际抽气速率，比其额定抽气速率低。真空泵样本上的额定抽气速率，是在760mmHg（一个大气压）下测得的，而真空泵一定是在低于一个大气压下运行的，从经济观点、安全可靠和实践经验等因素综合考虑，真空泵的有效抽气速率应扩大50%～100%，然后查泵的特性曲线图（泵的进口抽气真空压力与泵的抽气速率关系图），来选定真空泵的型号与台数，如果真空样本没有特性曲线图，则按照真空泵计算抽气速率扩大100%～300%，与真空泵的额定抽气速率相比较，选定泵的型号与台数。

真空泵的备用容量与台数，应按照用户性质和真空泵的质量，经技术经济比较确定。集成电路工厂中，一般一个工艺真空站房设计不少于一台备用机组，100%备用量的设计较少采用。

2. 真空稳压罐

无论是密闭真空式还是开式真空系统，通常设置一个相当大的真空稳压罐。真空稳压罐的作用是所用真空系统中，真空用户的工作压力保证在允许范围内运行，消除各真空腔室投入运行的时间先后所造成的真空度的相互干扰。同时可以使管道内的杂质和真空泵的工作介质（水分、油）停留在真空稳压罐内，起到保护真空系统的作用。真空稳压罐的容积，一般可按下式计算：

$$V=Qt/(P_1'-P_2')$$

式中：V——真空稳压罐容积（L）；

      Q——真空泵停止运行后，真空稳压罐应负担的气体负荷，或是需要平衡的瞬时最大气体负荷（Torr·L/s）；

      t——真空泵停止工作时间，即要求真空稳压罐的工作时间；

      P_1'——真空室工作压力允许上极限（Torr）；

      P_2'——真空室工作压力允许下极限（Torr）。

      注：1Torr=1mmHg。

3. 管道材料

一般情况下，工艺真空系统的管道材料采用U-PVC硬质聚氯乙烯（SCH80）管道、镀锌碳钢管道或普通不锈钢管道。

工艺真空泵冷却水系统的管材采用镀锌钢管。

7.4.4 系统运行流程

中央工艺真空系统通过并联的真空泵不断抽取系统环网中的空气，以使管道环网可以为设备机台提供需求的真空，同时利用真空稳压罐来缓冲负压波动。

集成电路生产厂房面积较大，如采用多个中央工艺真空系统运行的模式，几个系统通过带自控阀的连通管相连。当一个系统出现故障时，可打开连通阀与另外一个真空系统合并起来，实现各真空系统之间相互支持，提高系统的稳定性。

工艺真空泵常采用中温冷冻水或工艺冷却水（PCW）进行冷却，供回水温度一般为13/19℃或18/23℃。相对于风冷式真空泵，水冷真空泵的效果更好，系统运行更为稳定，可以提供真空泵的使用寿命。

工艺真空系统的排气统一接入生产厂房的一般中央排气系统，由屋顶或高处的管道排入大气。

中央工艺真空系统可以按照使用设备的运行频率自动进行调整、运行台数依负压范围进行加减载、设备随运行时间自动切换、设备故障报警自动切换等保护功能。同时，中央工艺真空系统实现FMCS厂务设备监控系统进行远程监控。工艺真空系统流程图如图7.4.2所示。

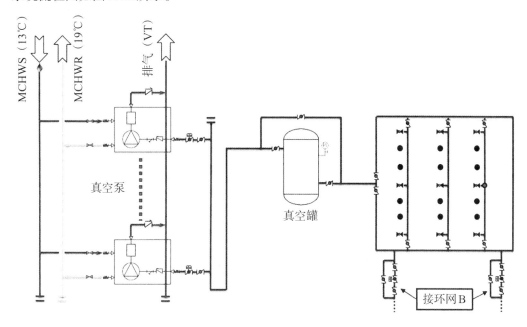

图7.4.2　工艺真空系统流程图

7.5 清扫真空系统

清扫真空（HV-House Vacuum）系统是由吸尘主机（真空泵+灰尘收集桶）、真空吸尘管道、动力系统、控制仪表、吸尘操作组件等组成，吸入空气所含的大颗粒灰尘被阻留在过滤器中，含尘空气除去灰尘后，排至洁净室外。

洁净室清扫范围包括地面、墙面、工作台和工器具等。洁净室的清扫方式应适合洁净室的特点，可擦拭，但当生产工艺要求不能进行擦拭时，应采用真空清扫设备进行清扫。真空清扫示意图如图7.5.1所示。

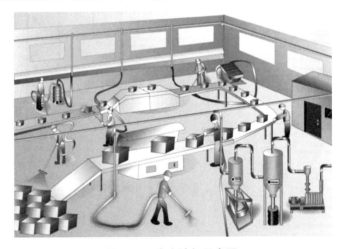

图 7.5.1　真空清扫示意图

7.5.1　真空清扫系统运行

清扫真空系统运行时，粉尘通过吸尘装置被吸入真空管网内部，在真空负压的作用下，被吸进的粉尘随气流沿着负压管路进入灰尘收集桶的导流板，在离心力的作用下，落入其下方的灰尘收集桶内，密度较轻的粉尘随气流继续向上运动。粉尘进入中央吸尘主机（清扫真空泵）过滤器和消音器后排出清扫真空系统，排气进入工厂的一般排气中央系统或排除室外，过滤器上的粉尘通过系统自动脉冲反吹装置定时反吹交替工作来完成。

洁净室的真空清扫系统分为移动式和集中式。

小面积洁净室可采用移动式真空吸尘机；大面积洁净室可以采用移动方便的移动式真空吸尘机和集中式真空吸尘系统，由于集成电路工厂面积较大，真空管路较长，且考虑真空系统负压运行，为缩短清扫真空管道的长度，提高清扫真空系统的运行效率，一般会在集成电路生产厂房（FAB）设计一个或多个清扫真空站房。

7.5.2 集中式真空清扫系统设计

1. 吸尘头

确定系统同时工作的吸尘头数 n

$$n = (1/T)\sum(S/A)$$

其中 S——需要清扫的面积（m²）；

T——一次同时清扫所用的时间（h）；

A——一个吸尘头每小时清扫的面积（m²/h·个）。

当吸尘头直径为 1.5″（DN40）时，清扫地面、2m 以下墙面、障碍小的表面，$A=210$m²/h·个。

当吸尘头直径为 1.5″（DN40）时，清扫 2m 以上墙面、顶棚、有障碍的表面 $A=140$m²/h·个。

2. 软管

可供软管的标准长度为 25′（7.5m）、37.5′（11m）、50′（15m）。

3. 地（墙）阀

根据软管的作用半径，确定阀门布置位置及数量，保证洁净室任何地点都能清扫到位。

直径为 1.5″（DN40）的阀，抽速为 70SCFM（120m³/h），如能保持 2″ mmHg（70mbar）的真空，将能确保管道入口有足够的收集能力。

4. 管道系统

将全部地（墙）阀用管道连接成清扫真空系统，并确定管径。推荐管内流速保持在 15～22.5m/s。

一般情况下，清扫真空系统的管道材料采用 U-PVC 硬质聚氯乙烯（SCH80）管道、镀锌碳钢管道或普通不锈钢管道。

5. 机组

计算系统总阻力及抽速，选择合适的机组。

真空清扫机组的额定真空压力有8″mmHg、10″mmHg等各种规格。集成电路生产厂房设备使用点的清扫真空压力在没有设计使用条件时，可以按照200～300mbar（5.96～8.94mmHg）选取。

7.5.3 设计有关事项

1. 系统同时工作的吸尘头数 n 是重要的因素，n 值决定了系统的容量要求和管道规格，应按实际需要确定。当缺少实际工作数据时，集成电路生产厂房的设计可以按照20～30点位同时使用，每个点位150m³/h进行估算。

2. 真空清扫机组的布置，应尽量靠近负荷中心。

3. 真空清扫机组宜布置在厂房底层或处于系统最低点。

4. 集尘器应布置在真空泵的吸入端。

5. 管道材料应耐磨、气密性好、有一定强度，如无缝钢管、UPVC管等。

6. 管道连接应简洁流畅，弯头的曲率半径为管径的4～6倍；三通夹角一般为30°（不超过45°）。

7. 水平管应有坡度，坡向立管或灰尘收集桶。

8

电气系统工程设计

集成电路的制造过程极其复杂，生产过程中不仅需要空气净化系统、动力供应系统的可靠供应，更需要可靠的电力保障。电气系统的合理规划显得尤为重要。

8.1 中高压系统、柴油发电系统及不间断电源系统

8.1.1 系统方案的确定

电气系统方案的确定，应统筹考虑负荷性质、用电容量、工程特点、地区供电条件等因素。下面分别加以介绍：

一、负荷性质的确定及相应的供电要求

（一）电力负荷应根据对供电可靠性的要求及中断供电在对人身安全、经济损失上所造成的影响程度进行分级，并应符合下列规定

1. 符合下列情况之一时，应视为一级负荷。

（1）中断供电将造成人身伤害时。

（2）中断供电将在经济上造成重大损失时。

（3）中断供电将影响重要用电单位的正常工作。

2. 在一级负荷中，当中断供电将造成人员伤亡或重大设备损坏或发生中

毒、爆炸和火灾等情况的负荷，以及特别重要场所的不允许中断供电的负荷，应视为一级负荷中特别重要的负荷。

3. 符合下列情况之一时，应视为二级负荷。

（1）中断供电将在经济上造成较大损失时。

（2）中断供电将影响较重要用电单位的正常工作。

4. 不属于一级和二级负荷者应为三级负荷。

（二）对于上述不同的负荷等级，供电要求规定如下

1. 一级负荷应由双重电源供电，当一路电源发生故障时，另一电源不应同时受到损坏。（注：双重电源可以是分别来自不同电网的电源，或者来自同一电网但在运行时电路互相之间联系很弱，或者来自同一个电网但其间的电气距离较远，一个电源系统任意一处出现异常运行时或发生短路故障时，另一个电源仍能不中断供电，这样的电源都可视为双重电源）

2. 一级负荷中特别重要的负荷，除应由双重电源供电外，尚应增设应急电源，并严禁将其他负荷接入应急供电系统（注：下列电源可作为应急电源：独立于正常电源的发电机组；供电网络中独立于正常电源的专用的馈电线路；蓄电池及干电池）；设备的供电电源的切换时间，应满足设备允许中断供电的要求。（注：允许中断供电时间为15s以上的，可用快速启动的发电机组；自投装置的动作时间能满足允许中断供电时间的，可用带有自动投入装置的独立于正常电源之外的专用馈线线路；允许中断供电时间为毫秒级的供电，可用蓄电池静止型不间断电源供电装置或柴油机不间断供电装置）

3. 二级负荷的供电系统，宜由两回线路供电。在负荷较小或地区供电条件困难时，二级负荷可由一回6kV及以上专用的架空线路供电。

二、用电容量

在确定电气系统方案阶段，用电容量通常按计算负荷（有些标准中也称需要负荷）考虑。

计算负荷（需要负荷）一般采用需要系数法进行计算：首先，对各类设备的铭牌功率分类相加，得出各类设备铭牌功率的总和；其次，各类设备铭牌功率总和乘以相应的需要系数，得到各类设备的计算负荷；最后，将上述各类计算负荷相加后再乘以同时使用系数。

三、工程特点

集成电路工厂的主要特点为用电量大，用电可靠性要求高。

集成电路的加工和生产均需要在一个洁净的环境中进行；一旦停电不仅将导致净化间内的洁净度不满足要求，同时将完全打破生产物流组织；恢复生产区的洁净度和生产物流组织，达到满足正常生产的要求，需要较长的时间，中断供电会严重影响工厂的正常运行。

集成电路工厂中，一般有较大量的一级负荷中特别重要负荷，如：

1. 重要的工艺设备（如光刻机、干法刻蚀等，具体根据工厂的实际情况定）；

2. 与设备安全、人身安全相关的工艺排风；

3. 用以平衡排风的新风空调；

4. 工艺冷却水泵；

5. 危险和有毒气体检测；

6. 化学品泄漏检测；

7. 纯水循环系统；

8. 废水处理系统；

9. 设备监控系统FMCS；

10. 安防系统；

11. 数据中心；

……

上述负荷中，有一些负荷允许中断供电时间为毫秒级，如FMCS、数据中心、重要的工艺设备等，需要设置不间断电源为其供电。

根据集成电路厂房的特点，其负荷性质一般不低于二级负荷（根据其产品性质及产能，停电造成重大经济损失的，其用电负荷为一级负荷）。

四、地区供电条件

电力部门一般规定如下：

当变压器装设容量在10 000kVA～40 000kVA时，可采用10kV专线供电（可多回供电，但最多不超过4回）；当变压器装设容量在40 000kVA～130 000kVA时，采用110kV专线供电；当变压器装设容量大于130 000kVA时，采用220kV供电电压。

各区域电网系统不尽相同，最终的供电电压应根据所在地区电网的实际情况确定。

8.1.2 系 统 构 成

一、电气系统的简要介绍

要构成一个可靠的电力供应系统，需有三部分组成：

1. 正常情况下的市电供应：中高压系统；

2. 市电失电时的应急供电系统：柴油发电系统；

3. 允许停电时间为毫秒级负荷的供电系统：不间断电源系统。

二、集成电路厂房电气系统的构成

1. 正常情况下的市电供应

通常，集成电路厂房需要由两路的市电供电（是否为双重电源，由负荷性质确定），每路电源的供电容量均应满足全厂的需要负荷。电源的电压等级一般为110kV或220kV（也可以是多路10kV）。电压等级由当地电网情况和该工厂的规模确定。

下面以220kV电压等级为例：

厂区范围红线内设置专用220kV变电站一座。电源由附近上游变电站引来，通常两路电源采用不同路径敷设。

（1）高压系统

两路电源一般采用双母线接线或单母线分段接线。通常情况下，两路电源同时工作，互为备用；当一路电源因故检修时，可由另一路电源满足全厂的正常生产需求。

接线示意图如图8.1.1、8.1.2所示。

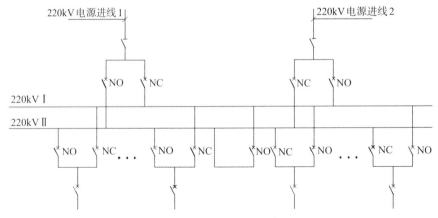

图8.1.1 双母线接线示意图

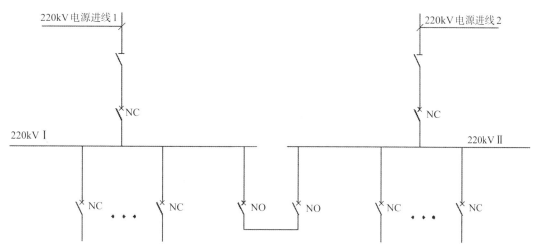

图8.1.2 单母线分段接线示意图

备注：NC表示开关常闭，NO表示开关常开。

（2）主变压器

为满足集成电路厂房供电的可靠性，主变压器通常需要考虑冗余备用，一般采用N+N备用方式，每两台变压器为一组，正常运行时，每台变压器负荷率按照不超过50%考虑，当一台变压器检修时，由另一台变压器保证本组变压器所带所有负荷。也可采用N+1的接线方式，正常运行时，由N台变压器运行，当N台变压器中某台变压器因故检修时，投入备用变压器。接线示意图如图8.1.3、8.1.4所示。

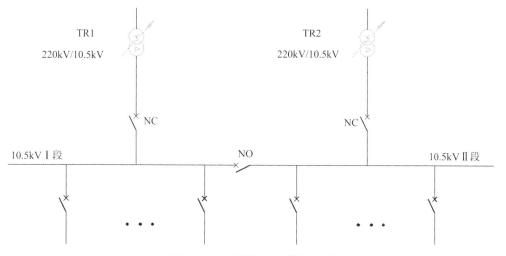

图8.1.3 变压器1+1接线示意图

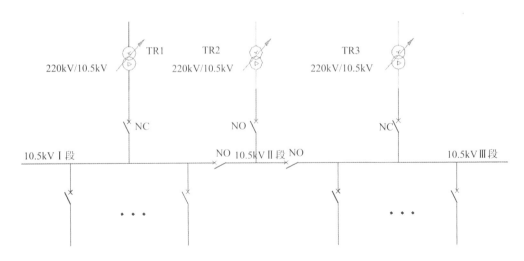

图8.1.4   2+1接线示意图

采用方式可根据业主既有的运行习惯及变电站的具体情况（面积、占地等）确定。高压配电设备GIS实景如图8.1.5所示，电力变压器实景如图8.1.6所示。

图8.1.5 高压配电设备GIS实景

图8.1.6 电力变压器实景

（3）中压系统

根据具体项目的地区供电及用电量情况，集成电路厂房中压系统的电压可采用10kV，也可采用20kV；接线方式与高压系统相同。一般采用单母线分段接线。通常情况下，两路电源同时工作，互为备用；当一路电源因故检修时，可由另一路电源满足两段母线所带所有负荷的正常运行。

（4）集成电路工厂中二级变电站的设置

集成电路工厂一般会设有主生产厂房、动力厂房、废水站及化学品、特气等配套厂房、110kV或220kV总降压变电站等。上面所描述的中高压系统一般设于总降压变电站内。

考虑到主生产厂房、动力厂房、废水站等建筑体量大，用电量大，可在厂房合适的位置设置若干二级变电站，站内设置中压配电柜及配电变压器、低压配电屏，以靠近负荷中心为原则。主生产厂房的二级变电站可设置在下夹层，也可设置在支持区。

二级变电站内中压系统及配电变压器的设置原则同主变电站。

注：集成电路工厂一般会采用中压冷水机组、中压空压机等，通常采用放射式配电方式直接配电至中压用电设备的控制柜；低压用电设备的电源由配电变压器降压后为其提供，配电变压器二次侧电压根据用电设备的需求设置（集成电路工厂低压设备常用电压等级见后续章节）。

中压开关柜实景如图8.1.7所示，干式变压器实景如图8.1.8所示，低压配电屏实景8.1.9所示。

图8.1.7　中压开关柜实景

图8.1.8　干式变压器实景

图8.1.9　低压配电屏实景

2. 应急系统

集成电路工厂中，允许中断供电时间在15s以上的一级负荷中特别重要负荷，除两路市电供电外，多采用快速启动的柴油发电机组作为应急电源，也可采用独立于两路市电的第三电源实现。

集成电路工厂中一级负荷中特别重要负荷的用量较大，一般采用多台中压柴油机组并机后，以放射式配电至生产厂房、动力厂房相应的二级变电站。（对于应急负荷用量较小的工程，也可设置低压柴油发电机组）

柴油发电机组应急系统接线示意图如图8.1.10所示，柴油发电机组实景如图8.1.11所示。

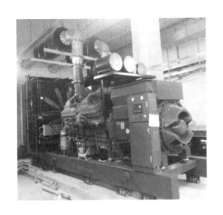

图8.1.10　柴油发电机组应急系统接线示意图

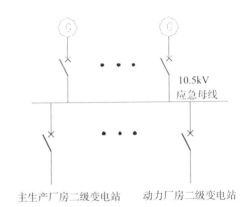

图8.1.11　柴油发电机组实景

3. 不间断电源系统

集成电路工厂中，允许中断供电时间为毫秒级的负荷，根据其特点及容量，可采用静态UPS、动态UPS、DC-bank等实现。静态UPS实景如图8.1.12所示，储能电池架实景如图8.1.13所示，UPS接线示意图如图8.1.14所示。

图8.1.12　静态UPS实景

图8.1.13　储能电池架实景

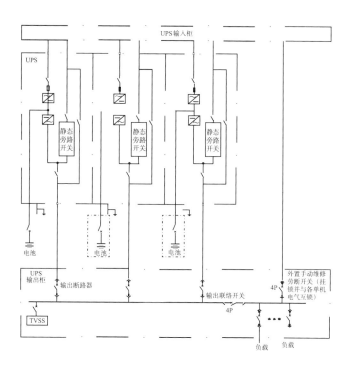

图8.1.14　UPS接线示意图

三、某集成电路厂房电气系统示意图（图8.1.15）

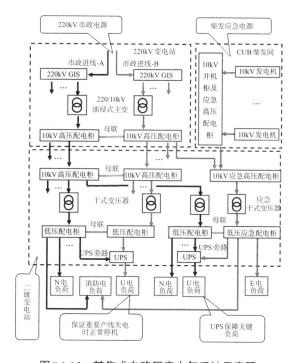

图8.1.15　某集成电路厂房电气系统示意图

8.2 低压配电及照明

8.2.1 低压配电系统设计

低压配电系统设计应首要保障人身和财产安全，应能满足生产和使用所需的供电可靠性和电能质量的要求，同时应注意系统简单可靠、经济合理、技术先进、操作和安装运行方便，并具有一定灵活性等特点，还能适应生产和使用上的变化及设备检修的需要。

一、常用电压等级和负荷种类

一般情况下，我国低压配电电压采用220/380V。

在集成电路工程中，生产用主要工艺设备供应商源于欧、美、日等国，因此，低压配电系统的电压等级根据设备制造商的产地分类较多，常用到的电压等级有：120/208V、220/380V、230/400V、278/480V等。

根据厂务动力及工艺设备用电的需求，通常会有三种性质的电源：N电源、E电源和U电源。N电源一般由工程项目所在的地方供电局引来的正常电源；E电源通常在工厂内设自备柴油发电机组提供；U电源的提供，可以采用静态UPS电源，也可以由动态DUPS机组提供。

低压配电系统的电压等级应符合生产工艺设备用电需求，负荷种类的选择也应根据生产运行情况进行配置。

二、系统接地型式和接线方式

低压带电导体也称为载流导体，是指正常通过工作电流的导体，包括相导体（L）、中性导体（N）及保护接地中性导体（PEN），但不包括保护接地导体（PE）。

带电导体系统型式根据相数和带电导体根数分类，我国常用的低压带电导体系统型式分为：三相四线制、三相三线制、单相两线制。在集成电路建设工程中，通常使用三相四线制系统。

（一）低压配电系统接地型式选择

低压配电系统接地型式是根据系统电源点的对地关系和负荷侧电气装置的外露可导电部分的对地关系来划分的。系统接地型式有：TN系统、TT系统和IT系统。TN系统按中性导体（N）和保护接地导体（PE）的配置方式还分为：TN-C、TN-C-S和TN-S三类系统。低压配电系统接地型式应根据系统安全保护所具备的条件，并结合工程的特点、规模等具体情况确定。

1. TN-S系统

整个系统应全部采用单独的PE导电。该系统PE导体正常不通过工作电流，其电位接近地电位，不会对信息技术设备造成干扰，能大大降低电击或火灾危险。因此，TN-S系统特别适用于设有低压电气装置供电的配电变压器的建筑，如：对供电连续性或防电击要求较高的建筑；单相负荷较大或非线性负荷较多的工业建筑；有较多信息技术系统以及电磁兼容性（EMC）要求较高的场所；有爆炸和火灾危险的场所。

2. TN-C系统

整个系统的N导体和PE导体是合一的（PEN），虽然节省了一根导体但其安全水平较低，如：若单相回路的PEN导体中断或导电不良，设备金属外壳对地将带220V的故障电压，电击的危险很大。因此，TN-C系统适用于有专业人员维护管理且不需要装设剩余电流保护电气的一般场所。

3. TN-C-S系统

系统中一部分N导体和PE导体是合一的，在独立变电所与建筑物之间采用PEN导体，但经建筑物后N与PE导体分开，其安全性能与TN-S系统相仿。因此，TN-C-S系统宜用于未附设变电所的公共建筑、安全要求较高的工业建筑和场所，以及住宅、办公等民用建筑。

4. TT系统

电源端有一点接地，电气装置的外漏可导电部分应接到电气上独立于电源系统接地的接地极上。由于电气装置的外漏可导电部分与电源端接地分开单独接地，装置外壳为地电位且不会导入电源侧的接地故障，防电击安全性优于 TN-S 系统，但需要装设剩余电流保护装置（RCD）。TT 系统适用于不附设变电所的公共建筑、安全要求较高的工业建筑，尤其适用于无法实施等电位联结的户外场所，如户外照明等场所的电气装置。

5. IT 系统

电源端系统的所有带电部分应与地隔离，或系统某一点（一般为中性点）通过足够高的阻抗接地。电气装置的外漏可导电部分应被单独或集中接地，或在满足电击安全的条件下接地系统的保护接地上。IT 系统具有故障电流小、故障电压低，不致引发电击、火灾、爆炸等危险，供电连续性和安全性高等特点，因此适用于不间断供电要求较高和对接地故障电压有严格限制的场所。但是，因一般不引出 N 线，不便于照明、控制系统等单相负荷供电，且接地故障防护和维护管理较复杂，故也限制在其他场合的应用。

综上，考虑各系统接地型式的特点，结合集成电路工厂具有供电可靠性和防电击要求高，用电设备种类复杂的情况，在实际运用中常大量使用整流或逆变设备（如变频）等产生大量非线性负荷，还常常伴随使用多种不同类型的特殊气体及危险化学品物质。这些气体、物质的存储和使用场所往往属于具有较强的爆炸和火灾危险性等特点。因此，低压配电系统接地型式宜选用 TN-S 系统、TN-C-S 系统；对于室外路灯照明宜选用 TT 系统。

（二）低压配电系统接线方式选择

低压配电系统接线方式主要为如下几点：

（1）在正常环境车间或建筑物内，当大部分用电设备容量为中小容量，且无特殊要求时，宜采用树干式配电。

（2）当用电设备为大容量、负荷性质重要或在有潮湿、腐蚀性环境、爆炸和火灾危险场所等特殊要求的建筑物内，宜采用放射式配电。

（3）当一些容量很小的次要用电设备距供电点较远，而彼此相距很近时，可采用链式配电，但每一回路环链设备不宜超过 5 台、总容量不宜超过 10kW。当供电给小容量用电设备的插座时，每一回路的链接设备数量可适当增加。

（4）自变压器二次侧至用电设备之间的低压配电级数不宜超过 3 级。在用电单位内部的邻近变电所宜设置低压联络线。

三、常用配电设备和线缆类型

低压配电系统主要分为厂务动力配电系统和工艺配电系统两个部分。厂务动力配电系统主要包含：洁净空调、通风设备、工艺排气、循环冷却水设备、纯水和废水系统、空压机、冷冻站、消防系统等设备的配电系统。工艺配电系统主要为满足生产工艺设备用电需求进行的电源分配系统。根据用电设备的负荷分级和用电电压等要求，选择相应的低压配电设备，组成低压配电系统并稳定、可靠运行。

（一）低压配电箱（柜）

厂务动力配电系统主要通过低压配电箱（柜）及小型配电箱进行电源分配，配电箱（柜）防护等级宜采用IP3X或IP4X，主要集中安装于电气室或设备用房内。低压配电箱（柜）及小型配电箱安装位置尽量避让各种流体管道、阀口位置正下方，避免因液体滴漏造成设备故障和经济损失。各类电动机类型设备配电，采用MCC电动机控制中心进行配电。小容量的设备、维修插座盘等采用小型动力配电箱。配电箱前宜保持不小于1.0m的操作维护距离。

1. 常用低压开关柜

（1）GGD低压开关柜

优点：经济性高，电气方案灵活，容量大；分断能力高，散热性好。

缺点：各方案单元不能灵活组合，各回路之间无间隔，故障范围易扩大；需断电更换开关，常规无智能性配置。

GGD开关柜柜内实景如图8.2.1所示，各回路单元均在同一箱体内，相互间无间隔，某一回路故障，其他回路甚至整个配电柜都将受影响。

图8.2.1　GGD开关柜柜内实景

（2）GCK、GCS、MNS抽屉式开关柜

优点：结构通用性强，分断能力高，动热稳定性好；采用标准单元设计，抽屉内安装灵活，可在线维护，互换方便。

缺点：安装容量小，大电流插接件不可视组装复杂，耗时长，现场安装基础影响大，价格成本高。

图8.2.2所示为GCS抽屉式开关柜实景，各回路单元之间通过抽屉形成间隔，提高了可靠性，但成本随之增加。

图8.2.2　GCS抽屉式开关柜实景

（3）Blokset、8PT固定分隔式开关柜

Blokset系列开关柜是专门为其低压配电产品而设计，它适用于400 Hz以下，额定电压690V，绝缘电压1 000V，额定电流6 300A及以下的电力供配电系统，可作为动力配电中心、电动机控制中心、电容补偿及终端配电等电能控制、转换与分配设备使用。

SIVACON-8PT低压开关柜是常用于建筑行业和工业领域的标准型结构。8PT柜型应用在最大额定电流至7 400A的各种容量等级的层面上，它既可采用固定安装式设计，也可采用抽出式设计。

优点：结构通用性强，分断能力高，动热稳定性好，分隔类型灵活。

缺点：二次接线复杂，灵活性低于抽屉式开关柜。

图8.2.3所示为某公司8PT固定分隔式开关柜柜内实景，各回路单元之间采用了固定间隔，提高了可靠性，但灵活性较抽屉式开关柜差。

图8.2.3　某公司8PT固定分隔式开关柜实景

2. XLL2低压配电箱

适用于额定电流630A及以下配电容量的末级配电设备，常用于三级负荷用电设备。XLL2型低压配电箱实景如图8.2.4所示，由于结构简单，价格成本低，故在工程项目中大量应用。

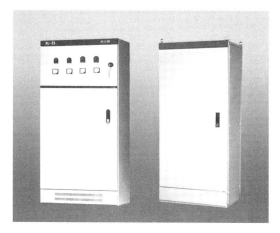

图8.2.4　XLL2低压配电箱实景

3. 检修电源箱

检修电源系统通常设置为一套独立的供配电系统，不与动力、照明系统共用。

根据规模大小，一般按楼层或防火分区设置检修电源总配电箱，再供电至末端检修电源箱。图8.2.5所示为检修电源箱实景，常适用于100A及以下配电容量检修电源设备。

图8.2.5 检修电源箱实景图

随着技术的发展进步，低压配电系统大量采用固定分隔式开关柜，并搭载智能终端设备，实现了电能、电流、电压的基础数据管理。智能低压配电系统将开关、传感器、电路技术等通过创新设计，集成为智能低压配电模块，集安全配电与全电量采集于一体，基于云平台服务的智能监控配电系统，实时监管设备的安全运行。

（二）I-LINE盘

I-LINE盘也称为热插拔式配电盘，常用于额定电压600V以下的工艺低压电力系统。与传统固定式配电盘相比较，I-LINE盘具有如下特点：

1. **便利性**：随时增加或更换分路开关，不影响其他用电设备；

2. **安全性**：可带电增加或更换分路开关，开关一次侧采用专利插脚，操作不会直接触碰带电母排；

3. **箱体重复利用率**：箱体可重复使用，当作新箱体使用时，只需考虑重新根据需求规划分路架构，基本无改造成本；

4. **分路开关使用率**：前期规划无需预先计算分路开关容量及备用开关预留，在工艺二次配时依据实际需求去安装分路热插拔开关，便于未来扩充，使用电设备增设用电需求更具备弹性，柜内空间使用率可达100%，不会造成浪费。

由于集成电路生产工艺往往在设计和施工阶段存较大的不确定性，现场安装的工艺配电系统不能满足最终的实际需求需要进行改造，或工艺设备运行后需要带电增设新增工艺设备的电源供应。与传统配电柜相比，热插拔式I-LINE盘很好地解决了上述问题，有效降低实际成本，并带来更多的灵活性和可靠性，因此，I-LINE盘在集成电路工程领域得到广泛应用。但是，由于市场从事热插拔式I-LINE盘研发和生产的厂商相对较少，在初期投资方面，热插拔式I-LINE盘较传统配电柜相比，一次性投资成本会相对偏高。热插拔式I-LINE盘系统构架如图8.2.6所示。

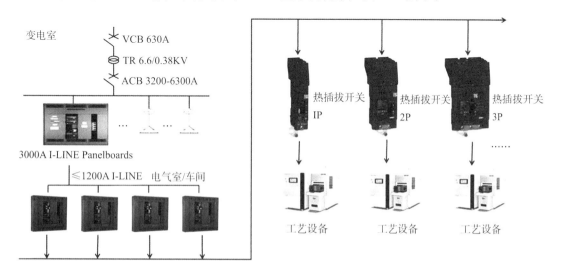

图8.2.6　热插拔式I-LINE盘系统构架

工艺低压电力系统常见有两种供电方式：第一种是直接由变电站低压屏通过母线槽供电至现场，现场采用母线插接箱供给现场工艺设备或由母线插接箱供电至I-LINE盘，通过I-LINE盘给现场工艺设备进行电源分配，该热插拔式I-LINE盘系统构架如图8.2.7（a）所示；第二种是由变电站低压屏通过母线槽供电至现场主I-LINE盘（容量较大），由主I-LINE盘供电至分I-LINE盘（容量相对较小，通常指≤1 200A）分配后，再供电至现场设备，也可以通过I-LINE盘直接供电现场设备，该热插拔式I-LINE盘系统构架如图8.2.7（b）所示。由于I-LINE盘价格相对较高，在二次配阶段，通常会选择在现场设备的前端设置小型分配电箱。

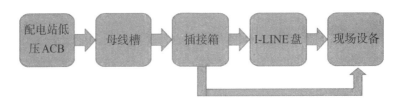

（a）供电方式一

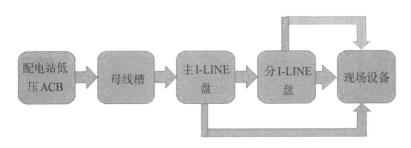

（b）供电方式二

图8.2.7　热插拔式I-LINE盘系统构架

　　热插拔式I-LINE盘实景如图8.2.8所示，I-LINE盘通常设有内外双层门，主开关设置于I-LINE盘顶部，与垂直母排底座连接，铜排底座电流规格可选250A～3 000A，供插入式断路器使用。插入式断路器的极数有：单极、双极、三极，额定电流规格有15A～1 200A可选，插入式断路器可在带电条件下安装，操作简单，且只需单一螺丝即可固定。

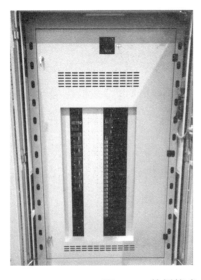

图8.2.8　热插拔式I-LINE盘成品实景图

在工艺配电系统中，变电站位置规划、母线槽路径规划对配电系统成本有极大影响，需要统筹考虑从电源源端到末端的整体供配电方案，以及合理规划母线槽、工艺I-LINE盘、配电箱的安装位置。母线槽宜以敷设路径最短为原则，配电柜宜靠近用电负荷中心，并根据工艺设备用电性质需求，每个配电区域宜提供N电、E电、U电性质的母线槽及工艺I-LINE盘，以保障工艺配电系统的灵活性、经济性。

（三）变频器和软启动器

变频器（Variable-frequency Drive，VFD）是应用变频技术与微电子技术，通过改变电机工作电源频率方式来控制交流电动机的电力控制设备。变频器主要由整流（AC-DC）、滤波、逆变（DC-AC）、制动单元、驱动单元、检测单元和微处理单元等组成。

变频器靠内部IGBT的开断来调整输出电源的电压和频率，根据电机的实际需要提供电源电压，进而达到节能、调速的目的。另外，变频器还有很多的保护功能，如过流、过压、过载保护等。随着工业自动化程度的不断提高，变频器应用非常广泛，如洁净室新风空调机组MAU、组合式空调风机AHU、工艺排气风机、冷冻水及冷却水的一次泵和二次泵、工艺循环冷却水泵等需要进行调速的设备，均采用变频起动方式。

在实际使用中，一般37kW及以上变频器需独立成柜安装，更大功率的变频器还需考虑配设无源滤波装置。图8.2.9所示为250kW变频柜实景，柜门上下设置了风扇进行散热。由于变频器散热及配套滤波器在运行中会产生大量的热量，会对设备使用寿命产生较大影响，因此，对于大功率或集中安装的变频柜，宜在独立的配电室内安装，并设置空调制冷系统。

图8.2.9 变频柜实景

软启动器是一种集电机软启动、软停车、轻载节能和多种保护功能于一体的电机控制装置。它本质上是一种降压起动器，其基本原理是通过降低电动机端的起动电压，以减小起动电流和机械冲击，并实现平滑起动。因此，软启动器主要用于各类大功率电动机启动，利用软启动取代传统的启动方式，实现平滑启动，降低启动电流，减少电机启动时较大电流对电机的机械冲击及对电网的冲击，改善用电质量，节约能源。一般情况下，软启动器可将启动电流限制在额定电流的3倍或4倍以内，启动转矩一般为额定转矩的0.2～0.4倍。

软启动柜是以软启动器为主要控制元件，并配有主回路进线断路器、旁路接触器、电机热继电器于一体，是可实现多重保护的单台电机或多台电机的降压、限流起动装置。图8.2.10为功率132kW的软启动柜柜内安装实景图。

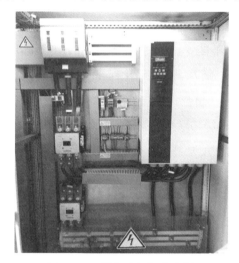

图8.2.10　软起启柜柜内实景

（四）谐波治理装置

谐波是在工频50Hz基波上叠加的杂波，这些杂波可以分解为其频率相对于工频基波频率的整数倍，称为该谐波的次数。在长期的工业生产和生活实践中，人们发现谐波电流的危害主要有如下几个方面：

（1）引起串联谐振及并联谐振，放大谐波电压和谐波电流，造成危险的过电压或过电流；

（2）3次谐波电流会汇集到零线，使中性点偏移，容易引起火灾；

（3）产生谐波损耗，使发、变电和用电设备发热严重，致使设备效率降低；

（4）加速电气设备的绝缘老化，从而缩短设备的使用寿命；

（5）使电动机、自动装置、测量仪表、电力电子器件、精密仪器、继电保护装置等运转不正常或不能正常工作；

（6）干扰通信系统，降低信号的传输质量，破坏信号的正确传递，甚至损坏通信设备。

因此，有必要对变频器产生的谐波电流进行治理，特别是大功率的变频设备。在变频器应用电路设计中，根据IEC标准要求变频器输入侧谐波电流总畸变率应满足THDi≤48%。通常，采取配置直流电抗器、线路电抗器（又称进线电抗器或交流电抗器）和设置就地无源滤波器等措施。

变频器整流环节及储能电容使得输入侧电流波形不连续，变频器输入侧的谐波含量较高（变频器回路的谐波电流总畸变率THDi一般会超过80%，大功率变频器可达130%，甚至更高）。选择在电路中串联电抗器，宜优先选配线路电抗器，由于经电感的电流不能突变，交流侧的电流波形就会变得比较平滑。电抗器的电抗值越大，抑制谐波电流的能力就越强，但压降也会越大。过大的压降会减小变频器的输出电压，从而减小电动机的电磁转矩，一般宜选择电抗率为3%～5%。此时，变频器THDi值在35%～48%之间，较接近IEC标准中的THDi≤48%的要求。

无源滤波器由电抗器和电容器这些无源元件组成，用来减小变频器注入电网的谐波电流。对于一台既定的变频器，其产生的谐波电流次数和大小相对固定，所以这种无源滤波装置的设计并不困难，效果也较好，一般都能达到THDi＜10%。若无源滤波器和直流电抗器配合同时使用，还可以提供更好的谐波抑制效果，使THDi＜5%。

另外，对于变频器输出侧，还需要采取抑制变频器输出产生的过电压。变频器输出侧的三相电压波形在经过至电动机的动力电缆后，会产生尖峰电压，这些尖峰电压经过电动机电缆传导放大进而产生过电压，可能会造成电动机绝缘被过电压击穿，导致电动机损坏。变频器本身不具备检测这种过电压，也不能对这种过电压提供保护。在实际使用中，通常会选择在变频器输出侧配设电动机电抗器，来抑制变频器输出产生的过电压，这种方法十分有效。对于变频器至电动机距离较短的普通动力电缆（一般50m以内），可以不配设输出电抗器，但需要考虑将该电缆单独穿钢管保护。

（五）防爆电气设备

在集成电路工厂中由于大量存储和使用易燃易爆物质。在爆炸性环境内，电气设备应根据下列因素进行选择：

（1）爆炸危险区域的分区；

（2）可燃性物质和可燃性粉尘的分级；

（3）可燃性物质的引燃温度；

（4）可燃性粉尘云、可燃性粉尘层的最低引燃温度。

防爆电气设备的级别和组别不应低于该防爆性气体环境内爆炸性气体混合的级别和组别。当存在两种以上可燃性物质形成的爆炸性混合物时，应按照混合后的爆炸性混合物的级别和组别选用防爆设备，无据可查又不可能进行试验时，可按危险程度较高的级别和组别选用防爆电气设备。对于标有适用于特定的气体、蒸汽的环境的防爆设备，没有经过鉴定，不得用于其他的气体环境。

图8.2.11为防爆型灯具的实物图片，通常灯具的防爆级别、温度组别可以做到最高等级：Exd II CT6，防护级别为IP65。安装在爆炸性粉尘环境中的电气设备应采取措施防止热表面点可燃性粉尘层引起的火灾危险。电气设备结构应满足电气设备在规定的运行条件下不降低防爆性能的要求。

（a）防爆型直管式灯具　　　　　（b）防爆型投光灯具

（c）防爆型工矿灯具

图8.2.11　防爆型灯具实物

（六）动态电压暂降恢复装置

电压暂降是指电力系统中某点工频电压有效值暂时降低至额定电压的10%～90%（即幅值为0.1～0.9p.u.），并持续10ms～1min后恢复正常。电压暂降的幅值、持续时间和相位跳变是电压暂降的最重要的三个特征量。一般是由电网、变电设施的故障或负荷突变（如大功率设备启动等）所引起的。

目前，我国的电力供应已经变得十分可靠，长时间的电力中断非常少见。对于重要的用电负载，也采取了很多提高供电可靠性的措施。但在集成电路工厂中，生产对电力品质要求更高，对电压暂降问题十分敏感。电压暂降的时间过长，会导致重要设备最终给生产企业带来重大经济损失。

半导体行业对工艺设备电压暂降容限提出了SEMI F47标准，该标准对半导体设备能承受的电压暂降等级的通用免疫能力作出了定义，行业内通常按此标准执行。在工程设计中，需对关键设备采取电压暂降治理措施，通常可以从供电源端和末端两个方面进行考虑。供电源端采用静态UPS电源或动态DUPS机组作为供电电源；配电系统末端设备处设置动态电压暂降恢复装置，如DC-BANK、AVC、DySC、NVR、VSP等系列产品。动态电压暂降恢复装置系统组成如图8.2.12所示，通常由主控柜、馈电柜和蓄电池柜三部分组成，图8.2.13是DC-BANK电源系统现场安装实景图，图8.2.14是蓄电池柜储能单元实景图。

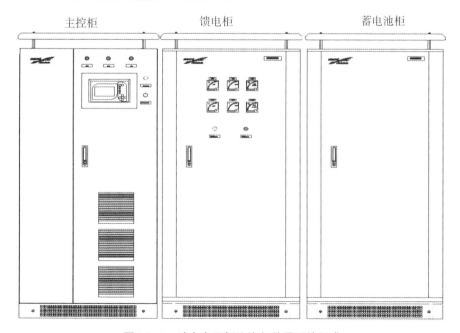

图8.2.12　动态电压暂降恢复装置系统组成

图 8.2.13　DC-BANK 电源系统现场安装实景

图 8.2.14　蓄电池柜储能单元实景

（七）母线

传输大电流的场合可采用硬母线，硬母线分为裸母线和母线槽两大类。母线槽额定绝缘电压 AC1 000V，额定工作电压 AC400V±10%，额定频率 50Hz，适用于设备较密集的厂房，对工艺变化周期快的生产线尤为适宜。另外，变压器与低压开关柜、自备柴油发电机组与低压开关柜、低压开关柜柜列之间的母线也宜采用母线槽。

母线槽按绝缘方式可以分为密集绝缘、空气绝缘和空气附加绝缘三种类型。其中，密集型母线槽是集成电路厂房中使用最常见的一种，它是由金属板（钢板或铝板）为保护外壳、导电排、绝缘材料及有关附件组成的系统。它可制成标准长度的段节，并且每隔一段距离可设置插接箱，也可制成中间不设插接箱的馈电型封闭式母线，为馈电和安装检修带来了极大的方便。

在集成电路工厂中，由于工艺设备常有三相、单相设备电源需求，通常母线槽宜采用 4+1 芯，即 L1～L3，N，PE。

母线槽与传统的电缆相比，在大电流输送时充分体现出它的优越性，由于采用了新技术、新工艺，大大降低了母线槽两端部连接处及分线口插接处的接触电阻和温升，并在母线槽中使用了高质量的绝缘材料，从而提高了母线槽的安全可靠性，使整个系统更加完善。同时避免了多路电缆的并联使用给现场安装施工带来的诸多不便。总的来说，母线槽有如下几个方面的特点：

1. 性能：母线槽采用铜排或者铝排，其电流密度大、电阻小、集肤效应小，无须降容使用。另外，母线槽电压降小，也意味着损耗小，更加节能。

2. 安全性：母线槽的金属封闭外壳能够保护母线免受机械损伤或动物伤害，在配电系统中采用插入单元的安装十分安全，外壳可以作为整体接地，接地非常可靠。

3. 安装方面：通长母线由多段组成，每一段长度可以根据实际情况调整，安装方便。

4. **线路优化**：相对于传统的电缆线路系统复杂、庞大，难以维护，可以通过母线槽整合配电线路，并采用母线插接箱的形式完成对用电设备的灵活配电，这样可以简化配电系统，从而节约工程造价，且易于维护。

5. **可扩展性**：每条母线配电系统可通过增加或改变任意段母线来实现母线的可扩展性和重复使用，灵活性强。

6. **额定电流**：各类母线槽的额定电流等级全面。常用的密集型母线槽的额定电流等级有：25A、40A、63A、100A、160A、200A、250A、400A、630A、800A、1 000A、1 250A、1 600A、2 000A、2 500A、3 150A、4 000A、5 000A。

7. **防护等级**：目前市场上母线槽的防护等级选择较广，户内型有IP40、IP41、IP54、IP55、IP65；户外型可以做到IP66。

8. **母线插接箱**：母线插接箱与母线槽配合使用，母线制造时需提前预留插接箱安装的插接孔，后期安装时无须再加其他配件。插接件是最为重要的部件，它是由铜合金冲压制成，经过热处理加以增强弹性，并且表面镀锡处理，即使插接200次以上，仍能保持稳定的接触能力。箱体设置了接地点以保证获得可靠的接地，插接箱内设置了开关电器，并采用塑壳断路器对引出分接线路的容量做过载和短路保护。

母线插接箱电流等级有16～100A，125～250A，250～500A，630～1 000A。250A及以下规格母线插接箱尺寸约为592mm×216mm×200mm（长×宽×深），250～500A母线插接箱尺寸约为981mm×372mm×187mm（长×宽×深），630～1 000A母线插接箱尺寸约为803mm×359mm×352mm（长×宽×深）。对于630A及以上的插接箱，重量约为80kg/台，因此，在考虑足够的安装空间的同时，还需单独提供安装支吊架用于固定箱体。图8.2.15是密集型母线槽上引出插接箱的实景图，安装时增设了支吊架用于固定安装母线插接箱。在安装母线插接箱时，箱面需要保持1m空间（含箱体）、侧面保持0.5m的操作和检修空间。

图8.2.15　密集型母线槽上引出插接箱安装实景

干燥、无腐蚀气体的室内场所，可采用封闭式母线布线。封闭式母线槽在水平安装时，除电气专用房间外，底边至地面的距离不应小于2.2m；垂直敷设时，距离地面1.8m以下部分应采取防止机械损伤的措施。终端无引出、引入线时，端头应封闭。封闭式母线外壳及支架应可靠接地，全长应不少于2处与接地干线可靠相连。

封闭式母线槽水平敷设时，宜按荷载曲线选取最佳跨距进行支持，且支撑点间距宜为2m～3m；垂直敷设时，应在通过楼板处采用专用附件支撑，支持点不应大于2m，还应在楼板间孔周边采取防止水进入的措施。

封闭式母线槽直线敷设长度超过制造厂给定的数值时，宜设置伸缩节；水平跨越建筑物的伸缩缝或沉降缝处，应采取防止伸缩或沉降的措施；穿过防火墙及防火楼板时，应采取防火隔离措施。

（八）电线电缆

电线电缆的导体材料可以选择铜导体或铝导体。集成电路工厂宜选用铜芯电缆电线，下列场所应选择铜芯电线电缆：

（1）需要保持长期运行、供电可靠性要求较高的重要回路；

（2）易燃、易爆场所，特别潮湿场所和对铝导体有腐蚀的场所；

（3）洁净生产厂房及重要的办公室、资料室、计算机室、重要库房等；

（4）移动设备或存在剧烈震动场所；

（5）应急系统及消防设施的线路；

（6）电机的励磁电路、操作电路、二次回路；

（7）其他有特殊要求的场所等。

低压电线电缆导体的绝缘材料及护套，应按照敷设方式及环境条件进行选择，并应满足现行国家规范《电力工程电缆设计规范》GB50217的相关规定。

为确保电线电缆长期安全运行，应正确选择电线电缆的额定电压，一般选择低压电线额定电压为0.45/0.75kV，低压电缆额定电压为0.6/1kV。根据敷设场所及同一敷设通道内电缆的非金属含量确定阻燃级别，阻燃级别分为A、B、C三级，如：WDZA-YJY-0.6/1kV无卤低烟型交联聚乙烯绝缘铜芯电力电缆，阻燃级别为A级，电缆持续工作最高允许温度为90℃。在供火温度≥815℃、供火时间40min、成束敷设的非金属材料体积≥7L/m的试验条件下，焦化高度≤2.5m，自熄时间≤1h。在选择阻燃型电线电缆时，应注明阻燃等级，否则，一律视为C级。

通常，普通场所宜采用交联聚乙烯绝缘聚氯乙烯护套电力电缆（YJV型）、交联聚乙烯绝缘电线（BYJ型）或聚氯乙烯绝缘电线（BV型），如：一般生产厂房、动力站房、一般库房等区域。重要场所宜选择阻燃（ZR）型电线电缆，如：人员密集场所、重要公共建筑，宜优先选用阻燃型电力电缆或低烟、无卤型阻燃电力电缆；洁净厂房内的电气管线宜敷设在技术夹层或技术夹道内，并采用低烟、无卤型电力电缆，避免出现火情时电缆燃烧产生的烟雾和卤素毒气不易排出从而危及工作人员的安全，穿线导管应采用不燃材料；洁净生产区的电气管线宜暗敷，电气管线管口及安装于墙上的各种电气设备与墙的接缝处应采取密封措施。对建筑内火灾自动报警保护对象分级为一级、消防用电供电负荷等级为一级的消防设备供电干线、支线应采用耐火（NH）型电缆。凡建筑物内火灾自动报警系统保护对象分级为特级，消防用电供电负荷等级为一级的消防设备供电干线、支线宜采用矿物绝缘电缆（BTT型）。

电线电缆还需根据敷设的环境特征要求选择防护结构，如：直埋电缆宜选用能承受机械张力的钢丝或钢带铠装电缆；有防鼠害、蚁害要求的场所，应选用钢带铠装电缆；室内电缆沟、电缆桥架或穿管敷设，宜选用非铠装电缆。

电线电缆截面选择原则是按其允许载流量，满足允许温升、电压降、机械强度、短路热稳定、经济条件等要求，再进行综合考虑，并留有一定的裕量。所选电缆的制造应遵从IEC标准及相关国家标准。

（九）电缆桥架

1.低压配电系统中电缆桥架的重要性

电缆桥架在工程建设项目中大量应用，它是整个布线工程中不可缺少的部分。在工程设计中，需要根据各系统的电缆类型、数量、环境特征等情况，合理选择适用的电缆桥架。电缆桥架种类繁多，可以按如下几种形式进行分类：

（1）**按类型**：梯级式、托盘式（有孔）、托盘式（无孔）、槽式；

（2）**按材质**：钢制、铝合金、衬钢制龙骨复合防腐桥架；

（3）**按功能**：普通桥架、防火桥架、防腐桥架。

电缆桥架型式的选择，需屏蔽外部的电气干扰，应选用无孔金属托盘加实体盖板；在有易燃粉尘场所，宜选用梯架，最上一层桥架应设置实体盖板；高温、腐蚀性液体或油的溅落等需防护场所，宜选用托盘，最上一层桥架应设置实体盖板；需现场组装时，可选用组装式托盘；除上述情况外，宜选用梯架。所选择的电缆支架和桥架，表面应光滑无毛刺，耐久稳固，满足所需的承载能力，符合工程防火要求等。

2. 电缆桥架规格选择及荷载计算

电缆托盘和梯架不宜敷设在热力管道的上方及腐蚀性液体管道的下方；对于腐蚀性气体的管道，当气体比重大于空气时，电缆托盘和梯架宜敷设在其上方；当气体比重小于空气时，宜敷设在其下方。

电缆在托盘和梯架内敷设时，电缆总截面积与托盘和梯架横截面面积之比，电力电缆不应大于40%，控制电缆不应大于50%。设计中通常考虑截面≥50mm²及以上的电力电缆，按电缆外径总和设计估算电缆桥架的规格。受电缆运行时表面温升、重量影响，大截面电缆敷设通常采用单层敷设方式，设计通常也按单层电缆计入降容系数。

电缆托盘和梯架水平敷设时，宜按荷载曲线选取最佳跨距进行支撑，且支撑点间距宜为1.5m～3m。垂直敷设时，其固定点间距不宜大于2m。计算电缆桥架主干线纵断面上单位长度的电缆重量，设计阶段需向结构专业提出桥架平面布置位置及桥架、电缆的总荷载条件需求。桥架支架的强度，应满足电缆及其附件荷重和安装维护的受力要求。

3. 电缆桥架的接地

金属电缆托盘、梯架及支架应可靠接地，全长不应小于2处与接地干线相连；非镀锌电缆桥架间连接板的两端跨接线铜芯电线，接地线最小允许截面积不小于4mm²；镀锌电缆桥架间连接板的两端可不跨接接地线，但连接板两端有不少于2个防松螺帽或防松垫圈的连接固定螺栓。目前通常采用在桥架内设置通长敷设一根镀锌扁钢做接地线，每段桥架不少于1点与接地线可靠联通。

4. 电缆桥架过伸缩缝处理

电缆托盘和梯架在穿过防火墙及防火楼板时，应采取防火封堵。电缆桥架过伸缩缝处应设置伸缩板，连接两段不同宽度或高度的托盘、梯架可配置变宽或变高板。

四、消防配电系统

消防用电设备一般包括消防水泵、喷淋泵、消防电梯、消防防烟排烟设备、电动的防火门、窗和防火卷帘、消防应急疏散照明、消防控制室内的各种系统装置，如火灾自动报警、自动灭火装置、应急广播等。

消防用电设备应设置专用的消防配电系统，系统应由正常电源和备用电源组成双电源配电系统。一般正常电源由市政电源引来，备用电源常由自备发电设备供电。备用电源的供电时间和容量，应满足该建筑火灾延续时间内各消防用电设备的要求。消防用电设备对供电系统的负荷等级的设置要求，应满足现行国家标准《建筑设计防火规范》GB50016的有关规定。

按一、二级负荷供电的建筑，当采用自备发电设备作备用电源时，自备发电设备应设置自动和手动启动装置。当采用自动启动方式时，应能保证在30s内供电。按一、二级负荷供电的消防设备，其配电箱应独立设置；按三级负荷供电的消防设备，其配电箱宜独立设置，且消防配电设备应设置明显标志。

消防用电设备应采用专用的供电回路，当建筑内的生产、生活用电被切断时，应仍能保证消防用电的持续供电。消防控制室、消防水泵房、防烟和排烟风机房的消防用电设备及消防电梯等的供电，应在其配电线路的最末一级配电箱处设置自动切换装置。常用电源切换到备用电源应采用自动方式，当常用电源恢复后，应延时自动切换至常用电源供电。

消防配电干线宜按防火分区划分，消防配电支线不宜穿越防火分区。从配电箱到消防设备应采用放射式配电，每个配电回路的保护应当分开设置，以免相互影响，配电回路不应设置漏电保护装置，当电路发生接地故障时，可根据需要设置单相接地报警装置。

消防配电线路应满足火灾时连续供电的需要，其电缆材质的选择和电缆敷设应符合下列规定：

（1）明敷时（包括敷设在吊顶内），应穿金属导管或采用封闭式金属槽盒保护，金属导管或封闭式金属槽盒应采取防火保护措施；当采用阻燃或耐火电缆并敷设在电缆井、沟内时，可不穿金属导管或采用封闭式金属槽盒保护；当采用矿物绝缘类不燃性电缆时，可直接明敷；

（2）暗敷时，应穿管并应敷设在不燃性结构内且保护层厚度不应小于30mm；

（3）消防配电线路宜与其他配电线路分开敷设在不同的电缆井、沟内；确有困难需敷设在同一电缆井、沟内时，应分别布置在电缆井、沟的两侧，且消防配电线路应采用矿物绝缘类不燃性电缆。

五、接地系统

接地系统可以分为三大类：功能接地、保护接地、功能和保护兼有的接地。功能接地是出于电气安全之外的目的，将系统、装置或设备的一点或多点进行接地，如电力系统的中性点接地、信号电路为了具有稳定的基准电位进行的接地。保护接地将系统、装置或设备的一点或多点进行接地，为了保障电气安全，如电气装置的外漏可导电部分、配电装置的金属构架等进行的电气装置保护接地、保障已停电的带电部分在无电击危险情况下的作业接地、防雷保护接地、防静电接地等。功能和保护兼有的接地主要为满足环境中的电磁兼容性（Electromagnetic Compatibility，EMC），常采取屏蔽方式作为电磁兼容性的基本保护措施之一。

建筑物内有多种接地，如电力系统接地、电气装置保护接地、电子信息设备信号电路接地、防雷接地、防静电接地等，通常采用共用接地系统，即：防雷接地、保护接地、防静电接地等共用建筑的基础接地网，通常共用接地电阻一般不大于1Ω。如用于不同目的的多个接地系统分开独立接地，不但受到场地的限制难以实施，而且不同的地电位还会带来安全隐患，不同系统接地导体间的耦合，也会引起相互干扰。共用接地系统具有接地导体少、系统简单经济、便于维护、可靠性高且低阻抗等特点，因此在我国得到广泛应用。

建筑物的低压电气装置还应采用等电位联结，以降低建筑物内电击电压和不同金属物体间的电位差，避免自建筑物外经电气线路和金属管道引入的故障电压的危害，减少保护电器动作不可靠带来的危险和有利于避免外界电磁引起的干扰，改善电磁兼容性。通常将所有装置外露可导电部分，如配电箱的接地母排、电气设备的金属外壳、电缆桥架、金属管道、金属支架、建筑物金属构件等，就近与等电位联结端子箱可靠联结。

在集成电路工厂生产中由于大量使用特种气体和化学品，这些物质大部分都具有可燃性、易爆性、毒腐性、氧化性、窒息性等特点，一旦泄露可能会造成企业财产损失、人员伤亡、环境污染等重大事故。因此，针对加工、贮存、运输各种可燃气体、易燃液体和粉体的金属工艺设备、容器和管道，采取了如下常见的防静电接地做法：

（1）一般对于容积大于$50m^3$或直径大于2.5m的贮罐，接地点不应小于两处，并沿其外围均匀布置，其间距不应大于30m；

（2）净距小于100mm的平行或交叉管道，应每隔20m用金属线跨接；

（3）不能保持良好电气接触的阀门、法兰、管箍弯头等管道连接处应跨接，跨接线可采用直径不小于8mm的圆钢；

（4）油罐区注油槽车应设防静电临时接地卡。图8.2.16为油槽车卸车时用静电释放仪安装实景图，卸油时需将静电释放仪接线钳与卸油车专用接地端子可靠连接。

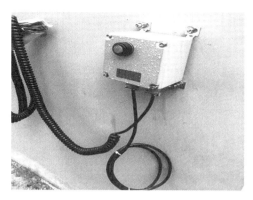

图8.2.16　油槽车卸车用静电释放仪安装实景

集成电路生产厂房应根据生产工艺要求设置防静电环境。防静电环境设计应满足抑制或减少静电的产生以及将已产生的静电迅速、安全、有效地排除的要求，按电子产品或生产工艺（设备）通常分为三级，一、二、三级标准分别要求室内控制静电电位绝对值应不大于100V、200V、300V。室内防静电工作区根据设计分级，应选用不同性能的防静电材料及制品。室内防静电地面、墙面、顶棚、门窗和其他装修设计，尚应满足现行国家规范《电子工程防静电设计规范》GB50611的相关规定。

在洁净生产区内金属物体包括洁净室（区）的地面、墙面、吊顶的金属骨架等，均应与接地系统做可靠连接；导静电地面、活动地板、工作台面、桌椅等应进行防静电接地。防静电工作区应设置防静电接地系统，接地系统应由接地体、接地干线、接地支线、接地端子板、接地网络和闭合铜排环组成。防静电接地宜选择共用接地方式，当选用单独接地方式时，接地电阻不应大于10Ω，并应与防雷接地装置保持20m以上的间距。图8.2.17为洁净厂房内架空地板的金属支架采取防静电接地措施实图景，利用BVR-16mm²铜芯塑料软电线就近与防静电接地网可靠连接。

图8.2.17　洁净室架空地板支架防静电接地实景

防静电接地系统在接入大地前应设置总等电位接地端子板、楼层等电位接地端子板、防静电接地端子板。从总等电位接地端子板或楼层等电位接地端子板上引出的接地干线，其截面不应小于95mm²，并应使用绝缘屏蔽电缆或采用绝缘导线穿金属管敷设，接地干线主电缆应避免与非屏蔽电源电缆长距离平行敷设，并应远离防雷引下线。在防静电工作区内应设置防静电接地端子板、接地网络或截面积不小于100mm²的闭合接地铜排环。接地干线引到防静电工作区时，应与设置在该区域内的防静电接地端子板连接。防静电接地引线应从防静电接地端子板、接地网络或闭合铜排环上就近接地，接地引线应使用多股铜线，导线截面积不应小于2.5mm²。在防静电工作区中，一般有多种不同功能要求的接地系统，各接地系统的设计都应符合等电位连接的要求，不同接地系统在接入等电位端子前不能混接。

对集成电路产品生产过程中产生静电危害的设备、流动液体、气体或粉体管道，应采取防静电接地措施，其中有爆炸和火灾危险的设备、管道还应符合现行国家规范《爆炸危险环境电力装置设计规范》GB50058的有关规定。

在存储具有爆炸性物质特殊环境的仓库中，应设置等电位联结，将所有裸露的装置外部可导电部件接入等电位系统，通常做法为采取在房间内沿墙距地0.3m左右敷设一圈防静电接地环，供房间内金属设备、管道、风口等金属构件就近进行防静电接地，防静电接地环应不少于2处与防静电接地干线进行可靠电气连接。在由室外通往该仓库内的主要出入口处，尚应设置人体静电消除器，消除人体产生的静电，人体静电消除器需就近与防静电接地环保持可靠连接。

8.2.2　照明供配电系统

照明设计范围主要包括室内照明、户外装置照明、道路照明、障碍照明等。室内照明主要指生产厂房、动力厂房、研发及办公楼、库房及其他附属建筑内。生产厂房一般为大柱网、大跨度、大空间、无采光窗的密闭厂房，对于密闭的洁净环境工作的人员来说，由于长期工作在人工照明环境下，对照明质量的要求更高。明亮舒适的视觉环境，不仅可以提高工作人员的视觉卫生，减少视觉疲劳，而且可以提高生产效率、保障工艺质量。因此，洁净厂房内照明设计是集成电路工程照明供配电系统的设计重点。

对于洁净厂房照明标准，应符合如下特点及要求：

1. **明亮的空间照度**：洁净空间应有良好的作业环境，如空间照度太低，容易使人感到疲劳，影响作业效率和工艺质量；

2. **均匀柔和的光源**：光源表面如果亮度太高，容易引起炫光，一般宜选用面状光源；

3. **专业的结构要求**：由于洁净空间需要通过气流净化，灯具表面材料应进行防静电处理，不得吸附和积聚尘埃，灯具结构应符合气流设计，外观呈流线型，减少风阻。

4. **特殊的光谱要求**：对于使用光敏材料的洁净厂房，对照明光谱具有特殊的要求，应根据材料性质确定照射光谱的范围和强度；

5. **特殊的安装要求**：洁净室一般设置有高效空气过滤系统，照明设计需考虑气流。特别是对于洁净等级较高的环境，高效过滤器的面积有时可高达顶棚面积的100%，限制了灯具的选择范围。

6. **电气安全和电磁兼容性**：由于洁净环境安装的精密仪器、机台较多，对环境要求提出了更加苛刻的条件，因此，对照明灯具的电气安全和电磁兼容也提出了更高的要求。

7. **高光效和低排放要求**：洁净空间的灯具照明是能耗中消耗非常重要的部分，除了考虑照明灯具自身的能源消耗，还有照明产生的热量也要通过空调系统排出室外，根据我国对节能、排放的要求，照明设计必须满足节能规范的要求。

8. **高可靠和低光衰要求**：由于洁净空间的造价高，运营和维护成本也高，对设施和设备的可靠性提出了较高要求，以减少维护频次、降低维护成本。洁净空间一般24小时常亮，照明灯具最容易老化和损坏，灯具维护或光源更换均有可能导致洁净失效，需要重新达到标准后方可生产，因此，要求照明的高可靠性和光源的低光衰率。

一、照度指标

照明系统要根据建筑房间功能和生产工艺需求等来确定房间的照度指标。我国照度标准值分级如下：0.5 lx、1 lx、2 lx、3 lx、5 lx、10 lx、15 lx、20 lx、30 lx、50 lx、75 lx、100 lx、150 lx、200 lx、300 lx、500 lx、750 lx、1 000 lx、1 500 lx、2 000 lx、3 000 lx、5 000 lx。

在集成电路工厂中，结合我国相关设计标准、规范，表8.2.1列出了常见房间或场所使用的设计照度标准值。

表8.2.1 集成电路工程常见场所的设计照度标准值

房间或场所	参考平面及高度	照度标准值（lx）
洁净生产用房	0.75m	300～500
洁净辅助区	0.75m	200～300
人员净化、物料净化室	0.75m	200～300
洁净室上静压箱	地面	200
更衣室	地面	200～300
实验室、办公室、会议室	0.75m	300～500
控制室	0.75m	300～500
化学品处理区	地面	200～300
冷冻站、压缩空气站、空调机房等设备站房	地面	150
泵房、锅炉房	地面	100
变配电室、柴油发电机房	地面	150～200
仓库	地面	100～200
楼梯间	地面	100
卫生间	地面	100

二、照明种类

根据不同场所和特定要求，我国把照明种类分为正常照明、应急照明、值班照明、警卫照明和航空障碍照明。其中，应急照明可细分为备用照明、安全照明、疏散照明。

在集成电路工厂设计时，考虑到不同场所性质和国家法规的要求，同一场所往往会根据实际需要设置一种或多种形式的照明，一般设置的照明种类如下：

（一）正常照明

在一般场所如室内工作及相关辅助场所均应设置正常照明。

（二）备用照明

备用照明是指在正常照明因电源失效后，可能会造成爆炸、火灾和人身伤亡等严重事故的场所，或停止工作将造成很大影响或经济损失的场所而设的继续工作用的照明，或在发生火灾时为了保证消防作用能正常进行而设置的照明。

在重要的区域，如：变电站、自备柴油发电机房、避难间（层）、避难走道、消防控制室、消防水泵房、防烟及排烟机房等，在发生火灾时仍需工作、值守，上述这些区域应设置备用照明，且其作业面的最低照度不应低于正常照明的照度。

除以上重要的场所区域外，洁净厂房也需设置备用照明。这主要是考虑到正常照明若因电源故障熄灭时，不能进行必要的操作处置可能会导致流程混乱、加工处理的贵重部件损坏等造成重大损失或由于不能进行必要的操作可能引起火灾、爆炸和中毒等事故。为了防止上述事故或情况的发生，一般设置照度不应低于正常照明照度标准的10%备用照明，确保所需场所或部位进行必要的活动和操作的最低照度。依据现行国家标准《消防应急照明和疏散指示系统技术标准》GB51309，备用照明不能替代消防应急照明，洁净厂房内设置了备用照明的同时，还应根据实际情况设置消防应急疏散照明和疏散指示标志。

（三）疏散照明

疏散照明是在正常照明因电源失效后，为了避免发生意外事故，需要对人员进行安全疏散时，在出口和通道设置的指示出口位置及方向的疏散标志灯和为照亮疏散通道而设置的照明。

（四）值班照明

值班照明是在非工作时间里，为需要夜间值守或巡视值班的车间、商店营业厅、展厅等场所提供的照明。它对照度要求不高，可以利用工作照明中能单独控制的一部分，也可利用应急照明，对其电源没有特殊要求。

（五）航空障碍照明

根据国家民航标准对航空障碍灯的设置要求，在飞行区域建设的高楼、烟囱、水塔以及在飞机起飞和降落的航道上等，对飞机的安全起降可能构成威胁，应按民航部门的规定，装设障碍标志灯。国内集成电路工程在建设选址时，有许多建设工程选址在机场附近，此时，根据建（构）筑物的实际情况，应在障碍物的最高点和最边沿处设置航空障碍灯。航空障碍灯的选型和布置均应满足《中华人民共和国民用产品航空法》的相关规定。

三、照明光源和灯具

（一）照明光源

照明光源应根据生产工艺的特点和要求来选择，满足生产工艺及环境对显色性、启动时间等的要求，并应根据光源效能、寿命等在进行综合技术经济分析比较后确定，还应考虑有利于环保、节能要求。

一般情况下，如控制室、实验室、办公楼、电子元件等灯具安装高度较低（一般指高度在7～8m以下）的房间宜选用细管直管型三基色荧光灯；灯具安装高度较高的场所如冷冻站、压缩空气站、锅炉房、库房等场所，宜采用金属卤化物灯、高压钠灯或高频大功率细管直管荧光灯等。

照明设计应根据识别颜色要求和场所特点，选用相应显色指数的光源。目前，随着LED光源的发展，产品技术越来越成熟，LED照明灯具在照明领域获得大量应用是必然趋势。LED光源具有起动快、光效高、寿命长等诸多优点，已在集成电路工程领域广泛应用。一般照明用LED灯的显色指数（Ra）应符合如下规定：

（1）长期工作或停留的场所，Ra不应低于80，安装高度大于8m的大空间场所Ra不宜低于60；

（2）用于分辨颜色有要求的场所时Ra不宜低于80；

（3）用于颜色检验的局部照明时Ra不宜低于90。

另外，还需要考虑光源色温的选择，暖色温光在低照度下使人感到舒适，而在高照度下就感到燥热；而冷色温光在高照度下感到舒适，在低照度时感到昏暗、阴冷。一般主要生产区内部照度指标较高，光源色温宜采用6 000～6 500K；办公室、会议室、实验室、控制室等长期工作或停留的房间或场所，光源色温宜采用3 300～5 300K。值得注意的是，集成电路厂房洁净环境如光刻区，由于工艺的需要，洁净灯具应常用黄光源，黄光源能对500nm以下的光谱实现有效阻隔。

近几年来，越来越多的集成电路工程项目应用了高效节能型LED光源。一方面因为LED光源的寿命较传统灯具长，光衰也较小，市场上已经有很多LED灯具的寿命可以做到3万小时以上，有的甚至能达到5万小时。另一方面，LED光源也很节能，一般LED光源指标要求，直管式LED灯光源的光效指标不低于100 lm/W，有的可做到140 lm/W以上。

（二）照明灯具

照明灯具可以按照使用光源、安装方式、使用环境及使用功能等进行分类，以下是几种具有代表性的分类方法：

根据使用的光源分类：荧光灯灯具、高强气体放电灯灯具、LED光源灯具等。

根据灯具的安装方式分类：吸顶式灯具、嵌入式灯具、悬吊式灯具、壁式灯具、暗槽灯、高杆灯、草坪灯等。

按照特殊场所使用环境分类：如多尘场所、潮湿场所、腐蚀性场所、火灾危险场所、爆炸危险场所、洁净要求等环境，对应灯具有防水防尘灯具、三防型（防水、防尘、防腐型）灯具、防爆灯具或洁净型灯具。防爆灯具的选择应满足规范GB50058《爆炸危险环境电力装置设计规范》中对爆炸性环境电气设备的选择要求。

1. 洁净厂房内照明

选择照明灯具的安装方式是洁净室照明设计的关键。在进行照明设计时，需要考虑空气气流流型和洁净度要求。

对于垂直单向流洁净环境，由于吊顶上部布置大量的FFU出风口，灯具安装面积小，常采用泪滴型灯具，灯具光源可以选用荧光灯光源或LED光源，泪滴型灯具如图8.2.18所示。

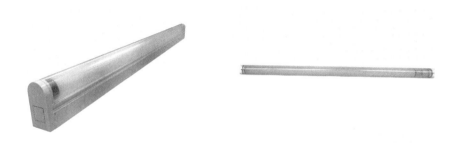

(a) 白光源   (b) 黄光源

图8.2.18　泪滴型灯具

泪滴型灯具的布置宜采用连续性灯带布置或断续灯带布置，并与天花上安装的火灾报警探测器、应急广播、空调风口、喷淋头、挡烟垂壁、自动小车轨道等综合考虑布置，泪滴型灯具在集成电路厂房中的安装实景图如图8.2.19所示。

 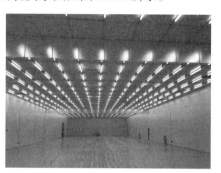

(a) 连续性灯带布置   (b) 断续灯带布置

图8.2.19　洁净环境泪滴型灯具安装实景

对于水平单向流洁净环境，送、回风口均布置在侧墙上，天花上便于灯具安装，可以采用吸顶式洁净灯具，由于传统吸顶式荧光型灯具厚度较厚，可以采用吸顶式薄型洁净灯具或嵌入式洁净灯具，以减少灯具外形对气流的影响，LED平面型和薄型洁净灯具示例如图8.2.20所示。传统吸顶式荧光型洁净灯具可以采用节能型直管荧光灯光源，也可以采用直管LED光源，传统吸顶式荧光型洁净灯具示例如图8.2.21所示，可根据不同环境要求选择白光源或黄光源。

（a）平面型 　　　　　　　　　　　　　　　（b）薄型

图8.2.20　LED型洁净灯具

（a）三管白光源 　　　　　　　　　　　　　（b）三管白光源

图8.2.21　传统吸顶式洁净灯具

水平单向流洁净环境洁净灯具吸顶安装实景详见图8.2.22，灯具采用了吸顶式三管洁净具，配光源T8-3x36W荧光灯，设计照度为500 lx，灯具于吊顶天花上吸顶安装。

图8.2.22 洁净环境洁净灯具吸顶安装实景

图8.2.23为某集成电路工程洁净室的下技术夹层，洁净环境采用了吸顶式三管洁净灯具，配光源T8-3x18W LED光源，设计照度为300 lx，灯具于金属线槽下吸顶安装实景。

图8.2.23 洁净环境洁净灯具线槽下吸顶安装实景

对于非单向流的洁净环境，宜采用吸顶式薄型洁净灯具或嵌入式洁净灯具，可以有效防止灰尘积聚，图8.2.24为嵌入式洁净灯具示例。

（a）三管白光源　　　　　　　　　　　　　（b）三管白光源

图8.2.24　嵌入式洁净灯具

洁净环境采用了上检修嵌入式洁净灯具安装，光源采用了高效节能型四管荧光灯灯管 T5-4x28W，设计照度为 800 lx，吊顶天花的高度为 5m，灯具光源根据环境特征要求，分别使用了白光源和黄光源，安装实际效果如图 8.2.25 所示。

（a）黄光源　　　　　　　　　　　　　（b）白光源

图8.2.25　洁净环境嵌入式洁净灯具安装实景

需特别注意，考虑到洁净环境照明的明暗适应要求，洁净环境的走道、休息室、更衣室的照度与生产区的照度等级不能相差太大，差值一般不超过 2 个照度标准值等级为宜。

2. 办公、会议室照明

办公照明的主要任务是为工作人员提供完成工作任务的光线，从工作人员的心理和生理需求出发，创造明亮舒适的光环境，提高工作人员的工作效率。

办公照明灯具形式需根据建筑顶棚的形式来进行选择，一般采用均匀布置方式。嵌入式格栅荧光灯盘是办公室照明中采用的最传统的照明灯具，根据顶棚规格可以选用不同的灯具尺寸，常用的灯具尺寸有：1 200(L)mm×600(W)mm×80(H)mm 和 600(L)mm×600(W)mm×80(H)mm。嵌入式格栅灯具在办公环境的安装实景如图8.2.26所示。该办公环境设计照度500 lx，灯具采用了灯带布置方式。

图8.2.26 嵌入式格栅灯具安装实景

近几年来，LED平面灯具在办公室照明中已经开始替代传统格栅荧光灯。根据灯具形式不同，有点发光、线发光和面发光三种常见形式的平面灯具。点发光灯具主要采用深嵌式设计，很好地控制了炫光，下开放式的发光方式提高了灯具效率，其光效是平面灯具中最高的，可达到100 lm/W以上；线发光灯具在满足眩光限制值的同时，其光效介于点发光和面发光灯具之间，一般可达90 lm/W，是平面灯具中性价比最高的灯具；面发光灯具表面亮度均匀，光线柔和，控制眩光效果最好，但其光效率低于点发光灯具，达到80 lm/W。嵌入式LED平面灯具示例如图8.2.27所示。

图8.2.27   嵌入式LED平面灯具

3. 动力站房照明

集成电路工厂动力站房通常指纯水站、工艺冷却水站、冷冻站、空压站及配套变电站、空调机房等功能房间。动力站房内通常设备多、管道空间复杂，照明灯具的选择和设置不当，往往会造成灯具被阻挡形成照度不足、后期检修困难等问题。

考虑美观和实际照度的要求，动力站房常采用防水防尘灯具于线槽下安装，图8.2.28为冷冻站采用三防型灯具于线槽下吸顶安装实景图，配LED-2x18W光源，设计照度为150 lx。灯具采用了间隔控制，无人时可以关闭一半灯具实现节能。

图8.2.28　冷冻站吸顶式线槽灯具安装实景

针对高大空间且管路复杂的站房，宜考虑设置两层照明，最上层照明灯具于上层楼板下吊装，主要服务于复杂管道上部空间，灯具宜选择长寿命的LED工矿灯，有利于灯具维护和更换；下层照明灯具设置于复杂管路下方，和主要通道、需要操作、维护的设备区域上方，常采用防水防尘灯具。若环境具有防腐、防爆等特殊要求，灯具选型需要选择与环境相适宜的三防型灯具、防爆灯具。

四、应急疏散照明系统

应急照明是因正常照明的电源失效后而启动的照明。应急照明作为建筑照明设施的一部分，同人身安全和建筑安全、设备安全密切相关。当电源中断，特别是建筑物内发生火灾或其他灾害而电源中断时，应急照明对人员疏散、保证人身安全、保证工作的继续进行、生产或运行中进行必需的操作或处置，以防止再发生事故都占有特殊地位。

涉及应急照明的规范众多，在国家和行业中对应急照明的分类和要求也不尽统一。《建筑照明设计标准》GB-50034-2013把应急照明分为疏散照明、安全照明和备用照明；《建筑防火设计规范》GB50016把应急照明限定在防火方面，分为消防应急照明和疏散指示标志，消防应急照明包括疏散照明和备用照明；《消防应急照明和疏散指示系统技术标准》GB51309详细规定了消防应急照明和疏散指示系统的分类、术语、防护等级、一般要求、试验、验收、使用说明等，尤其对灯具和系统都做了十分详尽的规范。因此，消防应急照明和疏散指示系统的设置应满足现行国家标准《消防应急照明和疏散指示系统技术标准》GB51309的相关规定。系统按应急灯具的控制方式分为集中式控制系统和非集中式控制型系统两种。集中式控制系统设置应急照明控制器，由应急照明控制器集中控制并显示应急照明集中电源或应急照明配电箱及其配接的消防应急灯具工作状态；非集中式控制型系统未设置应急照明控制器，由应急照明集中电源或应急照明配电箱分别控制其配接消防应急照明灯具工作状态。

一般集成电路工程项目均设置了火灾自动报警系统和消防控制室，消防应急照明和疏散指示系统应采用集中控制型系统。系统中的应急照明控制器、应急照明集中电源、应急照明配电箱和灯具的选择，应符合现行国家标准《消防应急照明和疏散指示系统》GB17945的有关规定和市场准入制度。

根据疏散指示方案进行消防应急照明灯具的布置设计，照明灯具的设置应保证为人员在疏散路径及相关区域的疏散提供最基本的照度。集成电路工程的各类厂房和丙类仓库的封闭楼梯间、防烟楼梯间及其前室、消防电梯间的前室或合用前室、避难走道、避难层（间）、人员密集的厂房内的生产场所及疏散走道以及公共建筑内的疏散走道等，均应设置应急疏散照明，应急疏散照明的地面最低水平照度应符合下列规定：

（1）对于疏散走道，不应低于 1.0 lx；

（2）对于人员密集场所、避难层（间），不应低于 3.0 lx；

（3）对于楼梯间、前室或合用前室、避难走道，不应低于 5.0 lx。

消防应急照明灯具的选择，应采用节能光源的灯具，不应采用蓄光型指示标志替代消防应急标志灯具，光源的色温不应低于 2 700K。设置在距地面8m及以下的灯具的电压等级及供电方式的选择应选择A型灯具（主电源和蓄电池电源额定工作电压均不大于DC36V），地面上设置的标志灯应选择集中电源A型灯具。

洁净生产厂房内如洁净区、技术夹层和疏散通道，需设置供人员疏散用的应急照明，应急疏散照明的地面最低水平照度不低于1 lx。图8.2.29为消防应急照明灯具在洁净环境的安装实景，灯具配LED-5W光源（电源36V），灯具平时不亮，火灾时联动点亮。

图8.2.29 洁净环境消防应急照明灯具安装实景

在火灾状态下，高危场所灯具光源应急点亮的响应时间不应大于0.25s，其他场所灯具光源应急照明点亮的响应时间不应大于5s，若具有两种及以上疏散指示方案的场所，标志灯光源点亮、熄灭的响应时间不应大于5s。

疏散指示标志灯的设置应保证人员能够清晰地辨识疏散路径、疏散方向、安全出口的位置、所处的楼层位置。方向标志灯的标志面与疏散方向垂直时，灯具的设置间距不应大于20m；方向标志灯的标志面与疏散方向平行时，间距不应大于10m。对于室内高度大于4.5m的场所，应选择特大型或大型标志灯；高度为3.5m～4.5m的场所，应选择大型或中型标志灯；高度小于3.5m的场所，应选择中型或小型标志灯。对于洁净厂房内，在安全出入口、疏散通道或疏散通道转角处应设置疏散标志；在专用消防口还应设置红色应急照明指示灯，如图8.2.30所示。

图8.2.30 专用消防口红色应急照明指示灯安装实景

对于洁净生产厂房内，生产工艺往往对照明的连续性和可靠性有较严格的要求，因此，除设置消防应急疏散照明外，现行国家标准均要求在洁净厂房内设置备用照明，且备用照明的照度一般要求不低于正常照明10%比例。备用照明一般作为正常照明的一部分，备用照明的灯具可以采用正常照明灯具，需在火灾时保持正常照度。

近几年，我国大中型集成电路工程洁净室的备用照明设置比例，主要采用了不低于正常照明照度标准20%的标准；数据机房、安防控制中心、DCS控制中心、FMCS中央控制中心等重要场所，宜按最低照度（不应低于正常照明的照度）标准设置备用照明。

对于消防控制室、高低压配电房、发电机房及蓄电池类自备电源室、消防水泵房、防排烟机房、消防电梯机房、通信机房、IT机房、安全控制中心等发生火灾有人值班的场所，应同时设置备用照明和疏散照明；楼层配电间（室）及其他发生火灾无人值班的场所，可以不设置备用照明和疏散照明。备用照明可以采用普通灯具，并由双电源供电。

五、照明供配电系统

照明系统分为正常照明和应急照明两个部分。依据现行国家规范《供配电系统设计规范》GB50052的相关规定，电力负荷根据供电可靠性的要求及中断对人身安全、经济损失造成的影响程度进行分级，把负荷分为一、二、三共三个等级。应根据照明负荷中断供电造成的影响及损失，合理地确定负荷等级，并应正确地选择供电方案。

我国照明系统供电电源通常采用50HZ，220V/380V。光源电压一般为交流220V，1 500W以上的光源电压宜采用交流380V，移动式灯具电压不超过50V，潮湿场所电压不超过25V，水下场所可以采用交流12V光源。

照明灯具的端电压不宜过高和过低，电压过高会缩短光源的寿命；电压低于额定电压值，会使光通量下降，照度降低。因此，在正常情况下，一般工作场所照明灯具的端电压偏差允许值为±5%；露天工作场所、远离变电站的小面积一般工作场所，难以满足端电压偏差±5%时，可为+5%～−10%；应急照明、道路照明和警卫照明等为+5%～−10%。电压波动和闪变也会使人的视感不舒适，还会降低光源的寿命。为了减少电压波动和闪变的影响，通常设置独立的照明配电系统，并与动力负荷配电分开。当电压偏差或波动不能保证照明质量或光源寿命时，在技术经济合理的条件下，可采用有载调压电力变压器、调压器或专用变压器供电。

建筑物内照明配电系统接地形式应与建筑物供电系统统一考虑，一般采用TN-S、TN-C-S系统；户外照明宜采用TT接地系统。

应急照明在正常照明电源故障时使用，尚应由与正常照明电源独立的电源供电，除主电源外，应设置备用电源。备用电源可由如下几种方式构成：

（1）来自电网有效的独立于正常电源的馈电线路；

（2）专用的应急发电机组；

（3）带有蓄电池的应急电源，包括集中或分区集中设置的，或灯具自带的蓄电池；

（4）备用照明、安全照明由上述三种方式中的两种或三种电源组合，疏散照明和疏散指示标志应由第三种方式供电。

对于备用电源的持续时间，大中型集成电路工厂在行业内通常设置备用时间不小于90min。正常电源故障停电后，应自动转换到备用电源，其转换时间应保证灯具在5s内转入应急工作状态，高危险区域的应急转换时间不大于0.25s。

特别重要的照明负荷，宜在照明配电盘采用自动切换电源的方式，负荷较大时可采用由两个专用回路各带约50%照明灯具的配电方式，既节能又可靠。三相照明线路各相负荷的分配宜保持平衡，最大相负荷电流不宜超过三相负荷平均值的115%，最小相负荷电流不宜小于三相负荷平均值的85%。

室内照明分支线路应采用铜芯绝缘导线，其截面积不应小于1.5mm²；室外照明线路宜采用双重绝缘铜芯导线，照明支路导线截面积不应小于2.5mm²。不应将线路敷设在高温灯具的上部，接入高温灯具的线路应采用耐热导线配线或采取其他隔热措施。

8.3 自控控制系统

集成电路工厂自动控制是一门集电气技术、自动化仪表、计算机技术和网络通信等技术为一体的综合技术，只有正确合理地运用各门技术，系统才能达到控制要求。

为了保证集成电路工厂对生产环境控制的特殊要求，公用动力工程系统、净化空调系统等的控制系统应具有高可靠性。其次，对于不同的控制设备，要求具有开放性，以适应实现全厂联网控制的要求。

集成电路工艺技术发展迅速，集成电路工厂各系统应具有灵活性、扩展性，为此要求控制设备具有可扩展性，以满足洁净厂房控制要求的变化。

8.3.1 厂务系统组成及简介

集成电路工厂厂务系统包括洁净室空调通风系统、非洁净室空调通风系统、工艺排风系统、事故通风系统、生产/生活供水系统、电力供配电系统、冷冻水供应系统、循环冷却水系统、热水温水供应系统、天然气供应系统、柴油供应系统、超纯水处理系统、工艺废水处理系统、工艺冷却水系统、工艺真空系统、压缩空气供应系统、清扫真空系统、大宗气体供应系统、特殊气体供应系统、化学品供应系统等（图8.3.1）。

洁净室监控系统：半导体洁净区通常采用新风空调箱（MAU）+风机过滤单元（FFU）+干冷盘管（DCC）的设计。即通过MAU将一定洁净等级和温湿度的新风送到洁净室的回风夹道中与循环回风汇合后进入洁净室吊顶上方，通过风机过滤单元FFU后进入洁净室生产区域，从而达到洁净室的温度湿度、洁净度及正压要求。对于洁净室的温湿度控制，最主要的两块是新风空调箱和干盘管。新风空调箱除了要保证外界大气经过其中的初效、中效和高效过滤网，把空气中的粉尘颗粒过滤掉外，还要根据洁净室里面的温湿度情况调整出风口的温湿度，以保证送入的新风在规定的温湿度范围内。而干盘管是根据洁净室里面安装的温湿度传感器测量的值来调整

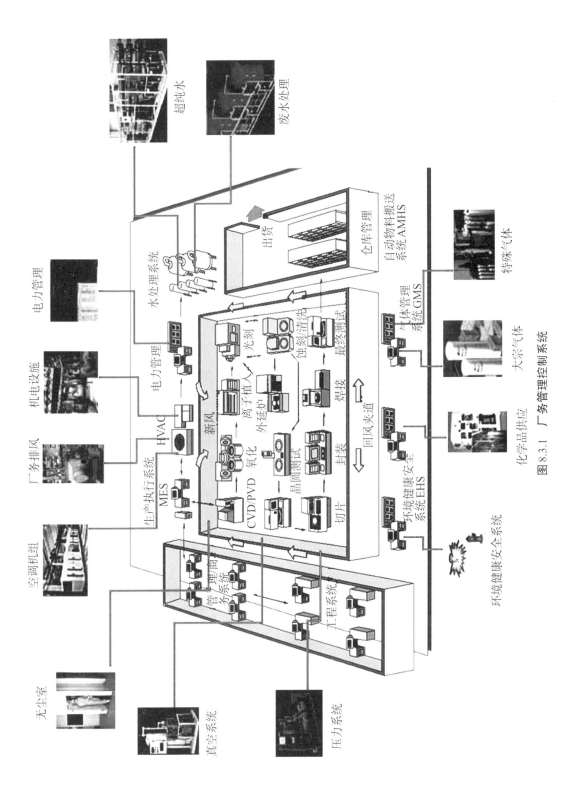

图8.3.1 厂务管理控制系统

干盘管冷水阀的开度，进而调节回风和送风混合后的温湿度，以保证满足半导体工艺的温湿度需求。相应的传感器检测室内的压差或送、排气管路中的压力或气流调节送、排气量，是通过管路中的电动阀或风机的速度来实现。

工艺产生废气包括一般排气（GEX）、酸性废气（SEX）、碱性废气（AEX）、有机废气（VEX）和有毒气体等废气。

工艺冷却水系（PCW）主要用于洁净室内生产设备使用，主要用于冷却工艺设备，由水箱、PCW水泵、热交换器、过滤器、冷冻水和冷却水（PCW）侧水管等组成。PCW系统中有冷冻水和冷却水这两个相对独立的系统，冷冻水由冷冻机提供，冷冻水与冷却水进行热交换使冷却水降温，从而降低设备的温度。从生产设备抽水经水泵至板式换热器通过控制冷冻水的量来保证PCW的水温，通过过滤器后送至生产线设备，再回到水泵，构成PCW闭式循环。冷冻水侧直接回冷冻机，PCW水箱作为PCW系统的补水系统。

大宗气体系统由供气系统和输送管道系统组成，其中供气系统又可细分为气源、纯化和品质监测等几个部分。通常在设计中将气源设置在独立于生产厂房之外的气体站（Gas Yard），而气体的纯化则往往在生产厂房内专门的纯化间（Purifier Room）中进行。经纯化后的大宗气体由管道从气体纯化间输送至生产下夹层（Sub-FAB）或生产区的架空地板下，在这里形成配管网络，最后由二次配管系统（Hook-up）送至各用户点。

特种气体包括惰性气体、有毒氧化性气体、有毒腐蚀气体、有毒烷类气体、可燃气体。危险气体是由气瓶将气体传送至VMB（阀门箱），再由分配管线传送至使用点。惰性气体是由气瓶将气体传送至阀门盘，再由分配管线传送至使用点。

气体监控系统（GAS MONITOR SYSTEM）一般包含以下设备监控：

（1）各种气体侦测器（可燃性，毒性，氧气）的讯号采集。

（2）气柜、阀箱等供气设备的讯号采集与联动控制。

（3）火焰探测器，急停按钮讯号采集。

（4）气体压力，真空表，温度，流量等讯号采集。

（5）地震仪等讯号采集。

（6）警报灯，语音广播，短信报警等联动。

纯水处理系统包括纯水制备部分和抛光精制部分。

冷冻水系统由冷水机组、冷冻水泵、立式（囊式）气压罐定压装置、补水箱、管道及阀门附件、保冷材料等组成。冷水机组制备的7℃或13℃冷冻水由冷冻水循环泵送至空调机组，各用户的12℃或18℃回水再经冷冻水循环泵加压后送回冷水机组，如此循环。

压缩空气供应系统：压缩空气供应采用空压机及后处理设备组成，室外空气经压缩后，经过滤干燥后通过管道输送至生产厂房用气点。空压机冷却水由冷却塔供给。系统由水空压机、储气罐、各级过滤器、干燥机、管路系统等组成。

热水系统由热水锅炉、热水循环泵、膨胀水箱、加药装置、管路系统等组成。

循环冷却水系统由冷却塔、塔下水盘、加药装置、旁滤装置、冷却水水温控制装置、阀门、管道等组成。

真空系统由真空泵机组、真空缓冲罐（即真空接收器）、管道及阀门附件等组成。

集成电路工厂电力监控系统主要包括UPS系统内的电力监控、应急柴油发电机系统内的电力监控、变电站内的电力监控系统及各变配电站内的直流电源监控系统。

能源管理系统采用分层分布式结构，一般分为4层：现场设备层、能源监控层、信息管理层、客户层。各分层的分工应包括：

（1）**现场设备层**：该层包含设备终端及发电设备。完成现场数据采集、处理和现场监控，在上一层发生故障时可独立完成相关设备的监视和控制。该层应采用RS485.TCP/IP等通信方式，对现场分布的各类仪表进行数据采集。

（2）**能源监控层**：完成能源相关数据采集、处理与集中存储、报警等全厂运行控制功能。该层应为运行监控人员提供功能丰富、稳定的监控界面，可以对实时运行状况通过模拟运行图、曲线、报警等方式进行查询显示。界面可以采用LED大屏进行输出，提升展示效果。能量监控层应采用C/S结构，主要内容为图控相关部分，包括数据采集、数据存储、报警、人机交互、数据上传、与第三方系统通信等。

（3）**信息管理层**：该层应提供Web功能，进行相关的耗能分析、统计报表、曲线、图表输出和数据导出，为企业统计、查询、优化能源使用方案提供依据。信息管理层应采用B/S结构，主要内容为信息管理部分，包括数据采集、负荷预测与管理、发电预测与管理、发用电计划、综合分析与评估、能耗分类计算、图表分析、趋势曲线、报表管理、Web发布等。

（4）**客户层**：本层管理人员可以在办公室通过Web浏览器查看能源消耗统计报表、消耗曲线、发电预测报表、发用电计划报表、综合分析与评估报告、对比图表、关键KPI指标等，并对异常数据及时了解，指挥调度。

8.3.2 FMCS系统

一、FMCS系统介绍

FMCS（Facility Management Control System 厂务管理控制系统）是通过传感器、执行器、控制器、人机界面、通信网络、数据库、组态软件等对工厂的公用设备进行监视和控制的综合系统，以达到以下目的：互通全厂信息、提升整体管理效率、降低运转维护困难度、降低管理成本等。

FMCS是一个采用分层的分布式结构的监控系统，按控制级别分为三层。

第一层为现场设备层。该层包括各类传感器、变送器、探测器、阀门执行机构、变速设备、马达电机、限位开关及其他相关工艺设备及装置，可实现对现场数据的采集及对控制器命令的执行的功能。

第二层为控制层。该层包括可完成单元层操作的软件和硬件，主要有单回路控制器和可编程的逻辑处理器等设备，可实现对底层设备的数据采集、下发控制命令、监视现场控制情况的功能。

第三层为管理层。该层分为现场子系统管理和全厂管理。管理层包括操作站、工程师站、主服务器、OPC服务器、WEB服务器、热备份服务器、图形打印机、报警打印机、SCADA用的HMI软件等。

二、主要设备

1.现场仪器（表）

在半导体厂务控制系统的传感器主要有：温度传感器、湿度传感器、压力传感器、液位传感器，液位开关、流量计等。

温度传感器（图8.3.2）可分为热电阻、热电偶、热敏电阻，集成电路PN、红外线等类型，集成电路工厂主要采用热电阻传感器，通过测量其电阻值便可测出相应的温度，如Pt100，Pt1000。

图8.3.2　温度传感器　　　　　　　　　图8.3.3　湿度传感器

湿度传感器（图8.3.3）：湿敏元件是最简单的湿度传感器，湿敏元件主要有电阻式、电容式。湿敏电阻是在基片上覆盖一层感湿材料制成的膜，当水蒸气吸附在感湿膜上，元件的电阻率和电阻值发生变化。湿敏电容一般是用高分子电容制成，当环境的湿度发生变化时，湿敏电容的介电常数发生改变，使其电容发生变化。

压力传感器分为电阻应变片压力传感器、集成电路应变片压力传感器、压阻式压力传感器、电感式压力传感器、电容式压力传感器、谐振式压力传感器及电容式压力传感器等。差压变送器如图8.3.4所示，微差压变送器如图8.3.5所示。

图8.3.4　差压变送器　　　　　　　　　图8.3.5　微差压变送器

电磁流量计（图8.3.6）基于法拉第电磁感应定律进行测量，是在一个短管外设置电磁感应线圈，通过测量感应电动势来测量流量。

图8.3.6　电磁流量计

图8.3.7　涡街流量计

图8.3.8　热式气体质量流量计

涡街流量计（图8.3.7）的基本原理是卡门涡街现象，当介质以一定的速度流过三角柱型的漩涡发生体时，它的两侧就形成了交替变化的两排漩涡，这种漩涡被称为卡门涡街。斯特劳哈尔在卡门涡街理论的基础上又提出了卡门涡街的频率与流体的流速成正比。

热式气体质量流量计（图8.3.8）采用热扩散原理，其典型传感元件包括两个热电阻（铂RTD），一个速度传感器和一个自动补偿气体温度变化的温度传感器。当两个RTD被置于介质中时，其中速度传感器被加热到环境温度以上的一个恒定的温度，另一个温度传感器用于感应介质温度。流经速度传感器的气体质量流量是通过传感元件的热传递量来计算的。

外贴式超声波流量仪（图8.3.9）是以"速度差法"为原理，利用超声波换能器产生超声波并使其在介质中传播，当超声波在流动的介质中传播时产生速度差，该速度差与介质的流速成正比。

图8.3.9　外贴式超声波流量仪

图8.3.10　风速传感器

风速传感器（图8.3.10）：风管内的风量通过测量风管内的平均风速，目前常见的风速测量方式有热线式风速仪、叶轮风速仪、毕托管风速仪。

2. 控制阀类

控制阀类设备对制程上流体的差压（压力）、温度、湿度、露点、焓值、流量、液位等做适当的节流或ON/OFF的控制。

控制阀类设备分为开关型和调节型。开关型阀门驱动器用于把阀门驱动到全开或全关位置。调节型阀门驱动器能够精确地使阀门走到任何位置，其工作原理是在基本的执行器内增加一个阀门定位器，使阀门的位置信号与控制信号成比例关系。

3. 控制器

直接数字控制器（DDC，Direct Digital Controller）：计算机通过模拟量输入通道（AI）和开关量输入通道（DI）采集实时数据，然后按一定规律进行计算，最后发出控制信号，并通过模拟量输出通道（AO）和开关量输出通道（DO）直接控制生产过程。DDC控制器的软件通常包括基础软件、自检软件和应用软件。基础软件是作为固化程序固化在模块中的通用软件，一般不能修改。自检软件是保证DDC控制器的正常运行、检测其运行故障，便于管理人员维护。应用软件是针对各个设备控制要求进行编写。

可编程控制器（PLC，Program Logic Controller）：一种具有微处理器的用于自动化控制的数字运算控制器，可以将控制指令随时载入内存进行储存与执行。可编程控制器由CPU、指令及数据内存、输入/输出接口、电源、数字模拟转换等功能单元组成。

单回路控制器（SLC，Single Loop Controller）：单回路控制器是一种以微处理器为计算、控制核心，配以相应软件，在外观及使用上类似常规模拟控制器的数字式控制仪表，又称单回路数字控制器。单回路控制器一般可接受多个输入信号，但只输出一个模拟量信号，构成单回路直接数字控制。

分布式控制系统（DCS，Distribution Control System）：是以微处理器为基础，采用控制功能分散、显示操作集中、兼顾分而自治和综合协调的设计原则的新一代仪表控制系统。

目前集成电路厂房FMCS系统以PLC居多。

4. **通信网络**（Communication Network）

目前 PLC 通信网络，大多以标准模块化通信协议（Protocol）取代以往通过网关（Gate Way）程序编译的软件方式。

通信网络模块（Communication Module）的网络层次。

（1）信息层（Information Layer）；

（2）控制层（Control Layer）；

（3）设备层（Device Layer）。

5. **人机界面**（Human Machine Interface，HMI）

在 FMCS 系统，所有的操控接口都可在计算机上执行，因此对中央监控系统而言，HMI 指的是通过 PC 及图控软件所执行的厂务监控设施。一般人机界面包括：

（1）监控计算机（Engineer、Operator and Other Viewer Station）；

（2）服务器（Data、Alarm、Web or Others Server）；

（3）其他（警报系统）。

三、控制功能

在 FMCS 系统，所有的操控接口都可在计算机上执行，因此通过 HMI 的监控计算机及图控软件所执行的厂务监控功能如下：

控制各系统制程上泵和风机的运转、设备启停，对控制阀开关及压力、差压、温度、湿度、露点、焓值、流量、液位等的闭回路、开回路、逻辑连锁、批次及警报设定等的控制。

监视/数据收集各系统制程管线及设备上的（压力、差压、温度、湿度、露点、焓值、流量、液位等）数据及马达，对设备运转、控制阀开关状态及警报等的数据收集、指示、记录及监视等。

监视/分析各系统制程参数、设备运转及启停、控制阀开关等的运转参数，可随时生成报表记录、历史趋势图等，并作为日后维修、校正及异常分析。

1. 仪表的选择

根据工艺或机械专业的 P&ID（Piping and Instrumentation diagram），先确定各仪表测量元件所在管道中的介质、回路功能、操作条件（操作压力、温度、密度、黏度、流速等），然后选择仪表类型、仪表各元部件的材质、填充物的材质、防爆等级、防护等级、洁净等级，以及仪表安装方式、电气接口尺寸、测量范围、精度、信号输出类型、电源、通信协议等。

2. 现场控制器的选择

根据控制仪表的信号数量和分布情况确定现场接线箱和控制器的数量，根据仪表选定类型分配I/O接口。PLC或DDC四种信号为AI、AO、DI、DO。还有一部分MODBUS/PROFIBUS等特用功能的数据信号。

3. 电缆与桥架的选择

根据控制信号和现场接线箱的数量和规格计算仪表线缆，进而计算桥架、选择线缆和桥架种类和数量、布置布线和布桥架平面。

4. 自控专业的P&ID

在系统流程和控制说明的基础上，制作控制逻辑单线图或简单的点位图。

5. 仪表平面图

根据其他相关专业提供的P&ID和部分仪表平面位置，制作仪表平面图。

6. I/O表

列举每一个仪表的I/O信号的信息，一般包括仪表名称和位号、I/O类型、量程、单位、信号类型等。

四、案例

如图8.3.11所示某集成电路工厂的FMCS网络构架图，在中央控制室设冗余的核心交换机，在各生产厂房内设分中心交换机，交换机之间采用环网架构，保证其网络通信的安全。核心交换机以及分中心交换机，以星型方式通过以太网连接各自建筑内的各个控制子系统。

各控制子系统采用PLC分散式控制和FMCS集中监控、管理的系统架构。

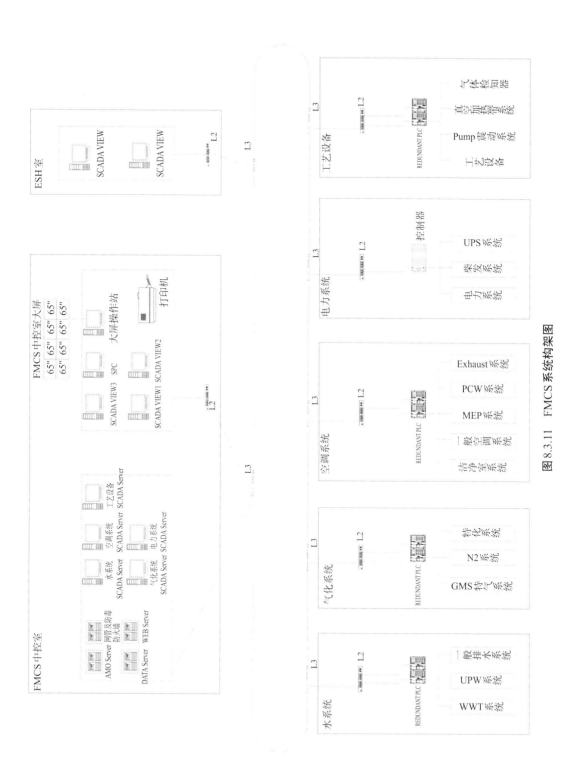

图 8.3.11　FMCS 系统构架图

8.4 弱 电

集成电路工厂为工艺连接紧密、自动化程度高、使用多种危险物质的现代化厂区，对生产环境的温度、湿度、洁净度、防微振、特气化学品、信息传输等均有着严格的控制要求，且建筑封闭，各种配套系统繁多复杂，因此集成电路工厂对弱电系统，包括信息化、智能化、生命安全要求极高。

工厂要求高效、安全、节能环保，集成电路生产线由计算机系统控制，企业管理由信息化系统支撑，同时工厂会使用大量的易燃易爆、毒性气体和化学品，种类繁多，必须确保运输、使用安全，因此集成电路工厂设置以生产制造、企业管理为核心的信息化系统，以公共安全、生产安全运行为核心的建筑智能化系统。

集成电路工厂中弱电系统的内容有：电话系统、综合布线系统、安防系统〔门禁系统、视频监控（CCTV）系统、界报警、巡更系统〕、广播系统（PA）、IPTV有线电视系统、火灾自动报警及联动控制系统、早期烟雾探测系统（EWSD）、气体监测系统（GDS）、电气火灾监控系统、消防设备电源监控系统、防火门监控系统、电梯五方对讲系统、信息引导及发布系统（含LED大屏显示）、室内外综合管线系统等。

8.4.1 电话系统

电话系统提供全厂区完整电话网络系统，系统需满足生产、办公厂区配置需求及未来的扩充性，对外语音通信。

电话系统核心实现语音通信的交换机有两种配置方式：第一，自建数字式程控电话交换机/集团电话数字交换系统；第二，由运营商提供电话虚拟网。

完整的电话系统包含全数字式程控交换机，附电池的独立电源供应系统、配线箱、电话出线口、电缆桥架及管线等。

自建程控交换机房通常设于办公楼，电信局端设备与电话交换机房设备各自独立，二机房相邻设置，电信局端缆线应配置至电信局机房的主配线架上，并以此为责任分界点。厂区内设置电话布线基础设备，设置声音和数据传输的电缆桥架。电话系统布线提供2对绞线及相连管路至电话端子箱及出线口，布线为综合布线系统的一部分。

电话程控交换机房通常设于办公楼区域，设于地上第二层为宜。

为确保系统可靠运行，系统的中央处理单元及内存单元应具备冗余机制。具备原厂语音自动总机、语音信箱、传真信箱等多功能整合设备，具备IP电话通信能力。提供48VDC浮充稳压不断电电源，不断电时间至少维持系统全载运转8小时以上，并设置在与电话交换机机房相邻的专用机房。

电话布线进入建筑物综合布线系统，布线通常采用6类无屏蔽系统，采用标准RJ-45插座和6类数据电缆。在生产、办公、动力各区域根据使用性质不同均设相应密度标准的电话/数据插座和单孔电话插座，并确保所有电话需求位置或是预留可能使用电话位置，均配置至少一处电话出线口。

办公部门预留外线直拨电话，消防控制室、变配电站、保安室等设市内直拨电话。

8.4.2 综合布线系统（语音/数据系统）

一、系统介绍

综合布线是一个模块化的、灵活性极高的建筑物内或建筑群之间的信息传输通道，是建筑的"信息高速公路"。它既能使语音、数据、图像设备和交换设备与其他信息管理系统彼此相连，也能使这些设备与外部通信网相连接。

它包括建筑物外部网络或电信线路的连线点与应用系统设备之间的所有线缆及相关的连接部件。综合布线由不同系列和规格的部件组成，其中包括：传输介质（含铜缆或光缆）、电路管理硬件（交叉连接区域和连接面板）、连接器、插座、适配器、传输电子设备（调制解调器，网络中心单元，收发器等）、电气保护装置（浪涌保护器）、支持的硬件（安装和管理系统的各类工具）和电气保护设备等。这些部件可用来构建各种子系统，它们都有各自的具体用途，不仅易于实施，且能随着需求的变化而平稳升级。布设合理的综合布线，对其服务的设备应具有一定的独立性，并能互连许多不同应用系统的设备，如模拟式或数字式的公共系统设备，也应支持图像（电视会议、监视电视）等，即所有信息插座能由其所支持的不同种类的设备共享，也就是说同一标准信息插座，可方便地通过跳线定义后即可接插不同通信协议的不同种类的信息设备。

二、系统组成

综合布线系统一般由六个独立的子系统组成，采用星型拓扑结构布放线缆。该结构下的每个分支子系统都是相对独立的单元，对每个分支子系统的变动都不会影响整个系统，只要改变结点连接方式就可使综合布线在星型、总线型、环型、树状型等结构之间进行转换。其六个子系统分别为：工作区子系统、水平子系统、管理区子系统、干线子系统、设备间子系统、建筑群子系统。

综合布线结构图如图8.4.1所示。

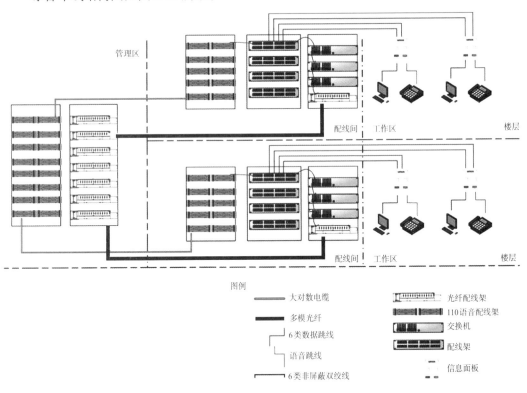

图8.4.1　结构化综合布线系统示意图

1. 工作区子系统

工作区是放置应用系统设备的地方。它由终端设备连接到信息插座的连线

（或接插软线）组成，如图8.4.2所示。计算机终端通过RJ45跳线与数据信息插座连接。

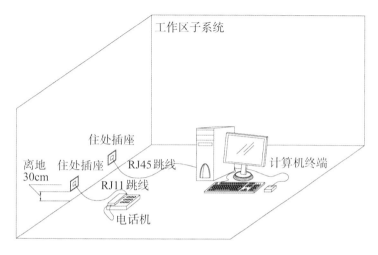

图8.4.2　　工作区子系统示意图

每个房间工作区插座选用六类非屏蔽/屏蔽模块化插座，同时在部分重点房间和大办公室，考虑采用预留光纤。工作区插座的安装，必须体现标准化、美观、实用、便捷的原则。

2. 水平区子系统

水平区子系统是将干线子系统经楼层配线间的管理区连接并延伸到工作区的信息插座，如图8.4.3所示。水平子系统与干线子系统的区别在于：水平子系统总是处在同一楼层上，线缆一端接在配线间的配线架上，另一端接在信息插座上。在建筑物内，干线子系统总是位于垂直的弱电间，并采用千兆或万兆光缆。

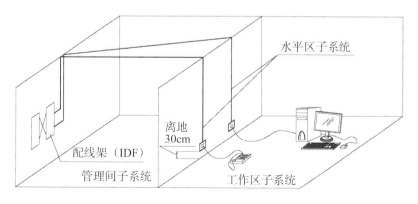

图8.4.3　水平区子系统示意图

3. 管理间子系统

配线架位于管理间，其采用交连和互连等方式，管理干线子系统和水平子系统的线缆。

管理间数据配线架的跳线连接方式如图8.4.4所示。

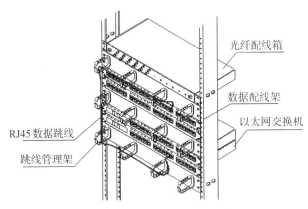

图8.4.4　管理间子系统示意图

管理间水平铜缆的配线架全部采用六类非屏蔽和六类屏蔽的RJ45模块化配线架；垂直主干数据配线架由24口机架式光纤配线箱组成，楼层主干光缆跳线采用LC接口。各种配线架在楼层配线管理间内全部采用2米标准19英寸机柜安装，机柜均需提供安装底座，可由机柜后出线。楼层管理间及机房内，均需设计并安装各机柜至垂直桥架的金属走线架。

4. 主干区子系统

干线子系统由设备间和楼层配线间之间的连接线缆组成，采用若干条万兆多模光缆，两端分别端接在设备间和楼层管理间的配线架上，如图8.4.5所示。

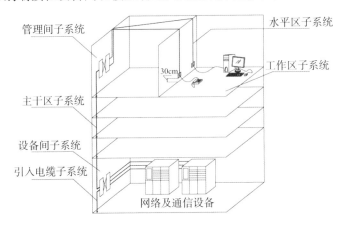

图8.4.5　主干区子系统示意图

5.设备间子系统

设备间是在每一座大楼的适当地点放置综合布线线缆和相关连接硬件及其应用系统的设备的场所。在设备间内，可把公共系统用的各种设备，如电信部门的中继线和公共系统设备（如PBX），互连起来。设备间还包括建筑物的入口区的设备或电气保护装置及其连接到符合要求的建筑物接地点。它相当于电话系统中站内的配线设备及电缆、导线连接部分。综合布线系统设备间架构示意图如图8.4.6所示。

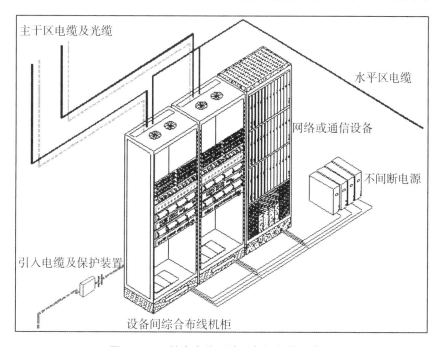

图8.4.6　综合布线系统设备间架构示意图

6.建筑群子系统

建筑群子系统应由连接各建筑物之间的综合布线缆线、建筑群配线设备（CD）和跳线等组成。

三、接地和防雷

综合布线系统的接地和防雷十分重要。所谓接地简单说来就是各种设备与大地的电气连接。接地的目的是为了使设备正常和安全地运行，以及建筑物和人身的安全。对计算机和通信系统而言，主要是电子设备的信号接地、计算机专用交流接地。良好的接地系统是保证数据安全可靠地传输中必不可少的一环，良好的布线系统对接地有严格的要求和规定。

从楼层配线架至接地极接地导线的直流电阻不超过1欧姆，并且要永久性地保持其连通。如果网络系统内有数个不同的地极，这些地极要相互连接，以减少地极之间的电位差，布线的金属线槽和管道应该接地以减少阻抗，机柜或机架应当良好接地。同时，对通信电缆和光缆的进出线，为了考虑防雷，要在进出端将电缆的金属外皮、钢管等与电气设备接地相连，并加装防雷保护装置。

8.4.3 安防系统（视频监控、门禁、周界报警、巡更系统）

一、系统介绍

安防系统为基于计算机系统集成的综合监控系统，由门禁系统、视频监控系统、车辆管理系统、防盗报警、周界报警及巡更等系统组合而成。

通常集成电路工厂设置安防综合管理平台，除集成安防系统功能外，还支撑通信及火警信息传输。

安防综合管理平台（图8.4.7）以厂区安保管理为核心，支持电子地图、可视化管理，平台可集成视频监控系统、门禁系统、周界报警系统、车辆管理系统、巡更、视频对讲系统、访客系统、信息发布系统、火警系统等。

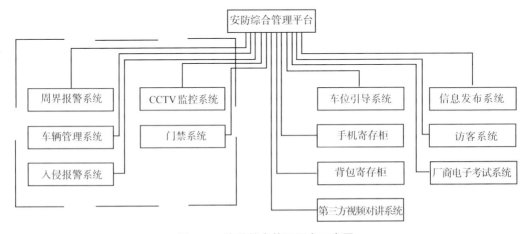

图8.4.7 安防综合管理平台示意图

二、视频监控系统

视频监控系统采用数字化图像采集，其传输、存储、管理系统须构建在高质量的IP数字专网（安保集成网络）之上，采用开放的IP架构实现所有业务流的交换分发，实现控制信令与视频交换承载网络相分离。满足标准、简洁、开放和可扩展架构的需求，实现在不影响基本业务性能前提下弹性、智能、可靠、高质量的满足监控系统规模不断扩展的需求。

视频监控系统用于监视和记录厂区、生产区和建筑周界、停车场、建筑内主要通道、敏感与高价值区域，如数据机房、装卸货等区域或房间。室内摄像机均为彩色高清及以上摄像机，根据使用场所分别采用固定和具有PTZ功能的配置，室外摄像机则采用具有红外夜视并带防潮、防雾、防尘、风冷、雨刷等功能的全天候防护罩的摄像机。在爆炸危险区采用专用隔爆外壳或专用防爆摄像机，在有毒及爆炸危险物质存储区域设置无死角视频监控配合入侵报警探测器。

在安全控制中心及门卫设置监视屏进行图像监视，也可通过网络终端授权查看摄像机图像。

主要设备包含有数字矩阵服务区主机、系统控制器、功能键盘、警报接口器、大屏显示器、多功能处理器及录像存储设备。设置磁盘阵列作为存储设备，全天候24小时录像，储存时间为与工艺相关及重要部位图像存储90天，其余部位不低于30日。

三、门禁系统

门禁系统包括人员信息管理、人员消费、门禁通道、考勤管理、停车场管理、出入口管理、电梯管理、查询管理、历史数据查询等，系统需预留扩充使用容量。主要功能包括：监视门禁主机、考勤机和读卡器以及门磁开关的工作状态，以及故障报警的区域或用户；监视消费机工作状态及消费情况；监视停车场出入口的车辆进出情况，非法冲闸报警和车位情况等；控制道闸的起降等功能；控制门禁系统中电锁的开/关；控制电梯系统运行状态情况，授权梯控等。

系统门禁控制器集中设置于IDF间内，通过TCP/IP协议接入安保集成网络中。在建筑内主要通道、入口及重要房间、楼梯间前室、电梯、洁净室化学品/气体供应房、动力站、控制室/数据机房等处设置门禁点。采用门磁加报警器的形式对疏散门进行管控。

四、厂区防盗报警及周界报警系统

厂区周界报警通常采用红外对射脉冲电子围栏或振动光缆，安装于围墙之上，在厂区周界每50～80m设置一个枪型摄像机；在建筑物进出重要通道、洁净室入口，重要办公室、控制室、库房以及危险品管制区域设置红外/微波双鉴防侵入探测器；在财务室，安防值班室设置防盗报警按钮。

五、车辆管理系统

工厂内停车场设置车辆管理系统，系统由进出道闸、专用摄像机、数据采集器、地感线圈、数据处理器、LED显示屏、服务器等组成，可通过智能车牌识别迅速实现车辆通行，并实现显示各停车区域剩余车位数量，引导车辆智能停靠，有序管理。

8.4.4　广播系统（普通广播兼应急广播系统）

集成电路工厂当发生消防灭火、危险物泄漏、灾害等情况时，需组织人员尽快疏散撤离，因而需设置应急广播系统，平时兼有普通业务广播、背景音乐、作息信号功能。广播主机设置在消防控制室，音源包括CD机、录音播放器、电话传呼接口、主叫站及网络远程呼叫站、紧急广播呼叫等。

广播网络通常采用光缆多路输出方式配置，按建筑、楼层及防火或功能分区，在相应建筑中设置对应的分布式广播站，进行本地的广播输出。广播主机采用100V定压输出，广播系统功率放大器采用240W或480W（包括备份）并分回路输出。广播监控监听设备设于消防控制中心及分布式广播站。

火灾时火灾报警系统具有绝对优先控制权。一旦发生火灾，由火灾报警控制主机自动启动应急广播系统，播放预先录制好的数字音频录音信号，值班人员也可通过话筒广播。

当发生特气泄露、地震等事件时，广播也应能自动切换并播放相应应急录音。

8.4.5　IPTV有线电视系统

工厂内有线电视系统采用IPTV网络电视架构，通过IPTV网关接收处理电信运营商（包括电信、联通、移动）的IPTV信号源。使用编码器接收自办节目信号，通过IP网络系统传输至电视终端，通过专用播放器解码播放高清电视。

有线电视前端设备设于办公区弱电机房，电视信号由弱电机房用光缆引来。在值班室、会议室、活动室、餐厅等处设置电视插座，终端能分区域控制。

8.4.6　火灾自动报警及消防联动控制

一、系统介绍

集成电路生产厂房为丙类生产厂房，按设计规范为火灾自动报警保护对象，在洁净生产区及配套服务区设置火灾自动报警系统及相关联动控制装置。

火灾报警控制主机设于消防控制中心内，该房间还配套设有消防专用对讲电话主机、消防联动控制器、控制室图形显示装置、消防应急广播控制装置、消防应急照明和疏散指示系统控制装置、消防电源监控器等设备或具有相应功能的组合设备。通常在生产厂房、动力厂房等设区域报警控制器，在合适位置设消防控制室。

火警系统采用总线制控制中心或集中报警系统，消防控制室设置控制系统，通过光缆或电缆连接到主要建筑的火警区域报警控制器，报警控制信号采用总线结构。

二、火灾探测器设置

在各建筑的净化区，动力区、办公区各主要房间及走道设置点式光电感烟探测器，化学品库采用定温感温（防爆型、耐酸型）探测器，可燃气体纯化、气柜间和甲类化学品库设火焰探测器，仓库、变电站采用离子感烟探测器。

在柴油发电机机房、锅炉房、厨房室设差定温感温探测器。

其中净化级别较高区域的回风夹道、下送风地板下、变电站配电柜设VESDA早期烟雾探测系统。

各报警区域配套设置有手动报警按钮与声光报警器。

为方便火警时的通信联络，在各手动报警按钮上设有火警专用电话插孔，并在与消防相关的设备机房、值班室、控制室等处设火警专用对讲电话分机。

在部分防爆区域采用防爆火灾探测器，所有线路均做防爆处理。

火灾报警系统采用回路总线信号监控结构，可自动检测系统的报警与故障信号并联动控制消防设备的动作，每一总线回路连接设备的总数不宜超过200点，且应留有不少于额定容量10%的余量。

三、消防联动控制设置

一旦发生火灾后，火灾报警及消防联动控制系统可对以下设备进行联动控制：

相应区域的声光报警装置全部激活发出声光警报；

启动应急广播系统，指挥灭火及人员疏散；

切断相应区域的非消防电源，涉及工艺部分的电源则由消防控制人员进行手动控制；

洁净区探测器发生报警后，经相关人员确认，手动断开FFU配电箱电源。

关闭相关区域可燃气管道阀门；

启动相应区域的防排系统；

启动消火栓泵、喷淋泵或消防灭火系统；

部分区域设有CO_2等自动灭火系统，在该区域根据房间性质设置不同的火灾探测器，当该区域不同种类探测器均报警或就地手动报警按钮报警时，由消防控制中心自动或手动进入自动灭火状态，启动现场警铃或声光报警器，延时30秒后封闭着火区域，进行自动灭火。也可以通过现场手动按钮完成自动灭火或中止报警。

所有电梯回归首层；

气体报警系统的报警出通过火警输入模块在控制中心进行显示；

接受所有相关设备或系统的状态或动作反馈信号。在消防控制室设有手动控制盘，可通过硬线直接启动或停止喷淋泵、消火栓泵、抽烟风机、消防补风机、增送风机、雨淋阀组。

四、极早期报警火灾探测系统（VESDA）

集成电路生产厂房及变电站等重要设备站房，为早期发现火情，保障生命财产安全，设置极早期报警火灾探测系统。该系统可主动抽取环境中的空气，只要在空气中发现烟雾，就能及时发现，并在火灾形成前数小时实现早期报警。

通常在洁净区回风夹道及华夫板下设置极早期烟雾探测器，以尽早判断和尽可能分区报警；在变电站各变配电柜、生产厂房各工艺配电柜内设置毛细管式探测器；在数据中心设置极早期烟雾探测。

所有极早期烟雾探测器均采用三个火警输入模块接收早期烟雾探测信号和报警信号，进入火警系统完成联动控制，并大约每64台极早期烟雾探测器自身连接为环路总线，输出一个TCP/IP协议端口，通过专用网络把信号传输到消防控制中心（室）的极早期烟雾系统监控工作站上。通过监控工作站，可以完成平时工作参数设置及监视、故障及火灾报警等，并可记录回溯事故起源。

五、电气火灾监控系统

电气火灾监控系统的系统主机通常设置在消防控制中心（室）内。系统由电气火灾监控主机、电气火灾监控模块及剩余电流、温度传感器组成。

系统功能包括剩余电流、温度监控等，监控主机具有实时监控报警和系统故障报警功能，实时显示监控数值和报警部位。系统在非消防用电负荷线路或设备处设置监控节点。

六、消防设备电源监控系统

消防电源监控系统的系统主机通常设置在消防控制中心（室）内，主机自带DC24V应急电源。

系统由消防电源监控主机、消防电源监控模块及电压、电流传感器组成。

消防电源监控主要在消防动力及应急照明末端配电箱（柜）内设置。消防电源监控模块需同时接入通信及DC24控制电源回路。

七、防火门监控系统

设置独立防火门监控系统，用于监控厂区内所有防火门的开闭情况。所有疏散通道上的防火门根据功能可设置为常开/常闭防火门，疏散通道上各防火门的开启、关闭及故障状态信号应反馈至防火门监控器。在弱电井内设置防火门监控分机，信号上传至消防分控室。

8.4.7　气体监测系统（GDS）

集成电路生产厂房内外延、化学气相沉积、刻蚀、掺杂等工艺中使用了大量的自燃性、易燃性、剧毒性、毒性、腐蚀性、氧化性、惰性等特殊气体，特气气体监控系统包括特种气体管理系统、现场控制器及探测器。

气体探测器设置在使用有害气体的环境和使用气体的装置内，探测器气体种类分为有毒气体监测、可燃气体监测、腐蚀性气体监测、氧气耗尽监测、天然气监测、化学储存环境监测。

在工厂内储存、输送、使用特种气体的区域或场所设置特种气体探测装置，包括自燃性、易燃性、剧毒性、毒性、腐蚀性气体气瓶柜和阀门箱的排风管口处；生产工艺设备的自燃性、易燃性、剧毒性、毒性、腐蚀性气体阀门箱的排风管口处；生产工艺设备的特种气体的废气处理设备排风口处；惰性气体间可能产生窒息的区域；自燃性、易燃性、剧毒性、毒性、腐蚀性气体设备间；其他可能发生泄漏的自燃性、易燃性、剧毒性、毒性、腐蚀性气体的环境。易燃性、自燃性特种气体探测系统、有毒气体检测装置应设置一级报警或二级报警。

控制管理系统主要包括双冗余PLC控制器、远程I/O盘、数据通信网络、继电器盘及相应的系统软件；人机界面（HMI）；安全管理现场图形显示盘；本地报警器；地震仪；集线器柜及控制电缆、网络线路；气控管路及控制组件等。

8.4.8　火警系统

一、电梯五方对讲系统

厂区各建筑内设置电梯五方对讲系统。

通过五方对讲系统实现电梯轿厢、轿厢顶、电梯控制箱机房、电梯井底坑与主控室五方通话。

电梯五方对讲系统采用总线+网络的架构，接入物业管理网，系统由电梯供应商配套提供。

二、信息引导及发布系统（含LED大屏显示）

电梯厅及主要通道设置信息引导及发布屏，在户外及接待大厅设置LED大屏显示，统一由信息引导及发布系统控制。

信息引导及发布系统是一个用于数字化媒体内容发布与播出的专业系统。该系统主要用于集中信息发布，可通过物业网与信息发布中心联网提供即时数据和图像显示。管理主机对多媒体信息发布的播出内容、播出设备、播出系统进行控制与管理。

9

工艺相关系统
——纯废气化(PCS)

9.1 纯　　水

集成电路制造过程有数百道工艺步骤，每一道加工过程都有可能导致集成电路的污染，必要的清洗工艺是保证产品品质的基本步骤。清洗工艺通常分为干式清洗和湿式清洗，目前湿式清洗依然占据主要地位，湿法清洗工艺离不开超纯水的使用，超纯水制备系统成为集成电路制造中关键的支持系统。

集成电路清洗工序不仅对水质要求较高，同时水资源消耗量也较大。对一个30k片/月量产规模的12英寸集成电路生产线，若清洗设备排水回收率以65%计，其每天用于超纯水制造的原水（自来水）约为3 200m³/天。如果不考虑使用后的纯水的回用，其耗水量可达到约8 000m³/天，可见集成电路芯片制造耗水量是相当惊人的。因此在该类项目的建造和运行过程中，通过对生产过程水耗的全面分析，确定合理的用水指标，改进系统设计，采用先进的工艺技术与设备，提高供水水质，提高资源利用效率，对于保障生产、节约用水以及保护环境都有着重大意义。

9.1.1 纯水指标

随着集成电路产业的快速发展，对纯水的水质提出了更高的要求。尽管每一家集成电路制造商因产品、工艺、运行管理水平和运行经验的差异，在纯水的水质指标上有一些细微的差异，但是总体上看，这些指标也已达到了当前制水和检测的最高水平。表9.1.1所列为美国材料测试协会（ASTM）根据半导体特性而推荐的超纯水水质要求。

表9.1.1　美国材料测试协会（ASTM）根据半导体特性而推荐的超纯水水质要求

参　数	Type E-1	Type E-11	Type E-12	Type E-2	Type E-3	Type E-4
线宽μm	1.0～1.5	0.5～0.25	0.25～0.18	5.0～1.0	＞5.0	/
电阻率MΩ·cm（25℃）	18.2	18.2	18.2	17.5	12	0.5
内毒素单位（EU/mL）	0.03	0.03	0.03	0.25	/	/
总有机碳（μg/L）	5	2	1	50	300	1 000
溶解氧（μg/L）	1	1	1	/	/	/
蒸发残渣（μg/L）	1	0.5	0.1	/	/	/
电镜测试颗粒						
0.1～0.2μm	1 000	1 000	200	/	/	/
0.2～0.5	500	500	100	3 000	/	/
0.5～1	50	50	1	/	10 000	/
10	/	/	/	/	/	100 000
在线检测仪器测试颗粒/L						
0.05～0.1μm	500	500	100	/	/	/
0.1～0.2	300	300	50	/	/	/
0.2～0.3	50	50	20	/	/	/
0.3～0.5	20	20	10	/	/	/
＞0.5	4	4	1	/	/	/
细菌						
个/100mL	1	1	1	/	/	/
个/1L	1	1	0.1	10	10 000	100 000
全硅（μg/L）	1	0.5	0.5	10	50	1 000
溶解性硅（μg/L）	1	0.1	0.05	/	/	/

参　数	Type E-1	Type E-11	Type E-12	Type E-2	Type E-3	Type E-4
离子和金属（μg/L)						
铵（NH_4）$^+$	0.1	0.1	0.05	/	/	/
溴（Br）$^-$	0.1	0.05	0.02	/	/	/
氯（Cl）$^-$	0.1	0.05	0.02	1	10	1 000
氟（F）$^-$	0.1	0.05	0.03	/	/	/
硝酸根（No_3）$^-$	0.1	0.05	0.02	1	5	100
亚硝酸根（$No2$）$-$	0.1	0.05	0.02	/	/	/
磷酸根（Po_4）$^{3-}$	0.1	0.05	0.02	1	5	500
硫酸根（So_4）$^{2-}$	0.1	0.05	0.02	1	5	500
铝（Al）$^{3+}$	0.05	0.02	0.005	/	/	/
钡（Ba）$^{2+}$	0.05	0.02	0.001	/	/	/
硼（B）$^{3+}$	0.05	0.02	0.005	/	/	/
钙（Ca）$^{2+}$	0.05	0.02	0.002	/	/	/
铬（Cr）$^{6+}$	0.05	0.02	0.002	/	/	/
铜（Cu）$^{2+}$	0.05	0.02	0.002	1	2	500
铁（Fe）$^{3+}$	0.05	0.02	0.002	/	/	/
铅（Pb）$^{2+}$	0.05	0.03	0.005	/	/	/

　　从以上标准可以看到，目前代表纯水最高制水要求的超纯水的电阻率已接近理论上的临界值，其他杂质尤其是微小颗粒及细菌的检测也接近目前所能检测的极限，而超纯水中的离子含量，从原水中的数十个ppm降低至1个ppb以下的要求，相当于把离子浓度降为原来的十万分之一。能否制备出合乎要求的超纯水以及能否检测出超纯水中的超微量杂质，已成为提升集成电路产品质量的关键。超纯水制备已成为当今发展超大规模集成电路的十分重要的基础技术。

9.1.2　纯 水 制 备

　　纯水的制备始于二十世纪四十年代，伴随着离子交换树脂的商业化生产而发展起来。传统的纯水以电导率为表征，主要去除水中的电解质。超纯水的概念是伴随着半导体工业的发展而发展起来，超大规模集成电路的发展导致了对超净技术的强烈需求，带动了洁净室、超纯水以及超纯气体等生产支持系统的迅速发展。与传统的纯水相比，超纯水不仅关注去除水中的溶解电解质，还关注于去除水中的有机物、溶解氧、细菌以及微小颗粒等杂质。随着半导体元器件的集成度的不断提升，生产的工艺步骤越来越多，元件被重复清洗，对作为清洗介质的超纯水的要求越来越高，如果超纯水品质达不到要求，其本身对器件就是一种污染，更谈不上清洗。

作为制造超纯水的原水通常含有电解质、有机物、悬浮物、微生物以及溶解性气体等杂质，任何一种单一的处理手段都难以将所有的污染物全部去除，为了有效去除各种杂质，需要各种处理手段的综合运用。

超纯水制备系统一般分为四部分：预处理部分、初级处理部分、抛光精制部分和回收水部分。

一、预处理工艺部分

预处理系统通常由过滤、杀菌和防氧化工艺组成，常用的预处理手段包括氯消毒、絮凝/助凝、澄清、过滤、脱氯、加酸或阻垢剂等，主要是去除原水中的悬浮物、大颗粒和胶体物质，为后续的初级纯水系统服务。预处理方案的确定主要取决于原水水质和后续处理工艺的进水要求。因此，进行全面而准确的原水全分析，合理设计预处理系统对保障系统的高效运行具有十分重要的意义。

常见的预处理工艺主要有絮凝沉淀过滤法、气浮分离过滤法、微絮凝加压过滤法以及超滤等。各预处理系统比较如表9.1.2所示。

表9.1.2　预处理系统比较表

系统	适用水质		处理效果（FI）	产水率（%）	占地面积	投资及运转成本
	FI	浊度				
絮凝沉淀过滤法	高	高	1.5～2.5	95～97	大	中
气浮分离过滤法	高	中	1.5～2.5	95～97	大	中
微絮凝加压过滤法	中	低	2.0～4.0	96～98	中	较低
超滤	低	低	<1.5	90～95	小	高

二、初级处理工艺部分

初级处理工艺是去除水中的电解质、可溶有机物、溶解气体、微生物和微小颗粒，是超纯水系统中最重要的组成部分，同时也是设计、建造和运维的重点所在。常用的初级处理手段包括反渗透（RO）、离子交换器、膜脱气、紫外（254nm UV 和185nm UV）等。

离子交换和反渗透属于常规的去离子工艺，由于反渗透不仅能去除离子化的物质，还能有效去除非离子化物质，在超纯水处理系统中具有不可替代的作用，初级纯水系统的差异很大程度在于对反渗透的使用。

混床也是一种离子交换技术，是混合离子交换柱（ME）的简称，是把一定比例的阳、阴离子交换树脂混合装填于同一交换装置中，对流体中的离子进行交换、脱除。混床也分为体内同步再生式混床和体外再生式混床。同步再生式混床在运行及整个再生过程均在混床内进行，再生时树脂不移出设备以外，且阳、阴树脂同时再生，所需附属设备少，具有产水好、操作简便等特点，通常用于初级处理工艺的后端，可对前端离子交换后的水中残留的离子进行更进一步的交换，以提升水的电阻率。

膜脱气的主要目的是去除水中的溶解氧，原理为采用微孔性聚丙烯类膜，具有憎水性并具有许多细小的微孔，气体能够透过而水不行。利用此原理将膜做成纤维管状，并采用管壳式设计，用膜将水及气体或真空隔开，通过控制气压等方式将水中溶解的气体去除。

紫外线主要用于杀灭水中的有机物。紫外线杀菌的原理一般认为是生物体内的核酸吸收了紫外光的能量而改变了自身的结构，进而破坏了核酸的功能所致。当核酸吸收的能量达到致死量而紫外光的照射又能保持一定时间时，细菌便大量死亡。目前可制造同时产生185nm 和254nm 波长的紫外灯管，这种光波长组合可利用光氧化有机化合物，将超纯水中的总有机碳浓度降低至5ppb以下。

初级纯水制备部分工艺目前分为两大类：（1）离子交换+单级 RO+MB；（2）两级 RO+MB，其流程示意图如图9.1.1所示，适用条件和处理效果如表9.1.3所示。通过初步处理系统，原水中的电解质、微生物、颗粒物、溶解性气体和有机物浓度都大大降低，同时电阻率大大提高。

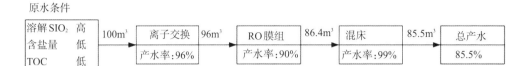

原水条件

溶解 SiO₂ 高		离子交换		RO膜组		混床		总产水
含盐量 低	100m³	产水率:96%	96m³	产水率:90%	86.4m³	产水率:99%	85.5m³	85.5%
TOC 低								

原水条件

溶解 SiO₂ 高		RO膜组		RO膜组		混床		总产水
含盐量 高	100m³	产水率:75%	75m³	产水率:90%	67.5m³	产水率:99%	66.8m³	66.8%
TOC 高								

图9.1.1 初级纯水系统流程示意图

表9.1.3 初级纯水系统比较表

初级纯水系统	适用条件	产水率	处理效果	占地面积
离子交换树脂+ 单级RO	溶解 SiO₂高 含盐量低 TOC（总有机碳）低	85.5%	溶解 SiO₂: 2ppb 比电阻：2MΩ.cm TOC: ~ 2ppb	大
两级RO	溶解 SiO₂低 含盐量高 TOC（总有机碳）高	65.5%	溶解 SiO₂: 2ppb 比电阻：0.5MΩ.cm TOC: ~ 2ppb	中

从表9.1.2、9.1.3可以看出，采用离子交换+单级RO的处理工艺，初级纯水的回收率可以达到85.5%，而两级RO的处理工艺的初级纯水回收率只达到66.8%，因此在条件具备的情况下应鼓励采用节水的初级纯水处理工艺。

三、抛光精制工艺部分

通过初级纯水处理系统处理后制成的初级纯水电阻率通常达到10～16MΩ·cm，TOC、颗粒物以及溶解氧等含量也大大降低，但其水质仍旧需要进入精制处理工序后得以进一步提高，以满足集成电路生产所需。

超纯水处理系统的精制处理部分大多相似，只是处理精度略有差异。精制处理部分通常包括TOC UV、抛光混床、膜脱气以及超滤装置。通过抛光精制的初级纯水杂质含量进一步降低，由管路输送系统输送至各用水点。

四、回收水系统部分

在集成电路生产过程中，因为清洗的精度要求高，有相当部分的超纯水使用后仅受到轻微污染而具有较好的水质，可以回收到超纯水处理系统作为原水继续制备纯水，这部分水的回收利用关系到整个超纯水系统回收利用率的高低，也决定了整个工厂的水系统回收率和原水用量。

集成电路的工艺清洗废水通常在设备机台处有选择地进行分流，高浓度的废水排至废水处理系统，其他较为清洁的废水收集到检测槽，通过对回收的废水连续检测其电导率、PH值和总有机碳（TOC），将合格的废水送回超纯水制备系统，超标的废水则排入废水处理系统。

目前回收水系统的设计分为两类，一类是将回收水系统与超纯水系统主流程合并设置，另一类是将回收水系统与超纯水系统主流程分别设置。合并设置回收水系统具有投资省、占地面积小的特点，但是由于回收水直接回到主系统，污染物的带入增加了超纯水系统的处理风险。同时，由于在建厂之初对回收水质的了解不够全面，也带来设计、建造上的风险。独立设置的回收水系统由于先将回收废水处理到一定要求后才返回主系统，因此避免了污染物带来的风险。另外由于回收水系统可以和主系统分期建设，因此可以在生产运行开始并获得足够准确的设计基础资料后才开始设计建造，设计风险小，同时也便于回收水系统的改造。与合并设置回收水系统相比，独立设置回收水系统投资和占地面积均较大。纯水系统流程示意图如图9.1.2所示。

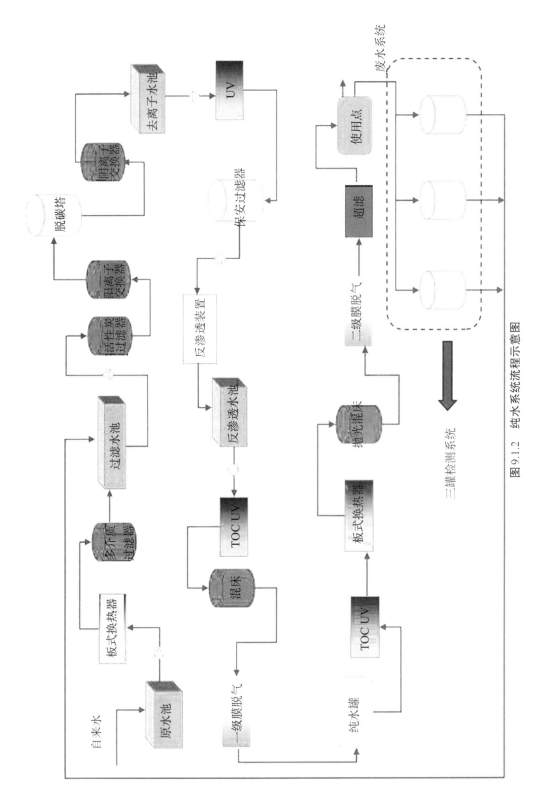

图 9.1.2　纯水系统流程示意图

9.2　废 水 系 统

由于集成电路产品种类繁多，生产工艺各不相同，在生产过程中使用很多性质各异的化学药剂和各类特殊的气体，其产生的废水、废气及有害废物不仅污染强度大，而且污染特性随生产工艺的提升和产品的更新换代而日趋复杂。同时，在经济发展与环境保护的矛盾日益突出的今天，随着公众环保意识的提高，环保要求和"三废"排放标准日渐严苛，做好"三废"处理，保护环境已是当前集成电路制造业大发展亟待解决的紧迫性问题。

总体来看，目前集成电路制造过程中的废水处理效率仍有不少提升空间，主要由于设计、建造过程中对集成电路的各种制造工艺、生产模式以及污染特性没有全面充分把握，不能将工艺设备端的废水废液分流与末端治理方案优化有机结合。另外，在实际系统运维过程中，也需根据工艺生产的特点以及来水水质条件及时发现来水的水质变化，及时做出运行参数的调整，确保处理废水的达标排放，这本身对运维管理水平也是一个挑战。

集成电路生产过程排放的废水主要分为晶圆制造废水和封装测试废水。其中，晶圆制造废水主要包括：含氟废水、含氨废水、研磨废水、酸碱废水、有机废水和含铜废水。部分工厂因为特殊工艺，还有少量其他类型的废水，如制造工序需要化学镀镍，也会排放含镍废水。封装测试废水主要包括研磨划片废水、酸碱废水以及与电镀相关的一些重金属废水。随着工艺技术提升，封装技术已进入芯片级封装，由于需要使用相应的光刻显影工艺，因此也产生了一些有机废水。

目前集成电路制造产生的废水已从最初的3～4种废水逐渐细分到目前20～30种废水废液，一方面是生产工艺的提升，化学药剂和特殊气体种类不断增多所引起，另一方面也与节能减排和保护环境的要求不断提升有关。根据节能减排和末端有效治理的要求，往往倒逼前端的工艺排水必须做好"清污分流""浓淡分离"和"污污分流"，才能确保资源的有效回收利用和废水针对性的高效处理。

9.2.1　废　水　分　流

工艺生产过程中排出的废水废液，其化学性质迥异，浓度高低悬殊，必须在工艺设备端就做好分流，再根据其性质有针对性地处理，尽可能回收利用。如果成本过高则可排入废水处理设施处理。如果工艺设备端不能做到有效分流，众多废水废液混杂在一起，一则处理工艺失去针对性，效率难以保证，另一方面系统容量变大，导致处理效率低下，投资成本和运行成本陡升。

因此，为了有效处理各种不同特性的废水废液并确保达标排放，必须建立完善的排水分类，只有做到了"清污分流""浓淡分离"和"污污分流"，才能确保末端的有效处理、达标和回用。有关废水分流收集的优点如下：

（1）可以有效回用资源；

（2）能够有效控制排水水质水量，确保末端高效处理；

（3）减少处理设施容量及初投费用；

（4）节省处理费用；

（5）操作管理便利。

9.2.2　废　水　收　集

废水废液的分类主要是依据废水废液的化学品性质、浓度高低和后续处理工艺的差异来确定，因此必须设置与之相适应的收集管路和贮存提升系统。在设计规划排水管路的时候，需要注意如下事项：

（1）收集废水废液的管道、罐槽以及传输泵的材质必须与待输送的废水废液相匹配，应充分重视化学性质兼容、温度、黏度等对管路的影响；

（2）废水废液分流应与工艺机台设备相适应；

（3）收集管路配置应灵活"柔性"，能根据工艺流程变化或化学药剂的变更，快捷便利调整管路；

（4）应考虑后期工艺变化带来的影响，要适当预留一定数量的接口和管路；

（5）重力流收集管路应设置必要的通气管路，平衡管道内的气压，避免或改善

瞬时大流量排水引发的气阻现象;

（6）收集管路应有必要的日常检查及检测手段;

（7）管路布置不应影响日常的检修维护。

9.2.3 废水处理方法和流程

集成电路制造业通常根据废水性质分类收集、分别处理。在将各种废水经重力流或提升站加压输送至废水处理站后，根据不同的水质特性处理各类废水，其常见的处理系统包括:

1. 废水中和处理系统

该系统将分别收集的一般酸碱废水以及经其他处理系统处理合格的废水集中于该系统进行处理。该系统通常由均和槽、二段中和反应槽、最终放流槽和一组应急水槽构成。各个中和反应槽的水力停留时间均为15～30分钟。酸碱废水自均和槽加压输送至中和反应槽后，依靠重力流过中和反应槽，并在出水检测槽中在线连续检测各项控制指标，如果水质检测达到废水排放标准，出水直接排入室外排水管网;如果水质检测没达到废水排放标准，则将不达标废水引入应急水槽暂时贮存，然后用水泵将该废水打回酸碱废水中和反应槽再次进行处理直至达标排放。中和废水处理系统示意图如图9.2.1所示。

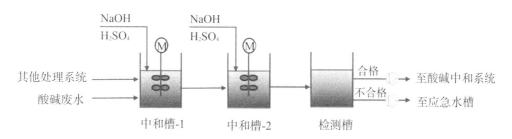

图9.2.1 中和废水处理系统示意图

2. HF 废水处理系统

含氟废水处理系统主要采用传统的化学混凝沉淀法。含氟废水首先由水泵自均和槽提升至第一级反应槽，在该反应槽中将废水调节至沉淀反应所需的最佳PH值，同时投加$CaCl_2$反应生成氟化钙沉淀。反应后的废水再流入第二级反应槽，在第二级反应槽中将废水调节至沉淀反应所需的最佳PH值，同时继续投加CaCl₂帮助氟化钙矾花的生成，其后废水流入混凝槽继续投加混凝剂（PAC）帮助矾花的生成，充分反应后的废水再流入絮凝槽，在絮凝槽内投加絮凝剂（PAM），使矾花继续变大，再流入沉淀槽进行泥水分离，溢流出的清水流入中继水槽后且对F⁻进行连续在线检测，处理合格的废水经水泵加压后输送至废水中和处理系统进一步处理。如果检测槽检测废水未达到合格标准，则将不达标废水引入应急水槽暂时贮存，然后用水泵将该废水打回含氟废水处理系统均和槽再次进行处理直至合格。

沉淀下来的污泥送入污泥浓缩槽浓缩，再由污泥泵送至压滤机进行脱水，脱水后的污泥运出厂外交由专业处理厂进行处置。

高浓度氢氟酸废液如果不运出厂外交由承包商处理，那么也将由计量泵将其控制投加至该废水系统进行处理。含氟废水处理系统示意图如图9.2.2所示。

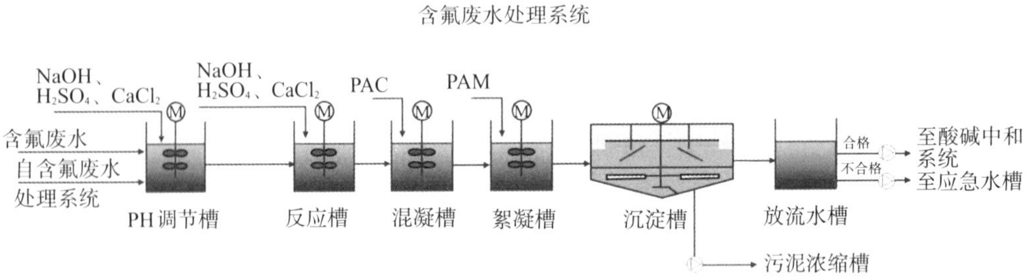

含氟废水处理系统

图9.2.2　含氟废水处理系统示意图

3. 研磨废水处理系统

研磨废水处理系统采用混凝沉淀法进行处理。研磨废水首先由水泵自均和槽提升至第一级反应槽，在该反应槽调节PH后重力流进入混凝槽，在混凝槽中投加混凝剂（PAC）帮助沉淀矾花的生成，充分反应后的废水再流入絮凝槽，在絮凝槽内投加絮凝剂（PAM），使矾花继续变大，再流入沉淀槽进行泥水分离，溢流出的清水流入检测槽，处理合格的废水经水泵加压后输送至酸碱废水中和系统进一步处理。如果检测槽检测废水未达到合格标准，则将不达标废水引入应急水槽暂时贮存，然后用水泵将该废水打回研磨废水处理系统均和槽再次进行处理直至合格。

沉淀下来的污泥送入污泥浓缩槽浓缩，再由污泥泵送至压滤机进行脱水，脱水后的污泥运出厂外交由专业处理厂进行处置。研磨废水处理系统示意图如图9.2.3所示。

研磨废水处理系统

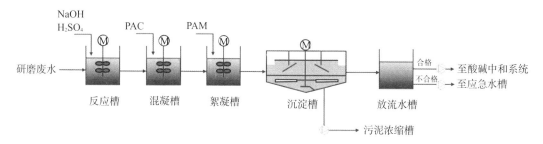

图9.2.3　研磨废水处理系统示意图

4.含Cu废水处理系统

含铜废水处理系统采用传统的化学混凝沉淀法进行处理。含铜废水首先由水泵自均和槽提升至第一级反应槽，首先进行PH调节促使铜生成金属氧化物，同时投加NaHSO₃去除H₂O₂。反应后的废水再流入第二级反应槽，在第二级反应槽中将废水调节至沉淀反应所需的最佳PH值帮助矾花的生成，其后废水流入混凝槽继续投加混凝剂PAC帮助矾花的生成，充分反应后的废水再流入絮凝槽，在絮凝槽内投加絮凝剂（PAM），使矾花继续变大，再流入沉淀槽进行泥水分离，溢流出的清水流入中继水槽后且对Cu²⁺进行连续在线检测，处理合格的废水经水泵加压后输送至废水中和处理系统进一步处理。如果检测槽检测废水未达到合格标准，则将不达标废水引入应急水槽暂时贮存，然后用水泵将该废水打回含Cu废水处理系统均和槽再次进行处理直至合格。

沉淀下来的污泥送入污泥浓缩槽浓缩，再由污泥泵送至压滤机进行脱水，脱水后的污泥运出厂外交由专业处理厂进行处置。含铜废水处理系统示意图如图9.2.4所示。

含铜废水处理系统

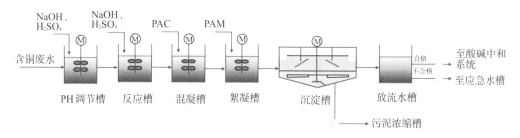

图9.2.4　含铜废水处理系统示意图

5. **氨氮废水处理系统**

氨氮废水的处理采用二级空气吹脱＋一级酸洗吸收工艺进行处理。氨氮废水首先通过投加 NaOH 将废水 PH 提高至 10.5～11.5 后送入锰砂过滤器除 H_2O_2，然后送入一级填料吹脱塔将废水中的氨吹脱出来。经一级填料吹脱塔处理后的氨氮废水再由废水泵提升送至二级填料吹脱塔进一步处理至合格。从吹脱塔出来的含氨废气再进入填料吸收塔用硫酸溶液酸洗，将氨溶解于硫酸溶液形成硫酸铵溶液。经二级吹脱处理合格的废水由泵加压输送至氢氟酸废水处理系统进一步处理达标排放。氨氮系统处理后不合格废水要回流至原水槽。生成的硫酸铵溶液送至厂外由专业承包商进行处理。本系统应该充分考虑预热回收，确保系统运行的耗热量最低。氨氮系统中要设置原水换热器及余热回用换热器（板式换热器）。含氨废水处理系统示意图如图9.2.5 所示。

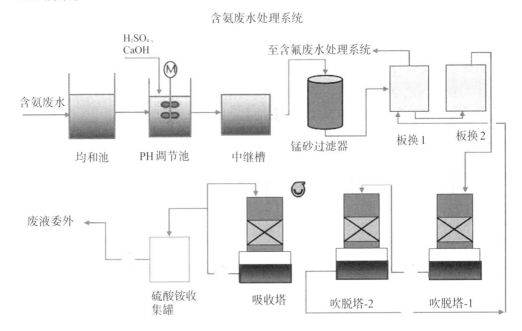

图9.2.5　含氨废水处理系统示意图

6. **有机废水处理系统**

集成电路制造过程产生的有机废水通常都是采用生化处理的工艺流程进行处理。通常生化处理采用缺氧（A）\好氧（O）的工艺，通过微生物在缺氧\好氧的条件下不仅分解消化废水中的有机物，同时也将废水中氨氮通过硝化\反硝化的过程去除。如果对脱氮有更高的要求时，也常采用缺氧（A）\好氧（O）\缺氧（A）\好氧

（O）的处理工艺。生化处理装置的出水再经MBR（膜生物反应器）或二沉池进行泥水分离处理，MBR滤过液压力流或二沉池上清液重力流进入最终中和反应槽后再至放流槽经检测达标后排放入厂区污水管网并最终进入城市污水管网。污泥输送至污泥浓缩池浓缩处理后经污泥泵加压送至污泥脱水机脱水处理。脱水后的泥饼作为一般废物和生活垃圾一道填埋处置。

如果沉淀池出水经检测不能达到排放标准，则将该部分废水由出水检测槽引入应急水槽暂时贮存，然后用水泵将该废水打回有机废水处理系统再次进行处理直至达标排放，如图9.2.6所示。

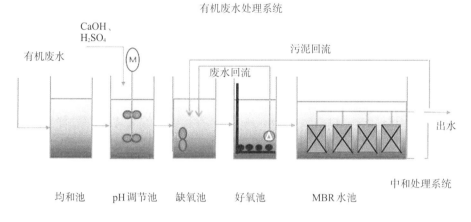

图9.2.6　有机废水处理示意图

9.3 大宗气体供应系统

集成电路具有工艺技术难度高、生产过程复杂等特点。在干法刻蚀、氧化、离子注入、薄膜沉积等工艺制造过程中需要使用各种不同的气体，具有所需气体种类多、品质要求高、用量大的特点。其中气体的纯度则对集成电路性能、产品良率有着决定性的影响。作为集成电路生产过程中必不可少的重要系统，高纯气体系统直接影响全厂生产的正常运行和产品的品质，确保供气系统的安全、系统配置的可靠和供气品质对于集成电路工厂生产至关重要。

集成电路工厂中所使用的气体按用量的大小可分为两种，用量较大的称为大宗气体（Bulk gas），如 N_2、O_2、H_2、Ar、He 等。用量较小的气体称为特种气体（Specialty gas）。

大宗气体系统一般由供气系统、气体纯化和品质监测、输送管路系统组成，其中供气系统包含气源、纯化和品质监测等部分。在集成电路工厂，一般气源设置在独立于生产厂房（FAB）之外的大宗气体站（BulkGas Yard），气体纯化设置在生产厂房内专门的纯化间（Purifier Room），以缩短高纯气体的管线，保证气体的品质，减低建造成本。经纯化后的大宗气体由管道从气体纯化间输送至生产下夹层（Sub-FAB）、洁净室吊顶或洁净室架空地板下，由二次配管系统（Hook-up）送至各用户点。

9.3.1 大宗气站

根据大宗气站建站位置和功能不同，分为园区和厂区大宗气站。

一、区域（园区）大宗气站（OFF-SITE）

随着集成电路产业的飞速发展，在工厂较为密集的集成电路产业园区，比如上海的张江开发区，由气体公司在园区内建一座大型公用气站，将大宗气体采用架空或地下管线送往各工厂，可大大降低各工厂和研发企业的用地需求和用气成本，形成气体公司与半导体工厂多赢的局面。

二、厂区大宗气站（ON-SITE）

根据使用单位的具体用量、压力及品质要求，在使用单位厂区红线内建设大宗气站。

大宗气站实物图如图9.3.1所示。

图9.3.1　大宗气站实物图

9.3.2　大宗气体制造

一、GN₂/PN₂供应系统

集成电路制造中氮气用量最大，依据不同的质量需求，又分为普通氮气（GN₂）和高纯氮气（PN₂）。

（一）空分装置现场制气

1. GN₂制气原理

利用空气压缩机压缩冷却气体成液态气体，经过触媒转化器，将CO反应成CO_2，将H_2反应成H_2O，再由分子筛吸附CO_2、H_2O，利用氮和氧分馏温度的不同（N_2=-195.6℃，O_2=-183℃），分馏出液态氮。

2. PN₂（高纯氮气）制备原理

将GN₂经由纯化器（Purifier）纯化处理，产生高纯或超高纯氮气。

一般液态氮气纯度约为99.9999%，经纯化器纯化成纯度约为99.9999999%超高纯氮气。

（二）液氮储罐

用槽车定期进行充灌，高压的液态气体经汽化器（Vaporizer）蒸发成气态后，供工厂使用。

集成电路园区、大型集成电路工厂，氮气用气量较大，一般采用现场制气，同时配置液氮储罐和汽化器作为备用气源。

集成电路研发、中试线用气量较小，一般利用液氮储罐和汽化器供气。

二、PO₂供应系统

（一）制气原理

1. 利用压缩机压缩冷却气体成液态气体，经二次分馏获得99.0%以上纯度之氧气，再除去N_2、Ar、CnHm杂质。
2. 利用水电解方式解离H_2和O_2。

（二）供应系统

集成电路工厂氧气供应系统一般利用槽车定期向液态储罐充灌液态气体，液态气体经过汽化器、减压阀、管道送至生产厂房纯化站纯化后送至各使用点。

三、PH₂供应系统

（一）制气原理

1. 利用空气压缩机压缩冷却气体成液态气体，经二次分馏获得99.0%以上纯度之氢气。
2. 利用水电解方式解离H_2和O_2，制程廉价但危险性高。

（二）供应系统

国内氢气一般以气态方式供应。集成电路园区，根据氢气的用量规划采用现场制氢或鱼雷车（Tube Trailer）供气。集成电路工厂氢气供气系统一般利用鱼雷车供气。集成电路研发、中试线项目用气量较小，一般采用钢瓶或钢瓶组（Bundle）经汇流排供气。氢气经生产厂房纯化站纯化后送至各使用点。

四、PAr供应系统

利用压缩机压缩冷却气体成液态气体，经二次分馏获得99.0%以上纯度之氩气，因氩气在空气中含量仅0.93%，生产成本相对较高。

氩气供应系统一般利用槽车定期向液态储罐充灌液态气体，液态气体经过汽化器、减压阀、管道送至生产厂房纯化站纯化后送至各使用点。

五、PHe供应系统

（一）制气原理

氦气一般由稀有富含氦气之天然气中提炼，其主要产地为美国及俄罗斯。利用压缩机压缩冷却气体成液态气体，通过分馏获得氦气。

Helium=−268.9℃，Methane=−161.4℃。

（二）供应系统

由于低温液氦储罐的成本相当昂贵，且集成电路生产线氦气用量不大，国内氦气一般采用鱼雷车和钢瓶组供应即可满足生产要求。

随着大型集成电路厂越来越多地出现，氦气的用量也逐渐上升，国外已开始尝试使用液氦储罐。

六、CDA/IA（Clean Dry Air/Instrument Air）系统

在现场制氮过程中大气经压缩机压缩后除湿，经过滤器或活性炭吸附去除粉尘及碳氢化合物同时可以制取集成电路工厂所需的CDA压缩空气，以供给无尘室工艺机台和气动阀门和仪表使用。厂务不必再另外建立独立的压缩空气系统，可减少厂务独立设置空压站的初期投资和后期运行、维护和管理的费用。

有部分集成电路工厂有呼吸用压缩空气的需求，一般呼吸用压缩空气系统应为独立系统，不与厂务压缩空气系统共用。

目前国内集成电路工厂所需大宗气站一般由专业气体公司供气，由气体公司确保用气量和用气品质，按用气量和产能爬坡的不用阶段确定供气价格，工厂应通过对项目投资成本和运行费用分析，与气体公司协商确定供气收费标准。

9.3.3 供 气 方 式

大宗气站供气方式应根据用户所需用气量，选择最合理和经济的供气方式。表9.3.1是集成电路园区、量产工厂、研发和中试线项目大宗气站常见的供气方式。

表9.3.1　各类供气方式表

气体种类	供应方式	区域气站	厂区气站	
		集成电路园区	集成电路量产工厂	集成电路研发和中试线
GN₂/PN₂	现场制气	√	√	
	液态储罐+汽化器	√	√	√
	汇流排+钢瓶组			√
	钢瓶			√
	站房位置	独立气站	厂区内独立气站	根据用量确定设置在厂房内或厂房外
GO₂/PO₂	现场制气	√	√	
	液态储罐+汽化器	√	√	√
	汇流排+钢瓶组）			√
	钢瓶			√
	站房位置	独立气站	厂区内独立气站	根据用量和规范确定设置在厂房内或厂房外
PH₂	现场制气	√	√	
	鱼雷车		√	√
	汇流排+钢瓶组			√
	气瓶柜			√
	站房位置	独立气站	厂区内独立气站	根据用量和规范确定设置在厂房内或厂房外

续表

气体种类	供应方式	区域气站	厂区气站	
		集成电路园区	集成电路量产工厂	集成电路研发和中试线
PAr	液态储罐+汽化器	√	√	√
	汇流排+钢瓶组			√
	钢瓶			√
		独立气站	厂区内独立气站	根据用量确定设置在厂房内或厂房外
PHe	鱼雷车	√	√	√
	汇流排+钢瓶组			√
	钢瓶			√
	站房位置	独立气站	厂区内独立气站	根据用量确定设置在厂房内或厂房外

无论是区域内或厂区内大宗气站，大宗气站的位置应尽可能靠近使用气体种类多、用量大的工厂，现场制气站应考虑主导风向和周边工厂废气排放对制气品质的影响。典型的大宗气体系统图如图9.3.2所示。

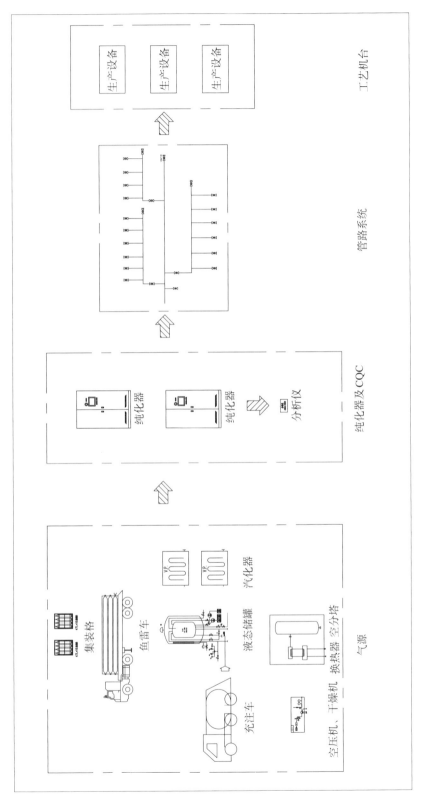

图 9.3.2　典型的大宗气体系统图

9.3.4　气体纯化系统

一、气体的品质要求

随着集成电路技术的不断发展，线宽从90nm到28nm、14nm、7nm、5nm不断提升，对气体品质的要求越来越严格，大宗气体的纯度要求一般需要达到ppb级，水分和杂质含量要求也不断提高。随着集成电路工艺的提升，对工艺氧气中的氮杂质含量要求也不断提高，必须在空分装置中增加专门的超低温精馏过程处理。

二、纯化器

大宗气体从大宗气站送至生产厂房的纯化室（purifier Room）进行纯化，气体经纯化器除去其中的杂质，再经过滤器除去其中的颗粒（Particle）。

目前国内采用的气体纯化器进口比例很高，主要的生产厂家有SAES、Taiyo、Toyo、JPC、ATTO等。纯化器根据其作用原理的不同可以处理不同的气体中杂质和水分。N_2、O_2纯化器常采用吸附式，Ar、H_2纯化器采用Getter效果较好。

要注意的是，不同气体纯化器需要不同的公用动力工程与之相配套。例如吸附式N_2纯化器吸附剂再生需要高纯氢气以及冷却水。因此，相关的公用动力工程管线必须在气体纯化间内留有接口。大宗气体纯化间实物图如图9.3.3所示。

图9.3.3　大宗气体纯化间实物图

三、过滤器

集成电路生产中对大宗气体颗粒度有严格要求，去除颗粒则需设置气体过滤器。经纯化的气体一般需经过两级过滤器方可达到工艺要求，为方便滤芯更换而不中断供气，通常并联设置两组过滤器组。

四、气体的品质监测

经纯化及过滤后大宗气体应进行品质监测，确保气体纯度与颗粒度的指标满足工艺要求。目前对气体中的氧含量、水含量和颗粒度进行在线连续监测，对 CO、CO_2 及 THC 杂质采用间歇监测，测试结果连同其他测试参数（诸如压力、流量等）都上传 FMCS 系统。

五、输送管路系统

大宗气体输送管路系统布置应根据用量、用气点的分布情况及用气压力要求综合考虑。经纯化站纯化后高纯气体通过输送管路送至生产下夹层（SubFAB）、吊顶或生产车间（FAB）的架空地板下，再经二次配管管线（Hook-up）送至各用户点。大宗气体输送管路系统一般采用树枝或环形布置。当 FAB 厂房较大、管线较长、用气点较多、用气点对压力稳定性要求高，宜采用环形布置。环形布置能较好地解决用气点压力稳定的需求，但投资成本较高。

六、供气压力和管径确定

集成电路工厂管路系统供气压力的确定应根据工艺使用点压力、输送管路、纯化器、过滤器等总压力降确定。

主干管、支干管、支管应结合工艺设备的用气量峰值（Peak）、平均值（Average）、使用系数、经济流速、压力损失等因素综合考虑后确定各段管路管径。

七、管道和阀门选择

集成电路工厂大宗气体供气应严格按照使用点的用气品质要求确定材料以及材料内表面处理方式，同时需要控制阀门的泄漏率。

生产中需与芯片接触并参与反应的大宗气体（PN₂/PO₂/PH₂/PAr/PHe），通常选用电解抛光（Electro-Polish）处理的316L不锈钢管，即SS316L EP管，其耐腐蚀性好，表面粗糙度要求高。由于GN₂不参与制程，为降低建造成本一般选用经光亮退火（Bright Anneal）处理的316L不锈钢管，即SS316L BA管。

9.3.5　设　计　特　点

集成电路生产厂大宗气体的供应系统设计应遵循国家有关方针政策，法律和法规要求，确保安全生产、节约能源、保护环境，满足生产要求，做到技术先进，经济合理。

大宗气体供应系统是在集成电路芯片生产中非常重要的系统，供气的中断将带来巨大的经济损失，应充分考虑气体供应系统运行的安全、可靠以及系统灵活性。确保供气稳定、连续不中断供气、严格控制供气品质，从而保障整个工厂生产可靠运行和芯片的良品率。

一、系统安全性

大宗气体（BULK GAS）中的GN₂、PN₂、PAr、PHe虽不具有毒性、腐蚀性，但具有窒息性的危险。这类气体无臭、无色、无味，施工和运行过程中发生泄漏不易察觉，泄漏发生时若空气中含氧量（一般为21%）低于16%时，会出现头痛与恶心现象。当氧气含量少至10%时，将使人陷入意识不清状态，6%以下瞬间昏倒，无法呼吸，6分钟内死亡。使用这类气体的区域应设置相应的安全设施，如增设氧气探测系统，并与紧急排风系统联动。

集成电路工厂呼吸用压缩空气系统宜为独立系统，不得通过管路与窒息性气体系统相连（氮气作为压缩空气备用气源系统应特别留意）。在施工过程中严格检查，不同的气体管路系统分别进行检测和试压，确保不同气体管路系统不得因施工失误造成气体系统串联，从而造成重大伤亡事故。

氢气为易燃易爆气体，氢气在空气中的爆炸范围为4%～75%。氧气为助燃气体，应考虑气体泄漏的危险性，严格执行国家现行规范中的相关规定。

大宗气站站房防火间距、泄爆、设备选择、设备布置、系统安全措施等均符合国家现行规范的要求。另外，属于压力管道监管规定的管路系统设计和施工还应符合现行的压力管道相关规定。

二、供气稳定可靠性（气源和气体品质）

集成电路厂房一般每一种大宗气体制气和纯化相关设备，如压缩机、汽化器、纯化器、过滤器等均设备用设备。现场制气系统一般利用液态储罐作为备用气源，以确保大宗气体供气稳定和连续不中断供气。同时严格控制供气品质，保障整个工厂生产可靠运行和芯片的良品率。尽管这些措施会导致气体成本的上升，但与供气中断造成的损失相比要小得多。

利用区域（园区）大宗气站通过管道供气的集成电路工厂应充分调研和分析大宗气体供应商的系统配置、储罐容量、周边工厂用气特点，分析峰值阶段对工厂供气压力影响以及气体供应商采用的紧急预防措施，并确认现场制气造成供气中断、气体品质波动造成管路污染等突发事故的预防措施、应急措施和恢复手段，分析该经济便利的供气方式潜在的所有风险。

三、系统灵活性

集成电路工厂管路设计和建造过程往往会出现与最终到货工艺设备动力需求不一致的情形，且集成电路行业工艺设备更新快、工艺布局经常调整或新增设备等状况。大宗气体管路设计应充分考虑供气不受影响的情况下，确保工艺生产爬坡、布局调整、工艺改造、扩产等需求的灵活性，设备安装、管道、系统吹扫和阀门附件等设计应充分考虑适应未来的不断调整变化需求。但由于超高纯气体管路的管件和阀件价格昂贵，在满足分期建设规划、扩产和改造等需求的同时，管路设计应通过多方案分析比较以降低初期建造成本。

9.4　特气供应系统

集成电路工厂中除大宗气体以外的用气量相对比较少的自燃、易燃、毒性、腐蚀性、氧化性、惰性等气体统称为特种气体（Specialty Gases），如 SiH_4、AsH_3、NH_3、PH_3等，一般以钢瓶、Y瓶、槽车等方式供气。

9.4.1　特气中央供应系统

一、气体特性

集成电路工厂所使用的特殊气体种类繁多，依危险特性可区分为腐蚀性、毒性、易燃易爆性、助燃性、惰性等，一般常用的特种气体分类如下：

1. 腐蚀性气体

腐蚀性气体是材料或人体组织与其接触产生化学反应引起可见破坏或不可逆的气体。腐蚀性气体一般易与水反应而产生酸性物质，具有刺鼻气味和腐蚀性。

2. 剧毒/毒性气体

半致死浓度小于或等于$100mL/m^3$的气体属于剧毒气体。半致死浓度大于$100mL/m^3$、但不超过$2\,500mL/m^3$的气体属于毒性。毒性、剧毒性气体泄漏将危害或严重危害人体功能。

3. 具有腐蚀性、毒性的气体

HCl、BF_3、WF_6、HBr、SiH_2Cl_2、NH_3、PH_3、Cl_2、BCl_3等。

4. 易燃性气体

在20℃和标准压力101.3kPa状态时与空气混合有一定易燃范围的一种气体。易燃气体一般燃点低，泄漏后与其他气体混合将引起爆炸及燃烧，如CH_4、SiH_2Cl_2、B_2H_6、CH_2F_2、CH_3F、CO等。

5. 自燃性气体

在低于或等于54℃空气中可能自燃的气体，如SiH_4、PH_3等。

6. 惰性气体

又称窒息性气体，在一般情况下不会与其他物质产生化学反应。当泄漏出的量使空气中含氧量减少至16%以下时，可能造成人员窒息，甚至死亡，如CF_4、C_2F_6、C_3F_8、SF_6、CO_2、Ne、Kr等。

7. 低蒸气压气体

属黏稠性液态气体，需包加热带线及保温棉，将气体温度升高以使其气化，才能充分供应气体，如WF_6、BCl_3、DCS。

集成电路工厂使用的特种气体不少具有两项以上的特性，有的腐蚀性气体同时具有毒性，如PH_3，除具有自燃特性外，还具有腐蚀性和毒性。系统设计前应通过各种特气的MSDS了解其物理和化学特性，特别是毒性、易燃易爆性、储存要求、紧急处理措施及方法等。

二、系统简介

1. 系统组成

特气系统一般由GC（Gas Cabinet）气瓶柜、GR（Gas Rack）气瓶架、VDB主阀箱/VDP 主阀盘（Valve Distribution Box/Panel）、VMB阀箱/VMP阀盘（Valve Manifold Box/Panel）、管路和控制系统组成。特气系统简图如图9.4.1所示。特气气源形式如图9.4.2所示。大多数特气系统采用钢瓶供气。用量较大时采用Y瓶、钢瓶集装格、长管拖车等方式供气，称为BSGS System（Bulk Specialty gas supply system）供应系统。

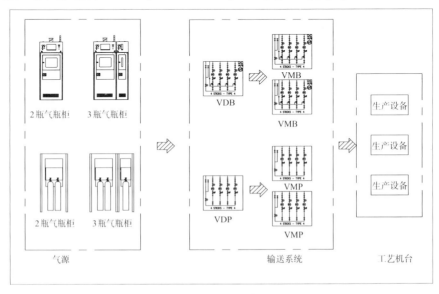

图9.4.1　特气系统简图

钢瓶

Y瓶

长管拖车

图9.4.2 特气气源形式

腐蚀性、毒性、易燃易爆等危险气体通常将钢瓶置于气瓶柜（Gas Cabinet）内，通过管路将气体供应至机台附近的VMB阀箱，通过独立的气体GB控制盘（Gas BOX）接入制程机台腔体使用点（Point Of Use），GB与制程控制模块联动，通过MFC质流控制器（Mass Flow Controller）控制气体流量和气体混合比例。

一般的惰性气体采用敞开式气瓶架（Gas Rack）与敞开式阀门盘（VMP，Valve Manifold Panel）将气体送至机台使用点。

BCl_3、DCS（SiH_2Cl_2）、ClF_3、WF_6等低蒸汽压气体一般采用钢瓶和管路直接加热方式供应。钢瓶外罩加热套（含加热带和保温层）或在钢瓶底部加热，沿管路敷设加热带和保温层。加热温度根据输送管道的长度确定，管路长度也直接影响供气的稳定性，低蒸汽压气瓶柜一般建议放置在工艺机台附近或下方的Sub-Fab靠近机台处。但低蒸气压气体ClF_3由于其危险性，一般集中布置在一层靠外墙的独立房间，房间有泄爆措施，房间不得采用水喷淋消防灭火系统。

特气系统供应方式分集中式（Central）和就地（Local）供应两种方式，危险性大、用量比较大的特气供应系统一般采用集中式供应，用量小的特气、低蒸气压气体等一般就地供应。就地供应应充分考虑钢瓶气体泄漏、进入洁净室内进行钢瓶更换、气柜和气瓶架维护的管理风险和麻烦，做好安全防护措施。

2. 特气柜/特气架 （图 9.4.3）

图 9.4.3　特气柜/特气架

气瓶柜内的钢瓶数有单瓶、双瓶、三瓶气柜。气瓶柜具有防护箱体、强制排风、喷淋等安全防护功能。

单瓶气柜常用于研发或实验室，气体使用量小，现场可随时协调停机进行钢瓶更换，其优点为简单、节省空间、成本低。双瓶与三瓶气柜常用于工厂，制程不允许停机工况。当一支钢瓶使用完后，另一支待机的钢瓶将自动上线供应，并发出更换钢瓶的警报。三瓶气柜一般其中两瓶是工艺用特气，另一瓶是（Purge）吹扫用 PN_2 气体，三瓶组气柜空间需求较大，成本相对较高。目前国内集成电路工厂一般在各特气间设置集中吹扫（Purge）用 PN_2 气瓶架。

气瓶架为简单的钢瓶开放支架，没有防护箱体，也无强制排风。

目前集成电路工厂常采用满足 SEMI 标准的两瓶组气柜或气瓶架，配置全自动功能，以达到连续供应不中断供气的目的。气态气体通常以压力感应器来计算钢瓶的剩余量，液态、低蒸气压气体以电子磅秤来监测剩余量，当一瓶用完时会切换到另一瓶。操作上一般可分为全自动、半自动、手动三种方式。

集成电路工厂的气柜根据供应的特气配置：

（1）**手动控制阀**：主要用于防护功能，一般安装在供应气体的出口端。

（2）**逆止阀**：防止特气倒灌到吹扫用的 PN_2 系统和抽气用的 GN_2 系统。

（3）**调压阀**：用于调整供应系统的供应压力。

（4）**压力传送器**：是安全系统中非常重要的零件，判断管路是否泄漏，相关阀件是否正常开关，同时检测钢瓶的剩余量。

（5）**真空产生器**：利用 GN_2 快速流动产生吸力，将管路中的气体抽出，以到达抽气的目的。

（6）过流量侦测器：对管路异常流量进行侦测，若操过设定值，即判断管路上可能大量泄漏，进而关闭供应系统停止供气。

（7）限流孔：是一种简易又有效的过流量控制装置，限制大量气体通过，一般安装在放散（Vent）管道上，防止特气排量超过废气处理装置处理能力。

（8）流量侦测器（Flow Sensor）：对管路上异常大量的流量进行侦测，若超过可能的设定值，即判定管路上有可能大量泄漏，进而启动紧急关闭装置，中断供气。

（9）输送易燃易爆气体的气柜（遇水发生爆炸的气体除外）：一般配置洒水头（Sprinker），自燃性气体气柜、VDB/VMB一般需配置UV/IR火焰侦测器。气柜应具有自动关闭功能，配置有EMO紧急停气按钮、泄漏侦测器等。

3. 阀门箱/阀门盘（VDB/VMB/VDP/VMP）

阀门箱/阀门盘（VDB/VMB/VDP/VMP）一般以气体规划路径和气体的种类进行配置。VDB/VMB配有防护箱体、强制抽气、气体泄漏侦测器、手动阀、紧急关断用气动阀、吹扫用管路。VDP/VMP不配防护箱体并强制通风。一般机台维修、紧急状况如泄漏、地震发生时，可利用气动阀进行自动关断，将气源做分段隔离。VMB/VMP一般根据工艺需求设计4、6或8支管（stick）供气至工艺机台，除满足工艺机台使用点气源控制外，可对供应气体进行调压和流量控制，提供机台稳定的供气压力与流量，监测供气压力，设定偏移时发出报警。VMB阀门箱如图9.4.4所示。

若设计阶段制程的要求尚不十分明确或考虑到未来的扩充性，均通过预留VMB/VMP或预留STICK以利未来的扩充。整厂投入运行后的特气系统进行改造，应充分分析施工阶段的危险性，严格按照国家相关规范规定进行施工安装。

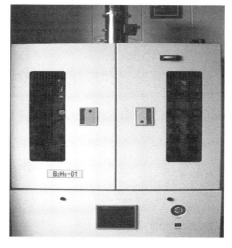

图9.4.4　VMB阀门箱

4. 管路系统

特种气体管路设计应尽量缩短输送距离。距离长会导致成本高、风险大。因扩充性不易，需预留适当的扩充阀组。

惰性、腐蚀性、可燃性、毒性使用一般的单层管。自燃或剧毒气体，如 SiH_4、PH_3、AsH_3、Cl_2，考虑双套管。

阀件及管道材质应根据气体使用工况及品质要求、气体特性确定。一般工艺机台反应用气体采用 SS316L EP 管，GN_2、CDA 一般采用 316L BA。双套管的内/外管材质通常为 SUS 316L EP/SUS 316L AP。

双套管运行一般有正压和负压两种模式，负压是将内外管间抽成真空，正压以氮气维持正压，利用压力表或压力警报器作为泄漏检测。双套管不利于系统改造，具有施工难度大、建造成本高、泄漏源位置难以确定、维护困难等缺点。

管路一般采用氩弧焊进行施工，与其他管件连接的部分则使用接头予以连接。常用的接头方式有两种，分别为 VCR（Vacuum Coupling Retainer）和 SWG（Swaglok）。前者泄漏率低，约为 10^{-9}Acc/sec，且耐压高，常用于制程的危险气体；后者的泄漏率高，约为 10^{-6}Acc/sec，且耐压低，常用于不危险的一般气体。

5. 系统泄漏检测和控制（GMS/GDS 系统）

特气系统的控制系统一般为每台气瓶柜配置独立 PLC 控制、使用人机界面的触控面板进行操作，确保系统稳定度和操作方便。通过 PLC 通信接口，将设备上所有信号通过 GMS 系统纳入中央监控 FMCS 系统，并与全厂消防、气体泄漏侦测 GDS 系统、广播系统、废气处理系统（Scrubber）、地震监测系统等组成安全性极高的气体供应和监控系统。

一般在特气供应间、特气柜、VDB、VMB、工艺机台洁净室区域和机台排气管内均安装特气泄漏探头。自燃性气体气柜及其相应的 VDB、VMB 一般需配置 UV/IR 火焰侦测器，由此构成气体泄漏探测 GDS 系统。特气系统投入运行后，发生泄漏报警，由特气管理人员分析、判断、确认后逐级关闭特气供应系统中相应的 VMB、VDB、气柜等特气设备。

6. 系统电力配置

特气系统所需的电力系统要求比较高，一般需设计单独的电源，避免受其他电力系统的影响。每个气瓶柜或 VMB 皆需有独立的电源开关，控制系统一般配置独立的

UPS系统，100%保证GMS、GDS系统稳定和可靠。特气供应系统一般需配置紧急柴油发电机电源（E电）。

9.4.2　特气供应系统安全性

特气供应系统是集成电路工厂重要的厂务系统，其设计合理性直接影响到整厂的安全性与工艺制程的稳定和可靠，其整体设计规划应与工艺需求相匹配。

特气供应系统是工厂中最危险的系统，任何疏失可能造成生产人员、设备、厂务系统、生产厂房等重大损失。如SiH_4具有自燃性，一旦泄漏，将与空气中的氧气起剧烈的反应并燃烧。AsH_3具有剧毒性，任何一点泄漏都可能造成人员生命安危，故特气系统安全性要求非常高。

特气的供应气体种类多，对供气品质在线监控的危险性较高，故特气系统不需要类似大宗气体供应系统进行污染物（如水分、氧气、粒子等）连续质量监视系统（CQC系统）。

气瓶柜安全包括气瓶柜箱体的防火与防爆设计、抽气装置、UV/IR火焰侦测器、消防喷淋头、气体泄漏侦测器、手动阀关断器、过流量关闭装置、管路高压泄漏测试、Vent限流孔、就地与远程的手动紧急关断开关等。需特别注意的是，ClF_3会因与水起剧烈反应，气柜不可安装洒水头。

特气供应间一般设置火灾监控系统与喷淋系统。火灾监控系统、气体泄漏系统与自动广播系统联动，一旦出现报警时，可及时进行疏散广播疏散，利于事故紧急处理。

紧急手动停气按钮（EMO，Emergency Off）除气瓶柜设置外，还需在气体供应间外或远程的控制室内设置。

除VMB盘、气瓶柜安装报警指示灯外，气体供应间门外也应安装明显警示灯与警报器，以利人员紧急处理时的识别。

地震地区特气系统应安装地震仪，地震仪应安装在固定基座上，防止因地震造成移位，设置的地点应分散在厂区人员出入不频繁的地点。

气瓶柜、VDB/VMB、制程机台等应设置抽排气系统，并确保气体一旦泄漏紧急废气处理系统能快速地处理大量的气体泄漏，特别是剧毒性的AsH_3、PH_3、Cl_2等气体。

工厂应统一规划相关的防护器具，如更换毒气瓶时使用的空气面罩等。

系统设计应遵循国内最新相关设计规范，特气供应站防火间距、泄爆、设备选择、设备布置、系统安全措施设计等均符合国家现行规范的要求。

9.4.3 特气供应站

特气供应尽可能靠近工艺设备使用点。特气供应站位置应符合《特种气体系统工程技术规范》中的规定，根据气体性质设置毒性/腐蚀性气体间、可燃性气体间、惰性气体间，将相同性质的气体集中管理。硅烷用量大时应设置独立的硅烷供应站，ClF_3由于其物理化学性质确定房间不能采用水喷淋系统，故ClF_3系统一般设置在单独的房间。低蒸汽压气体管路长度会直接影响供气的稳定性，故低蒸汽压气瓶柜一般放置在工艺机台附件或机台下方SubFab内。

一般特气供应间设置有独立的空调送风系统，气瓶柜需大量排气以维持气柜内负压，防止气体泄漏后扩散。

特气供应站防火间距、防爆、泄爆、设备选择、设备布置、系统安全措施等均符合国家现行规范的要求。

9.5 化学品供应系统

集成电路工艺生产过程中，如蚀刻、显影、化学气相沉积、清洗等工序去除杂质、微粒等均需要各种高纯度化学品。常用的化学品如表9.5.1所示。

表9.5.1 一般集成电路工厂常用化学品

序号	名　称	用途
1	氨水 NH_4OH	去除微粒
2	盐酸 HCl	去除金属离子
3	硝酸 HNO_3	清洗石英管制品
4	磷酸 H_3PO_4	去除氮化硅
5	硫酸	去除有机物
6	氢氟酸	芯片表面氧化膜清洁、清洗石英制品等
7	显影剂 Developer	光阻图形显影
8	过氧化氢	氧化再生剂
9	清洁剂 NBA	去除光阻
10	清洁剂 EBR	去除晶被、芯片光阻
11	异丙醇 IPA	去除芯片表面杂质
12	刻蚀液 BOE	化学刻蚀用

输送的化学品性质一般分为：

酸碱类化学品：H_2SO_4，HCl，HNO_3，HF，NH_4OH，KOH，显影剂Developer等；

有机溶剂类化学品：IPA，Acetone，NBA，EKC，EBR，HMDS等；

氧化性：H_2O_2 等。

其他：根据国家现行规范等要求分类。

9.5.1 化学品供应方式

化学品供应系统分为中央供应和靠近工艺机台就地供应两种方式。用量大、运送危险性高的化学品供应一般以中央供应方式提供给工艺机台。

本小节仅对中央供应的化学品系统进行介绍，根据化学品供应量和需求不同一般分为：小用量、大用量、混合供应系统。

化学品供应系统通常包括槽车系统（Lorry System）、快速接头箱（Clean Coupling Booth）、化学品输送模块（Chemical Delivery Module，CDM）、储存罐（Storage Tank）、供应罐（Supply Tank）、日用罐（Day Tank）、稀释系统（Dilution System）、管线配置、分支箱T-BOX、阀门箱VMB、警报侦测系统及控制系统和管道系统等。

一、小用量供应系统

通常小用量化学品采用桶装输送。桶装化学品置放于化学品输送模块（Chemical Delivery Module，CDM），将化学品经循环过滤，再由Pump供应至VMB供使用机台配接。

如采用氮气压力输送或储存部分化学品以满足日用量需求，则还会配置供应槽（Supply Tank）或日用罐（Day Tank）。化学品输送模块＋分支阀箱＋阀门箱系统图如图9.5.1所示，化学品输送模块＋日用罐＋分支阀箱＋阀门箱系统图如图9.5.2所示。

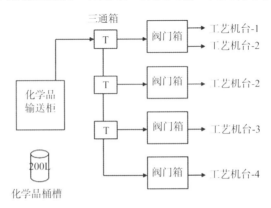

图9.5.1 化学品输送模块＋分支阀箱＋阀门箱

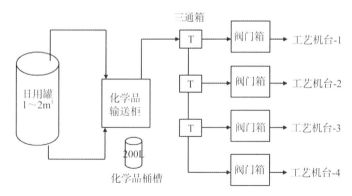

图9.5.2　化学品输送模块＋日用罐＋分支阀箱＋阀门箱

二、大用量供应系统

通常大用量化学品采用槽车供应系统，包括化学品贮槽（Storage Tank）、快速接头箱（Clean Coupling Booth），并使用桶装化学品供应模块（Chemical Delivery Module，CDM）作备用。

快速接头箱将化学品由槽车以N₂加压直接输送至化学品贮槽，化学品供应模块将化学品经循环过滤，由Pump或氮气压力罐供应至VMB供使用机台配接。槽车+储存罐＋化学品输送模块＋分支阀箱＋阀门箱系统图如图9.5.3所示。

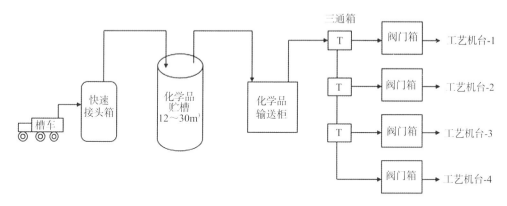

图9.5.3　槽车＋储存罐＋化学品输送模块＋分支阀箱＋阀门箱系统图

三、混合供应系统

混合供应系统一般包括稀释系统（Dilution System）、混合储罐（Mixing Tank）、化学品贮槽，并使用桶装化学品供应模块作备用。

混合器将高浓度化学品与纯水混合，输送至混合储罐，化学品供应模块将化学品经循环过滤并保存至化学品贮槽，由Pump或氮气压力罐供应至VMB供使用机台配接。混合+储存罐+化学品输送模块+分支阀箱+阀门箱系统图如图9.5.4所示，部分化学品供应设备实拍图如图9.5.5所示。

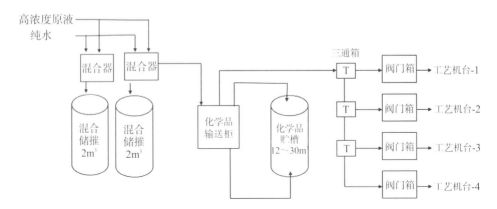

图9.5.4　混合+储存罐+化学品输送模块+分支阀箱+阀门箱

化学品供应柜　　　　　　　　化学品日用罐　　　　　　　化学品储存罐

化学品阀门箱　　　　　　　　　化学品槽车　　　　　　　　化学品分支箱

图9.5.5　部分化学品供应设备实拍图

9.5.2　化学品供应间的设置

化学品应按物化特性分类储存，不相容的化学品应布置在不同的房间内，房间之间应采用实体墙分隔。化学品一般设置在专用的甲、乙类仓库内，存储能力应根据产能进行规划，并应符合国家相关规范、标准的规定。化学品放置如图9.5.6所示。

酸碱化学品　　　　　　　　　　　　　　　　　有机溶剂

图9.5.6　化学品放置图例

中央供应的化学品供应系统一般设置在生产厂房或其他独立建筑内。通常易燃易爆溶剂化学品间应设置外墙泄压设施，其设计应符合现行国家标准《建筑设计防火规范》GB 50016的有关规定。特别注意，建筑的房间的门窗和地面设计应考虑输送介质的危险性，一般有机溶剂往往具有易燃易爆性质，酸碱类化学品往往具有腐蚀性，化学品储存、分配间的地面、门窗、墙面宜采取防相应的设计措施，同时应考虑储存、槽车区域液体防泄漏措施。

9.5.3　化学品供应设备

一、供应单元

供应单元是指供应化学品的设备。化学品具有一定危险性，为防止泄露，供应单元的设备、管路应设置于箱柜内，柜内底部设置收集盒。供应单元箱柜门应设安全连锁装置，当非正常打开时，应即时报警。

为保证化学品输送设备的洁净，箱柜顶部宜装设高效空气过滤器，并应与单元门有自动联动功能。供应单元一般要设排气连接口并与相应的排气处理系统连接，防止污染环境。

化学品供应单元设有确认化学品种类等信息的条形码读码机、危险性标识，防止换桶时误操作。还应设置清洗和吹扫槽车快速接头的纯水枪和氮气枪。

可燃溶剂化学品供应单元应设防静电接地，补充化学品时，静电接地线应与化学品桶或槽车连接。可燃溶剂化学品单元应设有热感应及火焰探测器，探测器信号应与消防系统连接。

供应单元通常采用泵输送或者氮气输送，当采用泵输送时，一般采用二组并联设计；当采用氮气输送时，一般设置两个压力桶，交替使用。

供应单元的桶槽应设计氮气密封，供应单元的出口应设有自动和手动阀，自动阀的信号应连接监控系统，并应根据工艺设备的需求而开关，同时应设有联动的紧急按钮装置，供应单元应设置紧急停止按钮和显示系统状态的三色指示灯，紧急按钮启动时，应发出声光报警信号。

供应单元的桶槽应设置液位探测计和高低液位报警装置，同时宜设置可目视的液位计。化学品供应单元应设紧急停止按钮，当系统流量过大或不符合工艺要求时，系统应自动停机，并应在启动时发出警报声及红光闪烁。

槽车的化学品系统可增加化学桶槽的补充单元作为备用系统，化学品桶槽应置于化学品箱柜内，200L化学品桶槽应有滚筒输送台。

二、化学品稀释单元

化学品系统中部分低浓度的化学品可以采用纯水稀释高浓度化学品制备。

稀释单元采用泵循环时，循环泵一般设计为二组并联，其中一组应为备用。稀释单元应按化学品的特性、浓度计精度要求选用测量原理不同的浓度计，稀释单元可根据用量及精度要求选择连续式和批次式系统。

三、化学品储罐

化学品属于消耗品，频繁更换具有一定的危险性，并且品质难以保证，因此通常设置储罐用于储存一定量的化学品，固定布置在化学品分配间内。

化学品储罐应采用氮气密封，化学品储罐通常会设置检修口，设检修用不锈钢爬梯等；当采用氮气输送时，化学品储罐还会配置爆破膜、安全阀等泄压装置；化学品储罐的液位探测计应设有高高、高、低、低低液位报警，同时应设计可目视的液位计。化学品储罐外部明显处应表明储罐的编号、化学品名称；化学品储罐应预留必要的管路出入口，并应设排放口及排放阀。化学品液体储罐，应设置溢出保护设施，并应符合《电子工程环境保护设计规范》等国家相关规范的规定。

四、化学品阀门箱

为防止化学品泄漏，洁净生产区内的阀门通常设置在阀门箱内。阀门箱内支管数量应按工艺要求确定，并预留扩充接头，每一支管应设有切断阀、排液阀。阀门箱底部应设泄漏或维修用的排液阀，阀门箱应设置强制排气口，并连接至相应的排气处理系统。阀门箱盖宜采用弹簧扣环设计，其承受压力应大于0.01MPa。

9.5.4　化学品输送系统材质

酸碱类、有机溶剂化学品一般具有腐蚀性、易燃易爆等危险性。为确保输送过程中不会泄露，酸碱类、腐蚀性有机溶剂一般采用双套管，内管为防腐蚀的PTFE或者PFA管。双套管的内管不应有焊接头，三通、异径管、转接头等焊接部位应设置在箱体内。

易燃易爆有机溶剂类化学品一般采用不锈钢管道材质，管道连接应采用氩弧焊自动焊接，非焊接连接点的部位应置于箱体内。

化学品管道穿墙壁或楼板时，应敷设在套管内，套管内的管段不应设有焊缝。管道与套管间应采用不燃材料填塞。部分化学品输送管道实拍图如图9.5.7所示。

酸碱化学品管路　　　　　　　　　　　　　　有机溶剂管路

图9.5.7　部分化学品输送管道实拍图

9.5.5　化学品监控系统

集成电路工厂的化学品系统通常应设置化学品监控及安全系统。

一、化学品监控系统设备功能

1. 化学品系统运行状态图，应包含压力、液位高度、阀门开关及泵的状态；

2. 泄漏检测及设备位置图；

3. 化学品使用量的记录；

4. 化学品的PH值、比重、浓度等；

5. 酸、碱及溶剂化学品排风监视；

6. 供应系统出口阀与VMB各支管出口阀每日开关次数与时间；

7. 状态改变的系统警报，事件的时间、日期、位置；

8. 信息输出打印。

化学品监控系统一般为独立的系统，并应与工厂设备管理控制系统和消防报警控制系统相连；应设在主厂房独立房间或全厂动力控制中心，在消防控制室和应急处理中心宜设化学品报警显示。

二、化学品安全监控系统

通常化学品供应间应设置闭路电视监控摄像机与门禁系统、安全管理显示屏；使用场所内及相关建筑主入口、内通道等处应设置灯光闪烁报警装置，灯光颜色应与其他灯光报警装置的灯光颜色相区别。

三、化学品泄漏报警系统

化学品系统有关设备、设施和场所环境应设置化学品泄漏探测器，泄漏探测器的报警信号应与安全系统进行联锁。

储存、输送、使用化学品的工艺设备、供应单元、化学品补充单元、化学品稀释单元设备箱柜、阀门箱、储罐的防火堤、隔堤应设置化学品液体或气体泄漏探测器，并应在发生泄漏时发出声光报警。

化学品泄漏探测器确认化学品泄漏时，应启动相应的事故排风装置，并应关闭相关部位的切断阀，同时应能接受反馈信号，自动启动泄漏现场的声光报警装置，将信号传至安全显示屏。当地震探测装置报警时，化学品监控系统应能启动现场的声光报警装置。

部分化学品监控设备实拍图如图9.5.8所示。

漏液侦测系统

气体侦测系统

声光报警系统

广播系统

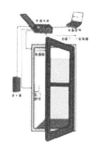

事故排风系统

门禁系统

图9.5.8　部分化学品监控设备实拍图

9.5.6　辅　助　系　统

一、配电与照明

化学品间电力设备的负荷等级应与主厂房的最高负荷等级相同。化学品检测与控制系统为一级负荷，并应配置UPS不间断电源。

易燃易爆溶剂化学品间的爆炸性气体环境内的电气设施应符合现行国家标准《爆炸和火灾危险环境电力装置设计规范》GB 50058的有关规定。化学品间的电气设备应进行防腐蚀设计。

二、防雷与接地

排放易燃易爆溶剂化学品储罐和管道应有可靠的接地和防静电接地措施，其排风管的管口应处于接闪器的保护范围内，应符合现行国家标准《建筑物防雷设计规范》GB 50057的有关规定。

三、给水排水及消防

腐蚀性化学品间应设置紧急淋浴器和洗眼器。

化学品储存、分配间室内外消火栓的设计应符合现行国家标准《建筑设计防火规范》GB 50016的有关规定。化学品储存、分配间应配置灭火器。化学品储存、分配间的喷淋系统并应符合现行国家标准《自动喷水灭火系统设计规范》GB 50084的有关规定。化学品储存、分配间存储的化学品与水可发生剧烈反应时，该化学品储存、分配间不得采用水消防系统。易燃易爆溶剂有机溶剂输送柜应配置二氧化碳灭火系统。洗眼器如图9.5.9所示。

冲身洗眼器

洗眼器

图9.5.9　洗眼器实物图

四、通风与空气调节

化学品间应设置连续的机械通风或自然通风系统，风量应满足化学品桶槽的排风量要求，并应满足国家相关规范规定。

化学品间应设置事故通风，事故通风量宜根据事故泄漏量计算确定。化学品间一般会设置空调系统，室内温度、湿度设计参数应满足化学品桶槽的要求。

五、化学品废液收集

化学品供应系统在实际运转过程中，不可避免会产生废液以及泄漏事故。因此需要设置废液收集与回收装置。

化学品输送单元、阀门箱、分支阀门箱底部通常设有防泄漏收集盒及排液阀，并接排液管或用移动收集桶接走。

化学品供应间内一般要设置废液回收系统。回收系统的设备应置于储罐防护堤内，防护堤的容积应大于堤内最大储罐的单罐容积。防护堤内应设置泄漏废液收集沟，沟内应设置废液收集池，不同性质的化学品回收设备应布置在不同的防护堤内。化学品废液按性质通过收集泵接至各废液处理系统。废液收集装置如图9.5.10所示。

废液收集泵　　　　　　　　　　废液收集坑

图9.5.10　废液收集装置实物图

10

空间管理

10.1 空间管理

空间管理是用于合理地布置建筑内竖向和平面的公用设备和工艺设备以及管道、风管、电缆桥架和其他的动力系统管线的一种设计理念。空间管理贯穿着集成电路厂房整个设计和施工建造过程，控制施工安装尽量避免出现公用设施系统和工艺设施系统的各组成设备以及服务管线的相互冲突。

空间管理以工艺需求为导向，通过整体规划，提供各系统组成部分的平面布置、路由走向、标高定位。

10.1.1 集成电路工厂空间管理的特点

集成电路工厂因为其工艺流程及其工艺技术的复杂性，带来公用设施系统也具备相应的复杂性，体现在如下方面。

一、系统种类多

根据工艺需求，厂房需配置的系统包括特气系统、化学品系统、UPW纯水系统、PDS工艺废水系统、PCW工艺冷却水系统、冷热水系统、大宗气体系统、桥架系统、母线系统、排气系统、防排烟系统、喷淋系统、气体灭火系统、消火栓系统、空调送回风系统、正压送风系统等。

二、同系统管道种类和数量多

对工艺设备服务的各个系统所包括的介质种类也十分繁多。一般在一个工厂内，根据工艺的不同，通常排气往往有酸排气、碱排气、有机排气、一般排气、粉排气、砷排气等4～6种，化学品约30种、特气约50种、PDS工艺废水约25种、大宗气体约10种。

三、空间局促

集成电路厂房为把空间尽量多地让给工艺生产区域，导致管道安装空间少，比如洁净下夹层、公用走道等区域，空间局促，却又需要布置大量的各系统管线。如图10.1.1 和图10.1.2所示，无论是洁净室下夹层还是公用走道区域，都有大量的管线需要合理布置。

图10.1.1 洁净下夹层管道和设备

图10.1.2 公共走道内管道

四、部分系统管线布置的特殊性

（一）化学品管道

双套管系统，特殊的大转弯半径要求达到图10.1.3所示的安装效果，其路线如不合理规划，极易阻挡其他管线系统的布置，造成空间浪费。如表10.1.1的要求，化学品管道的转弯半径要求远超普通材质的管线系统。

表10.1.1 化学品外套管的最小转弯半径

管径（mm）	15	20	25	40	50
弯曲最小半径（mm）	200	250	300	350	450

图10.1.3 化学品双套管现场安装

（二）PDS工艺废水

部分废溶剂系统黏度大，通常要求0.5%的坡度，在目前FAB规模越来越大的趋势下，管道坡降的程度也越来越大，有限层高内进行合理布置，难度较大。如图10.1.4所示，管道通过竖向侧边固定的方式来满足管道的坡度安装需求。

图10.1.4 PDS管道带坡度布置

（三）供二次配使用的预留接口

为满足工艺设备使用和扩产的需求，在管道上预留的接口数量众多，极易发生碰撞而导致接口无法使用，比如排气预留阀门、母线插口等很容易因为消防管或者共同管架等出现无法使用的情况。图10.1.5展示了预留阀门在有冲突的时候和空间良好的时候的现场安装案例。

图10.1.5　预留接口配管空间冲突与使用情况

（四）配合工艺设备的配管避让

工艺设备需要的真空管线（Pumping Line）从生产层的机台接到生产支持层的干泵，通常在二次配层（Hook-up）管路最多允许2个45°的弯头，一次配管线必须考虑真空管线等工艺管线的需求做好空间规划，以避免管线碰撞后返工。如图10.1.6所示，可见真空管线采用小角度转弯来规避一次配的管线。

图10.1.6　工艺配管的预留空间

10.1.2　洁净下夹层空间管理

集成电路厂房内的空间管理管道规划设计分两个区域，洁净下夹层和其他公共区域，两个区域的需求和设计理念各不相同。洁净下夹层区域的规划重点是确保能够合理地布置所有工艺所需的管线系统和落地设备，同时协调好工艺的需求，做好对工艺落地设备在楼面布置的排布和工艺管线的避让。

一、洁净下夹层落地设备布置

洁净下夹层楼面公用设施系统设备主要包括消防系统的消火栓，特气化学品的阀箱（VMB）、阀盘（VMP），各种配电柜、配电盘，安全系统的冲淋洗眼器等。

公用设施落地设备布置方式通常沿着工艺设备扩产摆放的方向，尽量利用柱间的空间布置，为工艺落地设备留出足够的安装空间。如图10.1.7所示，洁净下夹层有大量公用设施的落地设备。

图10.1.7　公用设施落地设备

工艺设施落地设备主要包括工艺机台的辅助机台，比如干泵、板式换热器、就地洗涤塔等。如图10.1.8所示，洁净下夹层有大量工艺设备的辅助机台。

图 10.1.8　工艺设施落地设备

　　洁净下夹层落地设备的空间管理流程一般是先根据洁净生产层的工艺分区和工艺用量表，确认各生产区所要布置的公用设施种类和数量，再结合消火栓、冲淋洗眼器等非直接为工艺设备服务的设备布置进行综合排布，排布成果反馈给工艺工程师，布置工艺落地设备，并在过程中相互配合、协调以获得最优布置方案。在进行综合摆放的时候要充分考虑各系统空间独立，减少不同系统的设备夹杂布置在一个区域的情况。

二、洁净下夹层管道系统空间管理

　　为工艺设备服务的各动力系统管线，主要集中布置在洁净下夹层区域，集成电路生产技术迭代的频率较快，为了确保工厂能满足将来工艺迭代的需求，需要将众多的管线从立面到平面进行合理有序的规划。图 10.1.9 为洁净室下夹层管道布置模型。

图 10.1.9　洁净下夹层管道布置模型图

（一）层高分配

洁净下夹层的空间规划首先需要对竖向的层高分配进行协调管理，以确保设备和管线的空间互不冲突，通常会把竖向空间从上到下分成二次配（hook-up）空间、管线空间、设备使用空间三个层级，根据工艺设备和工艺用量对管线数量和尺寸规格的需求，在有限空间内进行三个空间的合理分配，图10.1.10为12寸集成电路工厂的下夹层典型层高分布方案。

二次配层 0.6 m
管道层 1.85～2.1 m
设备使用层 2.35～2.5 m

图10.1.10　洁净下夹层典型层高分布图

（二）管线空间分配

管线空间分配通常从模组化、灵活性方面进行考虑，确保各工艺分区内都有各系统管线的安装空间，这样在将来工艺调整的时候才有足够的预留空间进行扩产管线的安装。一般按照三个柱位间的两跨作为一个模数，在模数内将各系统的管线在各个工艺分区所需要的管线空间都进行空间规划。管线布置的时候除了考虑满足各动力系统管线的空间，还要考虑对设备工艺管线的布置空间提前进行规划，并进行合理的避让。

三、洁净下夹层共同管架

洁净下夹层的管线种类繁杂，数量众多，在施工阶段还会由多个专业承包商分别对各自承包范围的管线进行施工。为避免出现各承包商各自为政，占用其他系统管线的空间，或采用不同的支架体系，导致下夹层的管线和支架布置脱离空间规划的管理，安装风格各异，影响整体美观且导致后期的维护困难的情况，在洁净下夹层通常会进行统一的共同管架布置，即统一风格，也可限定各系统在规划的空间内安装。

共同管架基本形式通常是采用主次钢梁＋龙门架的形式，主次钢梁采用工字钢或者H型钢，通过牛腿或者预埋件固定在柱子上，起到对整体管架的支撑作用。龙门架通常采用组装式成品支架制作，通过固定件固定在次梁上方。如图10.1.11所示，是洁净室下夹层的典型共同管架布置方案。

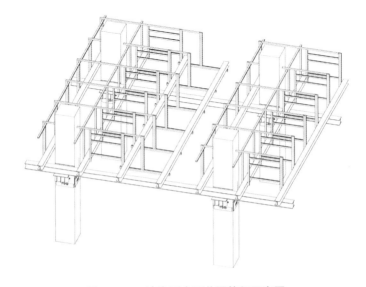

图10.1.11　洁净下夹层共同管架示意图

对于一些管径较大的动力管线，为减少介质流动导致的振动影响到工艺机台的稳定，需要在管架上根据防微振要求设置弹簧减振基座，如图10.1.12所示。

图10.1.12　弹簧支座

10.1.3　其他区域空间管理

除洁净下夹层的其他公共区域主要以各公共走道为主，通常走道内会布置大量的各系统管线，这些区域的空间管理布置以满足搬运通道净空要求为主，并要综合考虑上部管线系统的安装和检修便利性。

一、公共区域管道系统空间管理

公共走道的特点是管线多，布置集中，往往出现多层重叠的情况，且有排烟等在走道上有使用点的非过路性质管线，如布置不当，不但施工困难，还会影响使用。因此在走道区域的管线布置顺序从上向下依次是：不需要开设风口的风管、需要开设风口的风管、桥架、水管。桥架和水管一般布置在带风口的风管的两侧。

非走道区域的管线通常不存在大量的多层重叠，从施工便利性上考虑，可将桥架和水管布置在最上层，风管布置在下层。管道布置时尽量遵循两个方向两个标高的原则，以避免同平面东西向管道和南北向管道的交叉碰撞。

除了以上基本要求，各系统管线在竖向排布还需考虑如下原则。

（1）热介质管道在上，冷介质在下；

（2）保温管道在上，不保温管道在下；

（3）无腐蚀介质管道在上，腐蚀介质管道在下；

（4）气体介质管道在上，液体介质管道在下；

（5）高压管道在上，低压管道在下；

（6）金属管道在上，非金属管道在下；

（7）不经常检修管道在上，经常检修的管道在下；

（8）桥架在上，水管在下；

（9）热力管线在上，桥架在下。

二、管线综合原则

管道布置的时候会出现管线系统交叉和冲突的情况，在这种时候，一般遵循如下避让原则：

（1）重力流排水管优先，有压管避让无压管；

（2）大管优先，小管避让大管；

（3）低压管避让高压管；

（4）常温管避让高温、低温管；

（5）可弯管线避让不可弯管线、分支管线避让主干管线；

（6）附件少的管线避让附件多的管线。

三、公共区域共同管架

在公共区域的走道部分，往往涉及的专业众多，通常会综合考虑各专业管线的排布，设置共同管架，以减少支架数量，统一支架规格，起到节约资源、提升工程美观效果的目的。

走道区域共同管架一般根据梁柱的间距进行布置，间距不超过3m，如有大量塑料管线和小口径管线，支架间距可做到1.5m，如图10.1.13所示。

图10.1.13　走道共同管架及管道布置

10.2 二次配管配线

10.2.1 二次配设计

一、二次配设计概念

在集成电路工厂建设中，往往受限于工艺设备条件的不确定性，初期无法获得准确的工艺设备接口的定位和用量，故在建设过程中会先将工艺设备需用的各系统管线做到设备附近留下预留接口（Take off点），待设备安装就位后，再从预留接口安装管线将设备与各预留接口进行连接。从各动力设备至预留接口处的管线称之为一次配管线，从预留接口至工艺设备的管线称之为二次配管线。二次配设计的工作范围主要集中在洁净生产层高架地板下方和洁净下夹层区域，二次配设计P&ID和工作界面示意图如图10.2.1所示。

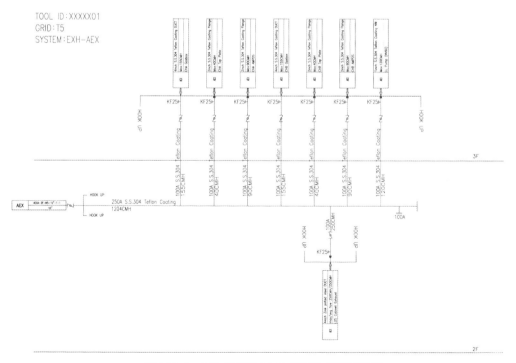

图10.2.1 二次配设计P&ID和工作界面示意图

二、二次配设计流程

二次配管设计前期，应先熟悉主系统一次配的竣工图、工艺机台平面布置图、工艺机台设备图、工艺机台系统用量表、各系统管段材质要求等资料，根据资料完成初版 P&ID 图纸，完成 Take off 点位选择、管路的管径设计及管路上各段需安装的管道附件设计。

机台搬入前先要进行预会勘，查看机台预计安装位置及计划连接的 Take off 点位是否可以使用。若现场已有同类型设备完成安装，正式投产，可查看同类型机台的使用点（POU）数量、尺寸、位置；设备基础类型；设备内连管情况；阀盘仪表安装位置；各系统管路布管形式等作为参考。

机台及附属设备安装完成后，需进行正式会勘。正式会勘时需核对机台安装位置与预计定位是否一致，机台使用点（POU）的接口数量、尺寸与预会勘时查看的同类型设备或工艺机台系统用量表中体现的接口数量、尺寸是否一致，复核所选 Take off 点位是否满足使用要求。查看高架地板下设备内连管的安装情况，考虑二次配管安装的可用空间。查看现场高架地板开洞及标识情况，确认管道基本走向和相关阀门的安装位置。确定华夫板孔洞的分配并用胶带做好现场标识。查看技术夹层的附属机台摆放位置。若机台位置有改动，需重新设计阀盘放置位置，核对 Take off 点位选择是否合理。

正式会勘结束后，需绘制管道轴测图，包含各系统管道走向、标高、尺寸规格、管材、管道附件种类及位置、管路坡度及坡度方向、所连接的 Take off 点位编号及机台的 POU 点位编号等信息，完成二次配设计。

三、主要系统二次配要点

（一）工艺排气系统

工艺排气系统大致分为一般排气、酸性排气、碱性排气、粉尘排气、砷排气及有机排气等，某些工厂会将含 NO_x 氮氧化物排气从酸排气中分离出来单独处理排放。排气系统二次配设计要点如下：

1. 风管设计时一般采用生产设备最大运转负荷时的额定排气量确定管径计算。

2. 在设备接口处附近应设置检测口和风阀。

3. 当二次排气风管内可能产生凝结水或其他液体时，管路应设置不小于0.3%的坡度，且顺坡安装。在排气风管的最低点应设置排液处理装置，排至相应的废水管网中或就地收集，排气管的坡度值及方向应在P&ID图或管道轴测图中有所体现，以便于正确施工。

4. 所排气体中若含有水汽，需避免向下开三通连接设备，可选择向上或斜向上开。

5. 管道排放介质含有易燃、易爆物质时，设备和排气风管必须采取防静电接地措施。

6. 如有侦测需求，需在管道上预留侦测接口。

7. 工艺排气管道一般选用1.5倍直径的弯头配件，以减小排气的阻力。

（二）排液系统

排液所涉及的系统种类较多，不同种类的排液应根据介质特性选择不同的管材。如一般废水、有机废水、无机/有机类可回收排水多采用PP管，浓硫酸、浓磷酸、浓氢氟酸废液多采用碳钢＋PTFE内衬管道，正甲基比咯酮废液、光阻液废液等多采用SUS316不锈钢管材。

废液排放管内流体介质多含有腐蚀性，为避免液体泄漏而造成电气线路、气体管路等受损，空间布置时需位于多层管道的底层。

（三）特殊气体系统

特殊气体如 HBr、Cl_2、BCl_3、PH_2、PN_2等在二次配的范围是由设备工艺用点与一次配布置的VMB阀箱出口一对一连接。

部分需要加热的气体注意沿途管道的保温，与用点距离较远的需考虑输送途中的二次加热。

（四）大宗气体系统

大宗气体在设计时一般由设备用量的最大值进行管径计算，需求量相差较大的机台不宜连接至同一 Take off 点，阀盘需设计在方便操作的位置。

（五）化学品系统

化学品与特殊气体类似，设备工艺用点与一次配布置的VMB阀箱接口一对一连接。为保证化学品的供应通畅，化学品二次配管道应尽量避免U型弯设计，管道内流向需从下向上。

（六）工艺制程冷却循环水系统

工艺制程冷却循环水（PCW）系统的二次配管线在设计时，要注意避免出现U型弯，管线要尽量短，减少转弯以减少阻力。

采用阀盘的形式布置所需的阀门和仪表时，阀盘的位置需考虑操作和维护的便利性。

（七）纯水系统

纯水系统的管道应注意供给设备每个用水点的循环水量宜为设备用量的120%～150%，供水管道流速宜为1.5～3.0m/s，回水管道流速宜为0.5～2.0m/s。

纯水系统要避免死水段，如无法避免，其死水段长度不宜大于管道公称直径的3倍。

热纯水采用塑料管材时，宜布置在专用的桥架内敷设。

（八）工艺配电系统

二次配配电系统要合理进行开关的分配，二次配电设计配电容量应不超过一次配电系统所能承受的最大负载。

二次配桥架高度不宜超过150mm高。

（九）气体侦测

根据不同特殊气体种类选取不同类型侦测器，侦测器种类有：纸带式、电化学式、红外式、半导体式、热分解式等。

10.2.2 二次配空间管理

一、二次配空间管理概述

二次配施工通常会面临空间局促，管线系统种类和数量多，各系统管线交叉等困难。通过二次配空间管理工作，对各系统管线进行平面及立体空间的综合管理，可有效避免各系统管线之间的位置冲突，提高洁净生产区和洁净下夹层的空间利用率，达到各类管线布置合理、整齐、美观的效果，提升配管施工的效率，并且便于其后的维护工作。

二、二次配空间管理的布置

1. 管线布置尽可能短而直，减少转弯，做到横平竖直。

2. 为每台工艺服务的二次配管线，尽量规划在机台投影区域以及就近区域，避免出现侵占其他机台的使用区域的情况。

3. 二次配管线不能占用一次配预留空间、母线插接箱空间、Pumping line管道空间及二次配施工和维护的空间。

4. 在二次配管线空间的管道尽量按照双向双层的方式排布，确保东西向和南北向管道的顺利交叉穿越。

5. 二次配管线的布置要考虑阀门、仪表、阀盘等需操作的位置合理性，需便于施工和维护操作。

6. 要注意特殊管线的布置要求，比如特气、化学品管线以及桥架要远离高温管线。

7. 避免在机台操作面布置管线。

三、二次配空间分配案例

图 10.2.2 为二次配空间分配案例图，该项目在高架地板区 600mm 分为两层，上层为地板龙骨下 250mm，含东西向管道 200mm 与支架区 50mm，下层为地板上 300mm，含南北向管道区 250mm，落地支架区 50mm；下夹层顶部二次配区 600mm 分为两层，上层为华夫板下 300mm 由东西向管道区与消防共用，下层为 300mm 走南北向管道；辅助机台二次配区 550mm 分为两层，上层为共架上 250mm，布置南北向管道，下层区为共架下 300mm。

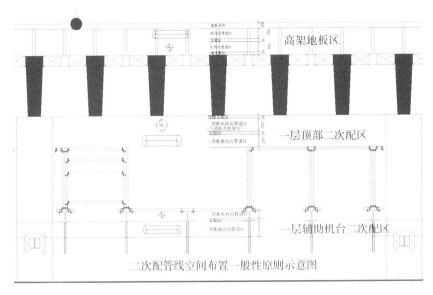

图 10.2.2   二次配空间分配案例图

四、华夫板孔洞分配原则

图 10.2.3 为华夫板的现场照片，华夫板在构造上存在大量的孔洞，该孔洞起到洁净空气流通和二次配管线布置的作用。华夫板孔洞的使用分配直接影响到二次配管的整体合理性，所以要对华夫板孔洞的使用做统一的规划和分配。按穿过孔洞的管线系统分类进行洞口使用的分配，通常划分为排气系统、液体系统、气体系统、电气管线和 Pumping line，要求以上各系统分开占洞，同系统管线按就近原则集中洞口穿越。这样有如下好处：

1. 管道支架的布置集中，可减少支架数量和空间占用。

2. 管道集中布置，固定在同一批支架上，可增加管道的刚性，管道不易弯曲变形。

3. 集中布置干净整洁，比较美观。

4. 不同系统分开，相同系统集中，便于管道的运行维护。

5. 减少管道碰撞，缩短工期。

图 10.2.3   华夫板以及施工中的高架地板

10.3 BIM技术的运用

集成电路工厂具有厂房体量巨大、系统繁多、空间紧张，且在建设过程中具有施工分包众多、多方参与、协作困难的特点。BIM技术的管线综合、可视化、可模拟性等特点在集成电路厂房的规划、设计、建造及运维方面都能发挥重要的作用，这也是近年来国内各大集成电路厂房建设的各阶段都运用BIM技术的原因。

10.3.1 BIM的概念

一、BIM的定义

BIM（Building Information Modeling）即建筑信息模型，是指通过软件对建筑物的各种信息与数据进行建模及综合，此模型可以仿真建筑物所具有的各种具体信息。BIM拥有以下特点：信息完备、关联性、一致性、可视化、协调性、模拟性、优化性和可出图性等。

BIM技术不仅可以通过模型展示建筑信息，还可以将BIM技术作为工程建设管理的工具之一。在工厂的全生命周期过程中均可以通过BIM技术来整合与传递建筑物和项目管理的信息，BIM技术可以在生产效率的提高、建设成本的节约以及建设工期的缩短等方面发挥重要作用。

二、BIM技术应用的优势

近年来BIM技术在集成电路厂房项目建设中得到了较多的应用，相对于传统设计手段和方法拥有以下优势。

1.设计表达方面的优势

从绘图板到平面CAD到三维BIM，设计行业的工具在不断进化，这不仅仅是效率的提升，也是设计表达方面的提升。在二维时代，平面表达的信息有限，设计人员不得不花费大量的精力绘制局部剖面图、大样图、节点图来表达设计意图。而通过BIM技术，所有的设计结果均表现为三维的、立体的，平、立、剖等图面信息联动，也是直观的、易懂的。因此BIM技术对设计准确性和设计表达方面有大大的提升作用。

2. 专业协同方面的优势

不管是普通的建筑还是复杂的集成电路厂房，要想完成建筑/厂房的设计，需要建筑、结构、水暖电等各专业的配合共同完成。在CAD时代，各专业负责各系统图纸，缺少一个统一的平台来进行整合。现在借助BIM技术，各设计师可以在统一的BIM平台上进行专业模型绘制，专业协同变得容易。通过BIM技术的三维可视化，专业间的冲突与碰撞调整也变得更加容易，这也必然使得设计质量提高，设计更加优化。

3. 建筑设计过程自动化

为了将设计师从一些繁杂的重复劳动中解放出来，各种BIM软件（插件）也在不断开发出来。借助这些工具，还可以一定程度上实现设计自动化。例如：提前设置规则可以机电管线自动生成与连接、灯具批量布置、喷淋自动布置、自动配筋等。

4. 提高设计质量

集成电路厂房设计中，通过各种先进BIM技术的应用，可以显著提高设计质量。例如：通过各种分析模拟软件可以比选出最优的方案，BIM管线综合让设计的管线更加优化合理，BIM造价软件可以协助设计出成本适中的建筑，BIM施工模拟软件可以在设计阶段就验证施工可行性要求等，让设计更加关注后续的施工过程，这会使得施工过程因为设计错误的减少而变得高效。

10.3.2　BIM软件选择

本节主要介绍集成电路工厂设计阶段使用的主流BIM软件。

一、BIM核心建模软件

1. Autodesk公司出品的Revit软件，包含建筑专业、结构专业和机电专业。目前是集成电路工程行业应用最广泛的建模软件之一。

2. Bentley 公司出品的一系列软件，如 Open Buildings Designer（建筑设计）、OpenPlant（管道建模）、Bentley Raceway and Cable Management（桥架电缆敷设软件）。

3. Graphisoft 公司出品的 ArchiCAD 软件。专为建筑建模设计，操作便利，建筑专业应用较为广泛。

4. Robert McNeel & Assoc 公司出品的 Rhino 软件，也称犀牛。PC 上强大的专业 3D 造型软件，它可以广泛地应用于三维动画制作、工业制造、科学研究以及机械设计等领域，在集成电路工程行业多用在建筑特殊造型的设计。

二、BIM 模拟分析软件

BIM 模拟分析软件主要用来对建设项目进行日照分析、风环境分析、通风分析、噪声分析、气流组织等方面的分析和模拟。主要软件有国外的 Echotect、IES、Green Building Studio、6SigmaRoom、Fluent 等。

三、BIM 机电分析软件

BIM 机电分析软件，主要用于设计时的计算与分析，国内应用得比较多的主要有鸿业、天正等，国外的同类产品有 IES Virtual Environment、Designmaster、Trane Trace 等。

四、BIM 结构分析软件

借助于 BIM 结构分析软件，结构专业可以快速地借助三维 BIM 模型，通过输入条件，快速地进行结构分析与优化。国内应用比较多的结构分析软件主要有 PKPM。国外结构分析软件有 TEKLA、ETABS、STAAD、Robot 等。这些软件都可与 BIM 结构建模软件配合起来使用。

五、BIM 模型综合碰撞检查软件

BIM 模型碰撞检查软件主要用于管线综合、碰撞调整阶段，常用的模型综合碰撞检查软件主要有 Autodesk Navisworks 和 Bentley Navigator 等。

六、BIM造价管理软件

BIM模型可以用来统计工程量和进行造价管理。目前国内BIM造价管理软件主要分为两类：第一类是基于REVIT平台开发的造价软件，主要有斯维尔BIM、晨曦BIM、比目云BIM等；第二类是自行开发的算量平台，主要有广联达和鲁班等软件。

10.3.3　BIM典型技术应用

一、虚拟展示

通过BIM的可视化，可以预先观察到设计的建筑物以及机电设备和管线，特别是对一些细节部分的检查，判断是否满足业主的要求，符合业主最初设想，避免对常规二维图纸理解不一致造成的偏差。图10.3.1展示的是某集成电路动力厂房的BIM剖面。

图10.3.1　某动力厂房的BIM剖面

二、设计勘误

通过BIM模型，检查设计中的问题，避免重大的设计问题和专业间的设计冲突。图10.3.2是利用BIM模型进行设计勘误。

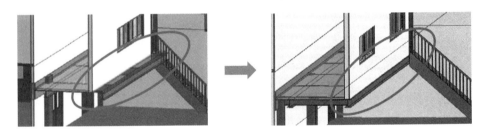

图10.3.2　设计勘误

三、净空优化

通过BIM模型，对厂房内的管道进行空间管理整合，完成空间规划。通过优化设备管线在建筑结构可用空间中的布置，提高设备管线的空间利用率，降低空间成本，提升建成后的空间品质，确保能获得最优的净空，最合理的管道布置方案，并节省费用和工期。图10.3.3为利用BIM模型进行净空优化展示。

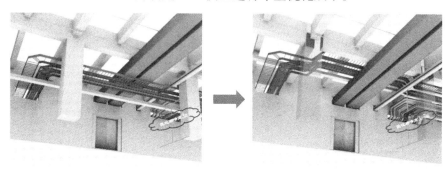

图10.3.3　净空优化

四、管线综合

在空间管理的基础上，对所有系统的管线进行碰撞检查，在设计阶段就做到合理排布管道，避免管线碰撞，通过多方案对比获得最合理的管道布置方案。图10.3.4为某项目吊顶内管线综合。

图10.3.4　复杂管线综合

五、预留洞口

通过BIM技术进行精准的洞口预留，尽量减少后期的开洞和的封堵，节约成本。图10.3.5为利用BIM软件进行墙体开洞预留。

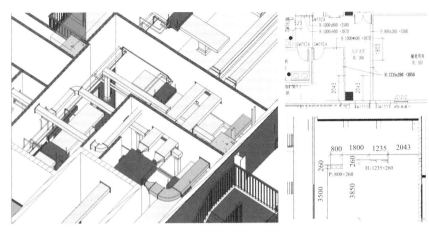

图10.3.5　精确的洞口预留

六、材料统计

通过BIM模型的精确计量功能，通过软件自动统计所有的材料，避免了人为因素对精度的影响，可以高效、精确、及时地获取各种类型材料的统计数据，有效地控制项目成本。图10.3.6为利用BIM软件进行某项目材料清单统计。

FAB一层特气系统管件明细表			
类型	管件	尺寸	合计
0.5%02/He	Fitting-Elbow-Tube-Generic-SS	3/8"-3/8"	4
1%PH3/He	ElbowLongRadius-ButtWelding-对焊-CS	5/8"-5/8"	2
1.2%He/N2	Fitting-Elbow-Tube-Generic-SS	1/2"-1/2"	8
4%H2/N2	Fitting-Elbow-Tube-Generic-SS	3/4"-3/4"	+
4%H2/N2	Fitting-Tee_DockWeiler-SS	3/4"-3/4"-3/4"	1
5%B2H6/N2	ElbowLongRadius-ButtWelding-对焊-CS	5/8"-5/8"	2
5%H2/He	Fitting-Elbow-Tube-Generic-SS	1/2"-1/2"	8
10%CH4/Ar	Fitting-Elbow-Tube-Generic-SS	3/8"-3/8"	3
10%NH3/He	Fitting-Elbow-Tube-Generic-SS	3/8"-3/8"	3
20%F2/N2	Fitting-Elbow-Tube-Generic-SS	3/4"-3/4"	19
20%F2/N2	Fitting-Tee_DockWeiler-SS	3/4"-3/4"-3/4"	3
20%02/Ar	Fitting-Elbow-Tube-Generic-SS	3/8"-3/8"	4
20ppnB2H6	ElbowLongRadius-ButtWelding-对焊-CS	5/8"-5/8"	2
30%C2H4/He	Fitting-Elbow-Tube-Generic-SS	3/8"-3/8"	3
50ppnPH3	ElbowLongRadius-ButtWelding-对焊-CS	5/8"-5/8"	2
Ar/Xe/Ne	Fitting-Elbow-Tube-Generic-SS	1/2"-1/2"	5
Ar/Xe/Ne	Fitting-Tee_DockWeiler-SS	1/2"-1/2"-1/2"	1
C2F6	Fitting-Elbow-Tube-Generic-SS	3/8"-3/8"	4
C2H4	Fitting-Elbow-Tube-Generic-SS	3/8"-3/8"	3
C2H4	Fitting-Tee Reducing-Tube-Generic-SS	3/8"-3/8"'-3/8"	1
C3H6	Fitting-Elbow-Tube-Generic-SS	3/8"-3/8"	3
C4F6	Fitting-Elbow-Tube-Generic-SS	1/2"-1/2"	3
C4F6	Fitting-Tee_DockWeiler-SS	1/2"-1/2"-1/2"	1
C4F8	Fitting-Elbow-Tube-Generic-SS	1/2"-1/2"	9

图10.3.6　精确材料清单统计

七、正向设计出图

为了保证图纸和模型的一致，设计中将直接设计模型，并从模型直接出图，保证图模一致，确保设计信息准确地移交给施工部门。图10.3.7为利用BIM软件进行模型出图。

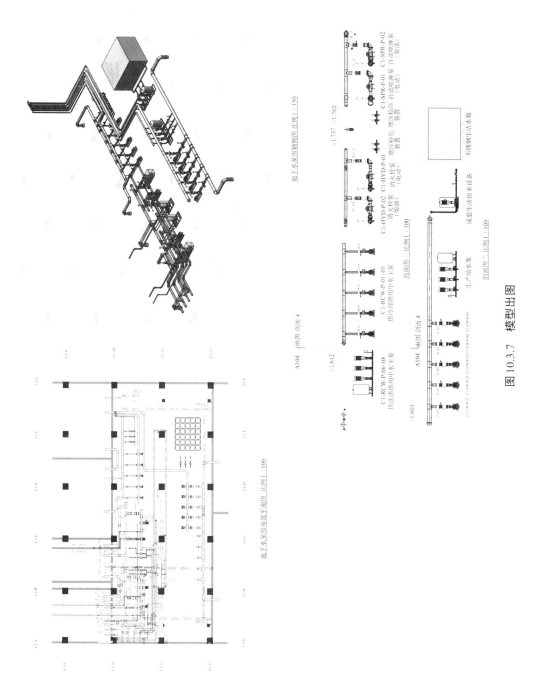

图 10.3.7 模型出图

八、气流分析模拟

采用专业CFD气流模拟软件，模拟洁净室的气流流态、温湿度状态、压力场状态，以找出最佳的设计布置。图10.3.8、10.3.9、10.3.10分别为集成电路洁净厂房局部CFD气流模拟与优化、区域气流和温度场模拟、污染物排放模拟的案例。

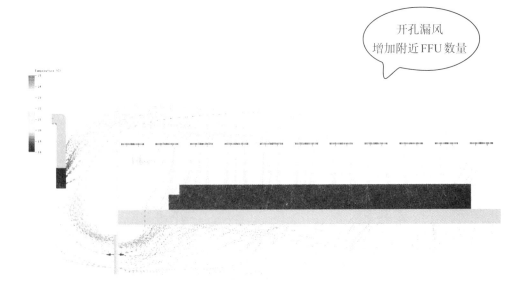

图10.3.8　CFD气流模拟与优化

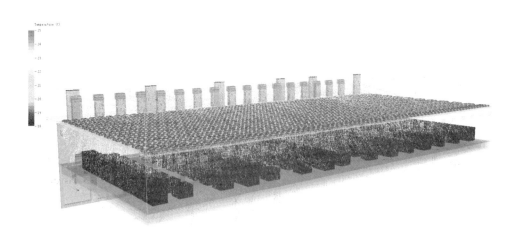

图10.3.9　区域气流和温度场模拟

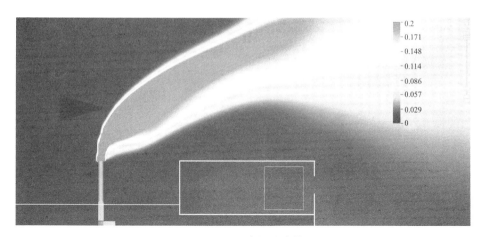

图10.3.10　污染物排放模拟

九、VR模型审查

通过VR技术，用沉浸式的模型审查方式，提供最真实的模型审查体验，最直观地了解建成后的真实效果。图10.3.11为VR模型审查现场。

图10.3.11　VR模型审查

十、点云激光扫描技术

点云激光扫描技术可以对建成现场进行精确的数字化建模，可用于将实际建设情况与设计或者施工深化设计模型进行对比，检查施工质量。也可作为改造时的现场数字场景依据，避免人力测量误差。图10.3.12为激光点云成果与现场扫描场景。

图10.3.12　激光点云成果与现场扫描

十一、场地倾斜摄影

通过倾斜摄影技术，可对施工前场地进行实景建模，通过数字模型的方式进场地资料留存，可辅助核算施工土方量，也可以对场地方案进行评估。图10.3.13为某项目场地倾斜摄影成果模型。

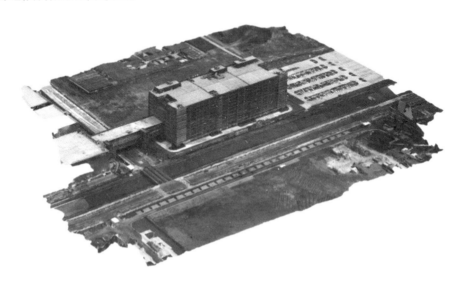

图10.3.13　某项目场地倾斜摄影模型

十二、疏散模拟

　　利用计算机图形仿真和智能分析技术，对人员运动进行图形化的模拟，从而准确分析每个个体在灾难发生时最佳逃生路径和逃生时间。以供对疏散逃生设计的合理性进行评判。图10.3.14为某集成电路项目疏散模拟的案例。

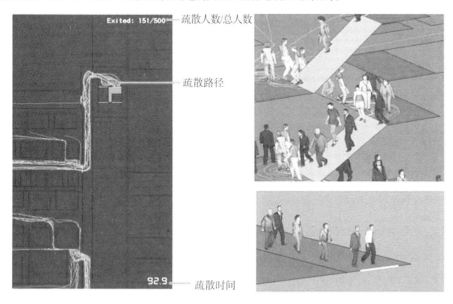

图10.3.14　某集成电路项目项目疏散模拟

附　　录

本书涉及的行业规范和标准：

1.《电子工业洁净厂房设计规范》GB 50472-2008

2.《电子工业废气处理工程设计标准》GB 51401-2019

3.《电子工业防微振工程技术规范》GB 51076-2015

4.《电子工厂化学品系统工程技术规范》GB 50781-2012

5.《电子工程环境保护设计规范》GB 50814-2013

6.《建筑地基基础设计规范》GB 50007-2011

7.《建筑抗震设计规范》GB 50011-2010

8.《建筑设计防火规范》GB 50016-2014

9.《建筑照明设计标准》GB 50034-2019

10.《建筑物防雷设计规范》GB 50057-2010

11.《建筑防烟排烟系统技术标准》GB 51251-2017

12.《建筑与建筑群综合布线系统工程设计规范》GB 50311-2016

13.《建筑桩基技术规范》JGJ 94-2008

14.《智能建筑设计标准》GB 50314-2015

15.《洁净厂房设计规范》GB 50073-2013

16.《洁净室施工及验收规范》GB50591-2010

17.《洁净室及相关受控环境》ISO 14644

18.《空气过滤器》GB/T 14295-2019

19.《高效空气过滤器器》GB/T 13554-2020

20.《压缩空气站设计规范》GB 50029-2014

21.《大宗气体纯化及输送系统工程技术规范》GB 50724-2011

22.《氢气站设计规范》GB 50177-2005

23.《氧气站设计规范》GB 50030-2013

24.《特种气体系统工程技术规范》GB 50646-2011

25.《特种气体系统工程技术标准》 GB 50646—2020

26.《硅集成电路芯片工厂设计规范》GB 50809-2012

27.《工业建筑供暖通风与空气调节设计规范》GB 50019-2015

28.《工业金属管道设计规范》GB 50316-2000

29.《锅炉房设计标准》GB 50041-2020

30.《消防应急照明和疏散指示系统技术标准》GB 51309-2018

31.《消防控制室通用技术要求》GB 25506-2010

32.《火灾自动报警系统设计规范》GB 50116-2013

33.《爆炸和火灾危险环境电力装置设计规范》 GB 50058-2014

34.《入侵报警系统工程设计规范》 GB 50394-2007

35.《视频安防监控系统工程设计规范》GB 50395-2007

36.《有线电视网络工程设计标准》GB/T 50200-2018

37.《防静电工程施工与质量验收规范》GB 50944-2013

38.《安全防范工程技术标准》GB 50348-2018

39.《数据中心设计规范》GB 50174-2017

40.《出入口控制系统工程设计规范》GB 50396-2007

41.《综合布线系统工程设计规范》GB 50311-2016

42.《公共广播系统工程技术标准》GB/T 50526-2021

43.《压力管道监督检验规则》TSG D7006-2020

44.《压力管道规范-工业管道》GB/T 20801-2006

参 考 文 献

［1］ 电子技术应用网.中国集成电路产业70年发展艰难历程回顾[EB/OL]. AET-电子技术应用（www.chinaaet.com），2019-10-08.

［2］ 王阳元.集成电路产业全书[M].北京：电子工业出版社，2018.

［3］ 何乐年，王忆. 模拟集成电路设计与仿真［M］. 北京：科学出版社，2008.

［4］ 刘斌. 芯片验证漫游指南：从系统理论到UVM的验证全视界［M］. 北京：电子工业出版社，2018：64-73.

［5］ 王向展，宁宁，于奇.模拟集成电路设计实验教程［M］.北京：科学出版社，2015.

［6］ 裴星星. 模拟集成电路版图设计［J］. 电子制作，2015，（9）：29-30.

［7］ 王巍.RC寄生参数提取在数模混合IC设计中的应用［J］. 中国集成电路，2019，28（6）：51-54.

［8］ 李岩，屈媛，陈仪香. 软硬件协同设计中的软硬件划分方法综述［J］. 单片机与嵌入式系统应用，2017，17（8）：3-8.

［9］ B.D.Smith, An Unusual Electronic Analog-Digital Conversion Method［J］.IEEE IRE Transactions on Instrumentation，1956，pp.155-160.

［10］ J.Doernberg, H.S. Lee，D.A.Hodges.Full-speed testing of A/D converters［J］.IEEE Journal of Solid-state circuits，1984，19（6）：820-827.

［11］ Razavi B.Design of analog CMOS integrated circuits［M］.NewYork：Mc Graw-Hill，2001：385-388.

［12］ Sansen W. Analog Design Essentials［M］.Springer，2006.

［13］ Johns D A，Martin K W.Analog Integrated Circuit Design［M］. New York：Wiley，1997.

［14］ Allen P，Holberg D R. CMOS Analog Circuit Design［M］. Second Edition.Beijing：Publishing House of Electronics Industry，2002：218-236.

［15］ Rabaey J M，Chandrakasan A P，B Nikolić.Digital integrated circuits：a design perspective［M］.Prentice Hall，2003.

[16] 张一鸣,黄卫萍. 食品工厂设计(第二版)[M]. 北京:化学工业出版社,2020.

[17] 吴思方. 生物工程工厂设计概论[M]. 北京:中国轻工业出版社,2016.

[18] IEST-RP-CC012. 3. Considerations in Cleanroom Design [S]. 2015.

[19] 徐建. 建筑振动工程手册(第二版)[M]. 北京:中国建筑工业出版社,2016.

[20] 张思. 振动测试与分析技术[M]. 北京:清华大学出版社,1992.

[21] 陆耀庆. 实用供热空调设计手册(第二版)[M]. 北京:中国建筑工业出版社,2007.

[22] 陈霖新. 洁净厂房的设计与施工[M]. 北京:化学工业出版社,2002.

[23] 罗继杰,张兢. 全国民用建筑工程设计技术措施节能专篇-暖通空调. 动力[M]. 北京:中国计划出版社,2007.

[24] 陆耀庆. 实用供热空调设计手册(第二版)[M]. 北京:中国建筑工业出版社,2007.

[25] 周岩涛,施振球. 动力管道设计手册(第二版)[M]. 北京:机械工业出版社,2020.

[26] 中国航空规划设计研究院总院有限公司. 工业与民用供配电设计手册(第四版)[M]. 北京:中国电力出版社,2016.

[27] 北京照明学会照明设计专业委员会. 照明设计手册(第三版)[M]. 北京:中国电力出版社,2017.

[28] 兵器工业第五设计研究院. 工厂常用电气设备手册(第2版)[M]. 北京:中国电力出版社,1997.

[29] 李洪雨,耿玉彪,阙丽群. 变频器、软启动器电路设计宝典(第二版)[M]. 北京:中国电力出版社,2014.

[30] 赵文成. 中央空调节能及自控系统设计[M]. 北京:中国建筑工业出版社,2018.

[31] 江亿,姜子炎. 建筑设备自动化(第二版)[M]. 北京:机械工业出版社,2017.

[32] 陈在平. 工业控制网络与现场总线技术[M]. 北京:机械工业出版社,2006.

[33] 李全利. 可编程序控制器及其网络系统的综合应用技术[M]. 北京:机械工业出版社,2005.

[34] 姚虹. FMCS系统在集成电路工厂中的应用[J]. 中国西部科技,2011. 16-17.

[35] 北京绿色建筑产业联盟. BIM技术概论[M]. 北京:中国建筑工业出版社,2016.

[36] 肖良丽,方婉蓉,吴子昊,等. 浅析BIM技术在建筑工程设计中的应用优势[J]. 工程建设与设计,2013.

[37] 王升. 浅析BIM及其工具——BIM软件的选择[J]. 智能城市,2016.

[38] 曾玥. 试论BIM技术的特点与在建筑设计中的应用[J]. 水能经济,2015.